University Physics

# 大学物理学解题方法

主　编　饶瑞昌　张　楠
副主编　陈仕国　周桐辉
　　　　刘腾智
参　编　卞永佳　彭雪玲
　　　　陈　阳　廖新华
　　　　刘燕月　李　赟
　　　　李松远

中国教育出版传媒集团
高等教育出版社·北京

内容简介

本书是为学习少学时“大学物理”课程的学生编写的辅导书，供学生复习和备考用。

全书共12章，包括力学、电磁学、热学、振动和波动、波动光学、相对论和量子物理。每章由本章要点、主要内容、解题方法、习题略解和本章自测五部分组成，力求做到巩固基本内容，厘清基本概念，突出分析方法，开阔学习视野。

本书并不限于某一本教材，而是将有特色的各类少学时版本的大学物理教材加以归纳总结，自成一体，可作为普通高等学校理工科非物理学类专业少学时“大学物理”课程的辅导书，也可供相关教师参考。

**图书在版编目(CIP)数据**

大学物理学解题方法 / 饶瑞昌，张楠主编；陈仕国，周桐辉，刘腾智副主编. -- 北京：高等教育出版社，2022.10

ISBN 978-7-04-059133-0

Ⅰ. ①大… Ⅱ. ①饶… ②张… ③陈… ④周… ⑤刘… Ⅲ. ①物理学-高等学校-教学参考资料 Ⅳ. ①O4

中国版本图书馆CIP数据核字(2022)第142509号

DAXUE WULIXUE JIETI FANGFA

策划编辑 程福平　责任编辑 程福平　封面设计 杨立新　版式设计 杜微言
责任绘图 杜晓丹　责任校对 窦丽娜　责任印制 刘思涵

出版发行 高等教育出版社
社　　址 北京市西城区德外大街4号
邮政编码 100120
印　　刷 佳兴达印刷（天津）有限公司
开　　本 787mm × 1092mm 1/16
印　　张 15.25
字　　数 320千字
购书热线 010-58581118
咨询电话 400-810-0598

网　　址 http://www.hep.edu.cn
http://www.hep.com.cn
网上订购 http://www.hepmall.com.cn
http://www.hepmall.com
http://www.hepmall.cn

版　　次 2022年10月第1版
印　　次 2022年10月第1次印刷
定　　价 31.00元



物 料 号 59133-00

# 大学物理学解题方法

主编　饶瑞昌　张　楠

1 计算机访问http://abook.hep.com.cn/12440425，或手机扫描二维码、下载并安装Abook应用。

2 注册并登录，进入"我的课程"。

3 输入封底数字课程账号（20位密码，刮开涂层可见），或通过Abook应用扫描封底数字课程账号二维码，完成课程绑定。

4 单击"进入课程"按钮，开始本数字课程的学习。

课程绑定后一年为数字课程使用有效期。受硬件限制，部分内容无法在手机端显示，请按提示通过计算机访问学习。

如有使用问题，请发邮件至abook@hep.com.cn。

扫描二维码
下载Abook应用

物理学家简介

阅读材料

演示实验

http://abook.hep.com.cn/12440425

# 前　言

在“大学物理”课程的学习过程中,解题是重要的实践环节,它可以帮助学生深入地巩固和掌握教材中的理论基础,培养独立思考和独立工作的能力,训练如何把理论应用到实践中去,从而体会到理论的指导意义。解题过程中还可训练文字表述和数学演算能力,熟练掌握解题技巧。编者在教学过程中经常听到感叹:“大学物理习题难做”,其原因固然很多,但最重要的原因之一就是学生没有掌握正确的解题方法。

为了帮助学习少学时“大学物理”课程的学生在较短时间内掌握好大学物理的基本概念、基本规律和基本方法,提高分析问题和解决问题的能力,我们根据“大学物理”课程的教学基本要求,在总结长期教学经验的基础上编写了本书,希望能帮助广大学生掌握大学物理的解题方法、解题步骤和解题技巧。

全书共 12 章,基本覆盖了少学时“大学物理”课程要求掌握的内容。每章由本章要点、主要内容、解题方法、习题略解和本章自测五部分组成。

**本章要点**　根据“大学物理”课程的教学基本要求,总结各章的重点、难点及考点,有利于学生在学习中分清主次,抓住重点。

**主要内容**　列出了每章的知识结构以及各物理量和物理规律之间的相互关系,便于学生构建相关的知识体系,把握每章的基本概念、基本规律和基本方法。

**解题方法**　列举了本章习题的基本类型,每道例题代表一类,突出解题依据和关键步骤,旨在帮助学生掌握解题的思维方法,学会举一反三,触类旁通。

**习题略解**　选择饶瑞昌主编《大学物理学简明教程》(第二版)(高等教育出版社出版)的习题逐一给出提示性解答,既可防止学生抄袭作业,又可在学生解题过程中起参考作用。

**本章自测**　编写了由浅入深、难度适宜的各章自测题,供学生在学完各章后自行检测学习效果。

本书由饶瑞昌和张楠负责全书的统稿和校对工作。卞永佳负责第一章的编写和校对,刘腾智负责第二章的编写和校对,陈仕国负责第三章和第四章的编写校对,陈阳负责第五章的编写和校对,李松远负责第六章的编写和校对,刘燕月负责第七章的编写和校对,周桐辉负责第八章和第九章的编写和校对,彭雪玲负责第十章的编写和校对,李赟负责第十一章的编写和校对,廖新华负责第十二章的编写和校对。饶瑞昌和张楠任主编,陈仕国、周桐辉和刘腾智任副主编,卞永佳、彭雪玲、陈阳、廖新华、刘燕月、李赟和李松远为参编。

由于编者水平所限,书中难免存在笔误和不妥之处,衷心欢迎使用本书的师生和其他读者批评指正。

编　者

2022 年 3 月

# 目　录

# 第一章

# 质 点 力 学

## 一、本章要点

1. 描述质点运动的位移、路程、速度、加速度等物理量的表达式及其物理意义.
2. 描述匀变速直线运动、抛体运动和圆周运动的相关公式及其应用.
3. 简单的质点相对运动问题.
4. 牛顿运动定律及其应用.

## 二、主要内容

### 1. 质点运动的描述

#### (1) 质点与参考系

**质点** 具有质量且其大小及形状可忽略的物体. 质点是一种理想模型.

**参考系** 为描述物体的运动被选作参考的物体(或物体系). 为定量描述物体运动,还需在参考系上建立坐标系. 最常用的坐标系是直角坐标系.

#### (2) 描述质点运动的物理量

**位置矢量** 描述质点在空间位置的物理量,位置矢量是矢量. 在平面直角坐标系中可表示为

$$\boldsymbol{r}=x\boldsymbol{i}+y\boldsymbol{j}$$

或者表示为

大小: $$r=\sqrt{x^2+y^2}$$

方向: $$\theta=\arctan\frac{y}{x}(\theta\text{ 为 }\boldsymbol{r}\text{ 与 }x\text{ 轴正方向的夹角})$$

**位移** 描述质点运动时位置变动大小和方向的物理量,位移是矢量,即

$$\Delta\boldsymbol{r}=\boldsymbol{r}_2-\boldsymbol{r}_1$$

在平面直角坐标系中可表示为

$$\Delta\boldsymbol{r}=(x_2-x_1)\boldsymbol{i}+(y_2-y_1)\boldsymbol{j}=\Delta x\boldsymbol{i}+\Delta y\boldsymbol{j}$$

或者表示为

大小: $$|\Delta\boldsymbol{r}|=\sqrt{(\Delta x)^2+(\Delta y)^2}$$

方向: $$\theta=\arctan\frac{\Delta y}{\Delta x}(\theta\text{ 为 }\Delta\boldsymbol{r}\text{ 与 }x\text{ 轴正方向的夹角})$$

**速度** 描述质点运动快慢和方向的物理量,速度是矢量.

**平均速度** $$\bar{\boldsymbol{v}}=\frac{\Delta\boldsymbol{r}}{\Delta t}$$

或表示为

大小: $$|\bar{\boldsymbol{v}}|=\left|\frac{\Delta\boldsymbol{r}}{\Delta t}\right|$$

方向:与位移方向相同.

**瞬时速度** $$\boldsymbol{v}=\frac{\mathrm{d}\boldsymbol{r}}{\mathrm{d}t}$$

在平面直角坐标系中可表示为

$$\boldsymbol{v}=\frac{\mathrm{d}x}{\mathrm{d}t}\boldsymbol{i}+\frac{\mathrm{d}y}{\mathrm{d}t}\boldsymbol{j}=v_x\boldsymbol{i}+v_y\boldsymbol{j}$$

或者表示为

大小：$$v=\sqrt{v_x^2+v_y^2}$$

方向：$$\theta=\arctan\frac{v_y}{v_x}\text{（}\theta\text{ 为 }\boldsymbol{v}\text{ 与 }x\text{ 轴正方向的夹角）}$$

平均速率 $$\bar{v}=\frac{\Delta s}{\Delta t}$$

瞬时速率 $$v=\frac{\mathrm{d}s}{\mathrm{d}t}$$

注意：$$|\bar{\boldsymbol{v}}|=\left|\frac{\Delta\boldsymbol{r}}{\Delta t}\right|\neq\left|\frac{\Delta s}{\Delta t}\right|=\bar{v}$$

即平均速度的大小不等于平均速率.

注意：$$|\boldsymbol{v}|=\left|\frac{\mathrm{d}\boldsymbol{r}}{\mathrm{d}t}\right|=\left|\frac{\mathrm{d}s}{\mathrm{d}t}\right|=v$$

即瞬时速度大小等于瞬时速率.

**加速度** 描述质点运动速度变化快慢的物理量.加速度是矢量.

平均加速度 $$\bar{\boldsymbol{a}}=\frac{\Delta\boldsymbol{v}}{\Delta t}$$

大小：$$\bar{a}=\left|\frac{\Delta\boldsymbol{v}}{\Delta t}\right|$$

方向：与 $\Delta\boldsymbol{v}$ 的方向相同.

瞬时加速度 $$\boldsymbol{a}=\frac{\mathrm{d}\boldsymbol{v}}{\mathrm{d}t}=\frac{\mathrm{d}^2\boldsymbol{r}}{\mathrm{d}t^2}$$

在平面直角坐标系中可表示为

$$\boldsymbol{a}=a_x\boldsymbol{i}+a_y\boldsymbol{j}=\frac{\mathrm{d}v_x}{\mathrm{d}t}\boldsymbol{i}+\frac{\mathrm{d}v_y}{\mathrm{d}t}\boldsymbol{j}=\frac{\mathrm{d}^2x}{\mathrm{d}t^2}\boldsymbol{i}+\frac{\mathrm{d}^2y}{\mathrm{d}t^2}\boldsymbol{j}$$

或者表示为

大小：$$a=\sqrt{a_x^2+a_y^2}$$

方向：$$\theta=\arctan\frac{a_y}{a_x}\text{（}\theta\text{ 为 }\boldsymbol{a}\text{ 与 }x\text{ 轴正方向的夹角）}$$

注意：对于位置矢量、位移、速度和加速度，如果没有明确要求时，结果表示成两种形式中的任何一种都可以.

**（3）运动学方程**

质点的位置随时间变化的函数关系，即

$$\boldsymbol{r}=\boldsymbol{r}(t)$$

在平面直角坐标系中，运动学方程的分量式为

$$x=x(t),\quad y=y(t)$$

从运动学方程的分量式中消去时间 $t$,得到的就是质点运动的轨道方程,它表示质点运动时所经历的路径.

2. 几种典型的质点运动

(1) 匀变速直线运动($a$ 是常量)

$$v=v_0+at,\quad x=x_0+v_0t+\frac{1}{2}at^2$$

$$v^2-v_0^2=2a(x-x_0)$$

(2) 抛体运动

$$a_x=0,\qquad a_y=-g$$

$$v_x=v_0\cos\theta,\qquad v_y=v_0\sin\theta-gt$$

$$x=(v_0\cos\theta)t,\qquad y=(v_0\sin\theta)t-\frac{1}{2}gt^2$$

(3) 圆周运动

圆周运动的描述方法有以下两种.

(a) 线量描述

位移大小 $\Delta s$

速度 $\boldsymbol{v}=\dfrac{\mathrm{d}s}{\mathrm{d}t}\boldsymbol{e}_{\mathrm{t}}$

加速度 $\boldsymbol{a}=\boldsymbol{a}_{\mathrm{t}}+\boldsymbol{a}_{\mathrm{n}}=a_{\mathrm{t}}\boldsymbol{e}_{\mathrm{t}}+a_{\mathrm{n}}\boldsymbol{e}_{\mathrm{n}}$

式中 $\boldsymbol{a}_{\mathrm{t}}$ 称为切向加速度,反映速度大小的变化,其大小为:

$$a_{\mathrm{t}}=\frac{\mathrm{d}v}{\mathrm{d}t}$$

方向:沿轨道的切线方向.

$\boldsymbol{a}_{\mathrm{n}}$ 称为法向加速度,反映速度方向的变化,其大小为:

$$a_{\mathrm{n}}=\frac{v^2}{R}$$

方向:垂直于 $\boldsymbol{v}$ 且指向圆心.

$\boldsymbol{a}$ 称为总加速度,其大小为

$$a=\sqrt{a_{\mathrm{t}}^2+a_{\mathrm{n}}^2}=\sqrt{\left(\frac{\mathrm{d}v}{\mathrm{d}t}\right)^2+\left(\frac{v^2}{R}\right)^2}$$

方向: $\tan\theta=\dfrac{a_{\mathrm{n}}}{a_{\mathrm{t}}}$($\theta$ 为 $\boldsymbol{a}$ 与 $\boldsymbol{a}_{\mathrm{t}}$ 之间的夹角)

若质点做一般曲线运动,则 $R$ 用 $\rho$ 代替,$\rho$ 为质点运动轨道的曲率半径.

(b) 角量描述

角位置大小 $\theta$

角位移大小 $\Delta\theta=\theta_2-\theta_1$

角速度大小 $\omega=\dfrac{\mathrm{d}\theta}{\mathrm{d}t}$

**角加速度大小** $\alpha=\dfrac{\mathrm{d}\omega}{\mathrm{d}t}=\dfrac{\mathrm{d}^2\theta}{\mathrm{d}t^2}$

(c) **角量与线量的关系**

**位移大小关系** $\Delta s=R\Delta\theta$

**速度大小关系** $v=R\omega$

**加速度大小关系** $a_{\mathrm{t}}=R\alpha,\quad a_{\mathrm{n}}=R\omega^2$

3. **相对运动**

在两个做相对平动的参考系间存在的速度变换关系为

$$\boldsymbol{v}=\boldsymbol{u}+\boldsymbol{v}'$$

上式称为**运动合成**. 式中 $\boldsymbol{v}$ 称为绝对速度(质点相对静止参考系的速度),$\boldsymbol{v}'$ 称为**相对速度**(质点相对运动参考系的速度),$\boldsymbol{u}$ 称为**牵连速度**(运动参考系相对静止参考系的速度).

4. **牛顿运动定律**

(1) **牛顿第一定律**　若 $\boldsymbol{F}=\boldsymbol{0}$,则 $\boldsymbol{v}=$常矢量,牛顿第一定律阐明了惯性和力这两个重要概念,定义了惯性系.

(2) **牛顿第二定律**　$\boldsymbol{F}=m\boldsymbol{a}=m\dfrac{\mathrm{d}\boldsymbol{v}}{\mathrm{d}t}$,牛顿第二定律是牛顿运动定律的核心,它揭示了力、质量及加速度之间的定量关系. 在具体应用时,通常用其分量式.

如物体在平面上运动,可建立平面直角坐标系,则牛顿第二定律的分量式为

$$F_x=ma_x=m\frac{\mathrm{d}v_x}{\mathrm{d}t},\quad F_y=ma_y=m\frac{\mathrm{d}v_y}{\mathrm{d}t}$$

式中 $F_x$、$F_y$ 分别表示合外力在 $x$ 轴及 $y$ 轴上的分量,$a_x$、$a_y$ 分别表示加速度在 $x$ 轴和 $y$ 轴上的分量.

如物体做圆周运动,建立平面极坐标系,则其分量式为

$$F_{\mathrm{n}}=ma_{\mathrm{n}}=m\frac{v^2}{R},\quad F_{\mathrm{t}}=ma_{\mathrm{t}}=m\frac{\mathrm{d}v}{\mathrm{d}t}$$

式中 $F_{\mathrm{t}}$ 和 $F_{\mathrm{n}}$ 分别表示物体所受合外力在切线方向和法线方向的分量,$a_{\mathrm{t}}$ 和 $a_{\mathrm{n}}$ 分别表示物体加速度在切线方向和法线方向的分量.

(3) **牛顿第三定律**　$\boldsymbol{F}=-\boldsymbol{F}'$,它揭示了力的同时性和相互性.

牛顿运动定律是经典力学的基础,它适用的条件是:宏观物体的低速运动($v\ll c$),且仅适用于惯性参考系.

5. **力学中常见的几种力**

(1) **万有引力**

$$\boldsymbol{F}=G\frac{m_1m_2}{r^2}\boldsymbol{e}_r$$

式中 $G=6.67\times10^{-11}\ \mathrm{N\cdot m^2/kg}$,称为引力常量,$\boldsymbol{e}_r$ 为由受力物体指向施力物体的单位矢量. 地球对地面附近物体的万有引力称为重力,其数学表达式可写成

$$\boldsymbol{P}=m\boldsymbol{g}$$

式中 $g=9.80\ \mathrm{N\cdot m/s^2}$,称为重力加速度.

(2) 弹性力

弹性力具有多种形式,常见的有弹簧的弹性力($F=-kx$)、物体间的正压力、绳子的张力等.

(3) 摩擦力

动摩擦力

$$F_{\mathrm{f}}=\mu F_{\mathrm{N}}$$

静摩擦力

$$F_{\mathrm{fs}}\leqslant\mu_{\mathrm{s}}F_{\mathrm{N}}$$

## 三、解题方法

本章习题分为 4 种类型.

**1. 已知运动学方程,求质点的速度和加速度**

求解这类习题的方法是:将运动学方程对时间求导.

**例 1-1** 一质点做平面曲线运动,已知其运动学方程为 $x=3t,y=1-t^2$. 式中 $x$ 以 m 计,$t$ 以 s 计. 求

(1) 质点运动的轨道方程;

(2) $t=3$ s 时质点的位置矢量;

(3) 第 2 s 内质点的位移和平均速度;

(4) $t=2$ s 时质点的速度和加速度;

(5) $t$ 时刻质点的切向加速度和法向加速度的大小;

(6) $t=2$ s 时质点所在处轨道的曲率半径.

**解** (1) 从运动学方程中消去时间 $t$,得质点运动的轨道方程为

$$y=1-\frac{x^2}{9}$$

(2) $t=3$ s 时有

$$\boldsymbol{r}_3=x_3\boldsymbol{i}+y_3\boldsymbol{j}=(9\boldsymbol{i}-8\boldsymbol{j})\ \mathrm{m}$$

(3) 第 2 s 内的位移为

$$\Delta\boldsymbol{r}=(x_2-x_1)\boldsymbol{i}+(y_2-y_1)\boldsymbol{j}=(3\boldsymbol{i}-3\boldsymbol{j})\ \mathrm{m}$$

平均速度为

$$\bar{v}=\frac{\Delta\boldsymbol{r}}{\Delta t}=\frac{3\boldsymbol{i}-3\boldsymbol{j}}{2-1}\ \mathrm{m/s}=(3\boldsymbol{i}-3\boldsymbol{j})\ \mathrm{m/s}$$

(4) 由 $\boldsymbol{v}=\frac{\mathrm{d}x}{\mathrm{d}t}\boldsymbol{i}+\frac{\mathrm{d}y}{\mathrm{d}t}\boldsymbol{j}=3\boldsymbol{i}-2t\boldsymbol{j}$ 可知,当 $t=2$ s 时有

$$\boldsymbol{v}_2=(3\boldsymbol{i}-4\boldsymbol{j})\ \mathrm{m/s}$$

$$\boldsymbol{a}=\frac{\mathrm{d}\boldsymbol{v}}{\mathrm{d}t}=-2\boldsymbol{j}\ \mathrm{m/s^2}$$

即 $\boldsymbol{a}$ 为常矢量,其大小为 2 $m/s^2$,方向沿 $y$ 轴负方向.

(5) 由质点在 $t$ 时刻的速率 $v=\sqrt{\left(\frac{dx}{dt}\right)^2+\left(\frac{dy}{dt}\right)^2}=\sqrt{9+4t^2}$ 可知,切向加速度大小为

$$a_t=\frac{dv}{dt}=\frac{4t}{\sqrt{9+4t^2}}$$

法向加速度大小为

$$a_n=\sqrt{a^2-a_t^2}=\frac{6}{\sqrt{9+4t^2}}$$

(6) $t=2$ s 时,$v_2=5$ m/s,$a_n=\frac{6}{\sqrt{9+16}}$ $m/s^2=1.2$ $m/s^2$,由 $a_n=\frac{v^2}{\rho}$ 可知,$t=2$ s 时的轨道曲率半径为

$$\rho=\frac{v_2^2}{a_n}=\frac{25}{1.2}\text{ m}\approx 20.8\text{ m}$$

2. 已知加速度及初始条件,求速度和运动学方程

求解这类习题的方法是:根据速度和加速度的定义,采用积分的方法求解.

**例 1-2**　一质点沿圆周运动,其切向加速度与法向加速度的大小相等. 设 $\theta$ 为质点在圆周上任意两点速度 $v_1$ 与 $v_2$ 之间的夹角. 试证:$v_2=v_1e^{\theta}$.

**证**　根据圆周运动公式可知

$$a_n=\frac{v^2}{R}$$

$$a_t=\frac{dv}{dt}$$

由题意可知 $a_n=a_t$,则

$$\frac{v^2}{R}=\frac{dv}{dt}=v\frac{dv}{ds}$$

$$\frac{ds}{R}=\frac{dv}{v}$$

所以对于任意两点有

$$\int_0^s\frac{ds}{R}=\int_{v_1}^{v_2}\frac{dv}{v}$$

积分得

$$\frac{s}{R}=\ln\frac{v_2}{v_1}$$

由于

$$\frac{s}{R}=\theta$$

所以

$$v_2=v_1e^{\theta}$$

3. 直线运动、抛体运动、圆周运动等的应用

求解这类习题的步骤为:(1) 判定物体做何种运动;(2) 建立合适的坐标系;(3) 根据运动特点和已知条件选用基本公式;(4) 列出方程求解.

**例 1-3** 在楼顶的边缘,以 9.8 m/s 的初速度竖直向上抛出一物体. 测得楼顶离地面的高度为 14.7 m,求物体落地时的速度.

**解** 以物体为研究对象. 物体抛出后,先做竖直上抛运动,运动到最高点时,其速度为零. 之后,物体做自由落体运动,落回到地面. 这段时间内,物体做匀加速直线运动,其加速度 $\boldsymbol{a}=\boldsymbol{g}$. 选抛出点为坐标原点 $O$,竖直向上为 $y$ 轴的正方向,如例 1-3 图所示. 根据已知条件可选用公式

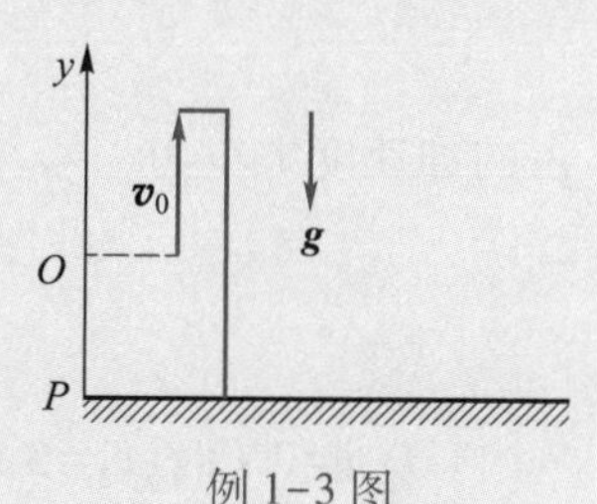

例 1-3 图

$$v^2-v_0^2=2ay$$

式中 $y$ 表示物体的位移,即为矢量 $\overrightarrow{OP}$,$\overrightarrow{OP}$ 指向 $y$ 轴的负方向. 上式中,各矢量的方向均可用正、负号表示:凡与 $y$ 轴正方向相同的取正值,即 $v_0=9.8$ m/s,凡与 $y$ 轴正方向相反的取负值,即 $y=-14.7$ m,$a=g=-9.8$ m/s$^2$. 将这些值代入上式,当 $v$ 以 m/s 为单位时有

$$v^2-9.8^2=2\times(-9.8)\times(-14.7)$$

解得

$$v=\pm 19.6\ \text{m/s}$$

$v$ 为正值,表示速度方向竖直向上,与实际情况不符合,故舍去. 负值表示速度方向竖直向下,即为所求结果.

注意:直线运动的运动学方程表示运动的全过程,所以不必分段处理.

4. 相对运动

求解这类习题的步骤为:(1) 根据题意选择静止参考系(S 系)、运动参考系(S′系)和研究对象;(2) 用矢量表示出研究对象对应参考系中的速度(绝对速度、相对速度和牵连速度);(3) 列出运动合成的矢量式并画出矢量图;(4) 应用矢量式或矢量在坐标系上的分量式求解.

**例 1-4** 东北风(指由东北方向向西南方向吹的风)与子午线(即南北方向)成 $\alpha=30°$角,速率为 30 km/h. 在风中飞行的飞机,若要在 1 h(小时)内到达正北方向 200 km 处,问飞机应向什么方向飞行? 此时飞机相对地面的速率等于多少?

**解法一** 用矢量形式求解

如图所示,选地面为 S 系,风为 S′系,以飞机为研究对象,则风对地的速度为牵连速度 $u=30$ km/h,飞机对地的速度为绝对速度 $v=200$ km/h,用 $v'$ 表示飞机对风的速度,即相对速度,则有

$$\boldsymbol{v}=\boldsymbol{u}+\boldsymbol{v}'$$

根据图中几何关系，利用余弦定理可得

$$v'=\sqrt{u^2+v^2-2uv\cos 150^\circ}$$

$$=\sqrt{30^2+200^2+2\times30\times200\times\frac{\sqrt{3}}{2}}\ \text{km/h}=226.5\ \text{km/h}$$

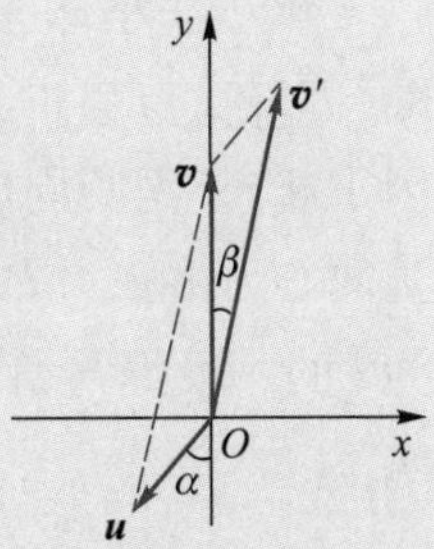

由正弦定理可知

$$\frac{v'}{\sin 150^\circ}=\frac{u}{\sin\beta}$$

$$\sin\beta=\frac{30\times\frac{1}{2}}{226.5}=0.066\ 2$$

$$\beta=3^\circ40'（北偏东）$$



例 1-4 图

**解法二**　用矢量在坐标系上的分量形式求解.

$x$ 方向：　$v_x=0=v'\sin\beta-u\sin\alpha$　(1)

$y$ 方向：　$v_y=v=-u\cos\alpha+v'\cos\beta$　(2)

联立(1)式和(2)式解得 $\beta=3^\circ40'$（北偏东），代入(1)式得

$$v'=226.5\ \text{km/h}$$

**注意**：正确地画出速度矢量图是解决相对运动问题的关键.

5. 牛顿运动定律的应用

求解这类习题的步骤为：(1) 确定研究对象，(2) 进行受力分析，(3) 建立合适坐标系，(4) 列方程求解. 关键是隔离物体，画受力图，这是求解的第一步，错了就不能得到正确结果. 因此，首先要把所研究的物体“隔离”出来，逐一画出受力图，然后建立坐标系，将研究对象所受到的力及其加速度都沿坐标轴进行分解，列出牛顿第二定律的分量式进行求解.

这里要注意的是力和加速度的方向：与坐标轴的正方向一致时为正，反之为负. 若方向一时无法判定，可先假定一个方向，然后根据计算结果来确定，若结果是正的，则与所假设的方向一致，反之亦然.

必须指出，若研究对象所受的力为恒力，则用牛顿第二定律 $\boldsymbol{F}=m\boldsymbol{a}$ 形式进行求解；若研究对象所受的力为变力，则用牛顿第二定律 $\boldsymbol{F}=m\dfrac{\mathrm{d}\boldsymbol{v}}{\mathrm{d}t}$ 形式并结合初始条件，用积分的方法进行求解.

**例 1-5**　如例 1-5 图(a)所示，一细绳穿过光滑的固定细管，绳的两端分别系着质量为 $m_1$ 及 $m_2$ 的小球. 小球 $m_1$ 到管口之间的绳长为 $l$，且 $l$ 远大于管的半径. 当小球 $m_1$ 绕管的几何轴线做匀速圆周运动时，$m_2$ 不动. 试求：

(1) 小球 $m_1$ 的速度；

(2) 小球 $m_1$ 所受向心力；

(3) 小球 $m_1$ 转动的周期.

**解** 选小球 $m_1$ 和小球 $m_2$ 为研究对象,进行受力分析,如例 1-5 图(b)所示. 因小球 $m_1$ 做圆周运动,必有向心力作用,且向心力由张力 $\boldsymbol{F}_\mathrm{T}$ 及重力 $m\boldsymbol{g}$ 提供. 设长为 $l$ 的一段绳与管轴的夹角为 $\theta$. 对小球 $m_1$ 有

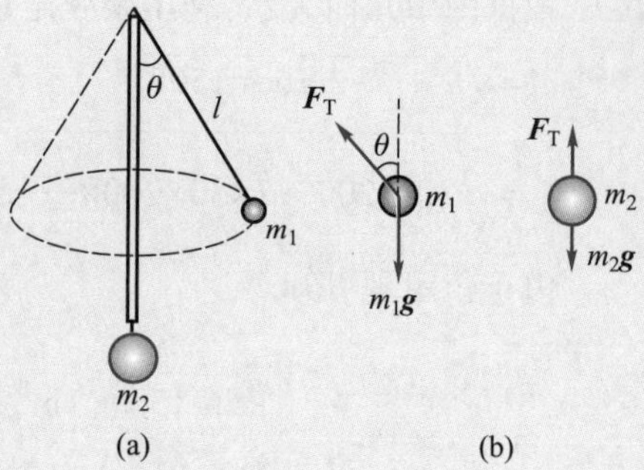

$$F_\mathrm{T}\cos\theta-m_1g=0 \tag{1}$$

$$F_\mathrm{T}\sin\theta=m_1\frac{v^2}{l\sin\theta} \tag{2}$$



例 1-5 图

对小球 $m_2$ 有

$$F_\mathrm{T}-m_2g=0 \tag{3}$$

由(1)式和(3)式得

$$\cos\theta=\frac{m_1}{m_2} \tag{4}$$

由(2)式、(3)式和(4)式得

$$v^2=\frac{F_\mathrm{T}l\sin^2\theta}{m_1}=\frac{m_2gl}{m_1}\left(1-\frac{m_1^2}{m_2^2}\right)$$

所以

$$v=\sqrt{\frac{m_2gl}{m_1}\left(1-\frac{m_1^2}{m_2^2}\right)}$$

由(2)式可知,使小球 $m_1$ 做圆周运动的向心力为

$$F_\mathrm{T}\sin\theta=m_2g\sqrt{1-\cos^2\theta}=m_2g\sqrt{1-\frac{m_1^2}{m_2^2}}$$

小球 $m_1$ 运动一周的路程为 $2\pi l\sin\theta$,所以周期为

$$T=\frac{2\pi l\sin\theta}{v}=2\pi\sqrt{\frac{\cos\theta}{g}}=2\pi\sqrt{\frac{m_1l}{m_2g}}$$

**例 1-6** 质量为 $m$ 的子弹以速度 $v_0$ 水平射入沙土中,设子弹所受阻力与速度方向相反,大小与速度成正比,比例系数为 $k$,忽略子弹所受的重力. 求:

(1) 子弹射入沙土后,速度随时间变化的函数关系;

(2) 子弹进入沙土后的最大深度.

**解** (1) 选子弹为研究对象,子弹进入沙土后水平方向受力为$-kv$,根据牛顿第二定律,有

$$-kv=m\frac{\mathrm{d}v}{\mathrm{d}t}$$

分离变量得

$$-\frac{k}{m}dt=\frac{dv}{v}$$

两边积分得

$$-\frac{k}{m}\int_0^t dt=\int_{v_0}^v \frac{dv}{v}$$

$$v=v_0e^{-\frac{k}{m}t}$$

（2）由速度定义式 $v=\frac{dx}{dt}$ 可知,上式可写为

$$\frac{dx}{dt}=v_0e^{-\frac{k}{m}t}$$

两边积分得

$$\int_0^x dx=\int_0^t v_0e^{-\frac{k}{m}t}dt$$

$$x=\frac{m}{k}v_0(1-e^{-\frac{k}{m}t})$$

所以最大深度为

$$x_{max}=\frac{m}{k}v_0$$

四、习题略解

**1-1** 某质点的运动学方程为 $x=(A\cos\alpha)t+(B\cos\alpha)t^2$,$y=(A\sin\alpha)t+(B\sin\alpha)t^2$,式中 $A$、$B$、$\alpha$ 均为常量,且 $A>0$,$B>0$. 证明质点做匀加速直线运动.

**证** 由运动学方程消去时间 $t$,得质点运动的轨道方程为

$$\frac{y}{x}=\tan\alpha$$

这表明质点运动轨道为一直线,质点加速度

$$\boldsymbol{a}=\frac{d^2x}{dt^2}\boldsymbol{i}+\frac{d^2y}{dt^2}\boldsymbol{j}=2B\cos\alpha\boldsymbol{i}+2B\sin\alpha\boldsymbol{j}=\text{常矢量}$$

故质点做匀加速直线运动.

**1-2** 一质点的运动学方程为 $x=t^2$,$y=(t-1)^2$,式中 $x$、$y$ 以 m 计,$t$ 以 s 计. 试求:

（1）质点运动的轨道方程;

（2）$t=2$ s 时,质点的速度 $\boldsymbol{v}$ 和加速度 $\boldsymbol{a}$.

**解** （1）从运动学方程中消去 $t$ 得质点运动的轨道方程为

$$\sqrt{y}=\sqrt{x}-1$$

（2）由题意可知

$$\boldsymbol{r}=t^2\boldsymbol{i}+(t-1)^2\boldsymbol{j}$$

$$\boldsymbol{v}=\frac{d\boldsymbol{r}}{dt}=2t\boldsymbol{i}+2(t-1)\boldsymbol{j}$$

$$\boldsymbol{a}=\frac{\mathrm{d}\boldsymbol{v}}{\mathrm{d}t}=(2\boldsymbol{i}+2\boldsymbol{j})\ \mathrm{m/s^2}$$

$t=2$ s 时有

$$\boldsymbol{v}=(4\boldsymbol{i}+2\boldsymbol{j})\ \mathrm{m/s}$$
$$\boldsymbol{a}=(2\boldsymbol{i}+2\boldsymbol{j})\ \mathrm{m/s^2}$$

**1-3** 质点在 $Ox$ 轴上运动,其运动学方程为 $x=4t^2-2t^3$,式中 $x$ 以 m 计,$t$ 以 s 计,求质点返回原点时的速度和加速度.

**解**

$$v=\frac{\mathrm{d}x}{\mathrm{d}t}=8t-6t^2 \tag{1}$$

$$a=\frac{\mathrm{d}v}{\mathrm{d}t}=8-12t \tag{2}$$

由 $x=4t^2-2t^3=0$(回到原点),得 $t=2$ s,代入(1)式和(2)式得

$$v=-8\ \mathrm{m/s}$$
$$a=-16\ \mathrm{m/s^2}$$

**1-4** 一质点的运动学方程为 $\boldsymbol{r}=a\cos 2\pi t\boldsymbol{i}+b\sin 2\pi t\boldsymbol{j}$,式中 $a$、$b$ 均为正常量.

(1) 求质点的加速度;

(2) 证明质点的运动轨道为一椭圆.

**解** (1)

$$\boldsymbol{v}=\frac{\mathrm{d}\boldsymbol{r}}{\mathrm{d}t}=-2\pi a\sin 2\pi t\boldsymbol{i}+2\pi b\cos 2\pi t\boldsymbol{j}$$

$$\boldsymbol{a}=\frac{\mathrm{d}\boldsymbol{v}}{\mathrm{d}t}=-4\pi^2(a\cos 2\pi t\boldsymbol{i}+b\sin 2\pi t\boldsymbol{j})=-4\pi^2\boldsymbol{r}$$

(2) 由题意可知 $x=a\cos 2\pi t$,$y=b\sin 2\pi t$. 两式平方后相加得

$$\frac{x^2}{a^2}+\frac{y^2}{b^2}=1$$

即质点的运动轨道为一椭圆.

**1-5** 一小球在黏性的油中由静止开始下落,已知其加速度 $a=A-Bv$,式中 $A$、$B$ 为常量,试求小球的速度大小和运动学方程.

**解**

$$a=\frac{\mathrm{d}v}{\mathrm{d}t}=A-Bv,\quad \frac{\mathrm{d}v}{A-Bv}=\mathrm{d}t$$

根据初始条件,两边积分得

$$\int_0^v \frac{\mathrm{d}v}{A-Bv}=\int_0^t \mathrm{d}t$$

$$v=\frac{A}{B}(1-\mathrm{e}^{-Bt})$$

由速度定义可知 $v=\frac{\mathrm{d}x}{\mathrm{d}t}$,即

$$\frac{A}{B}(1-\mathrm{e}^{-Bt})=\frac{\mathrm{d}x}{\mathrm{d}t}$$

$$\mathrm{d}x=\frac{A}{B}(1-\mathrm{e}^{-Bt})\mathrm{d}t$$

两边积分 $\int_0^x \mathrm{d}x=\int_0^t \frac{A}{B}(1-\mathrm{e}^{-Bt})\mathrm{d}t$，得质点运动学方程为

$$x=\frac{A}{B}t+\frac{A}{B^2}(\mathrm{e}^{-Bt}-1)$$

**1-6**　一质点做直线运动，其中加速度与位置的关系为 $a=-kx$，$k$ 为正常量，已知 $t=0$ 时质点瞬时静止于 $x=x_0$ 处. 试求质点的速度.

**解**

$$a=\frac{\mathrm{d}v}{\mathrm{d}t}=\frac{v\mathrm{d}v}{\mathrm{d}x}=-kx$$

即

$$v\mathrm{d}v=-kx\mathrm{d}x$$

根据初始条件 $x=x_0$ 时，$v_0=0$，两边积分

$$\int_0^v v\mathrm{d}v=\int_{x_0}^x -kx\mathrm{d}x$$

得

$$v^2=k(x_0^2-x^2)$$

即

$$v=\pm\sqrt{k(x_0^2-x^2)}$$

**1-7**　一质点做斜抛运动，$t=0$ 时，质点位于坐标原点，其速度随时间变化关系为 $\boldsymbol{v}=200\boldsymbol{i}+(200\sqrt{3}-10t)\boldsymbol{j}$，式中 $\boldsymbol{v}$ 以 m/s 计，$t$ 以 s 计. 试求：

（1）质点的位置矢量和加速度；

（2）$t=0$ 时，质点的切向加速度和法向加速度的大小.

**解**　（1）

$$\boldsymbol{r}=\int_0^t \boldsymbol{v}\mathrm{d}t=200t\boldsymbol{i}+(200\sqrt{3}t-5t^2)\boldsymbol{j}$$

$$\boldsymbol{a}=\frac{\mathrm{d}\boldsymbol{v}}{\mathrm{d}t}=-10\boldsymbol{j}\ \mathrm{m/s^2}$$

（2）

$$v=\sqrt{(200)^2+(200\sqrt{3}-10t)^2}$$

$$a_\mathrm{t}=\frac{\mathrm{d}v}{\mathrm{d}t}=-5\sqrt{3}\ \mathrm{m/s^2}$$

由 $a=\sqrt{a_\mathrm{t}^2+a_\mathrm{n}^2}$ 可知

$$a_\mathrm{n}=\sqrt{a^2-a_\mathrm{t}^2}=5\ \mathrm{m/s^2}$$

**1-8**　一质点沿半径为 $R$ 的圆周运动，质点所经过的弧长与时间的关系为 $s=bt+\frac{1}{2}ct^2$，其中 $b$、$c$ 为正常量，且 $Rc>b^2$. 求质点从初始时刻运动到切向加速度与法向加速度大小相等时所经历的时间.

**解**

$$v=\frac{\mathrm{d}s}{\mathrm{d}t}=b+ct$$

$$a_\mathrm{t}=\frac{\mathrm{d}v}{\mathrm{d}t}=c$$

$$a_n=\frac{v^2}{R}=\frac{(b+ct)^2}{R}$$

根据题意可知 $a_n=a_t$，即

$$\frac{(b+ct)^2}{R}=c$$

解得
$$t=\sqrt{\frac{R}{c}}-\frac{b}{c}$$

**1-9** 一质点在半径为 3 m 的圆周上做匀速率运动，每分钟绕一圈. 如习题1-9 图所示，初始时刻质点位于 $A$ 点. 求：

（1）从 $A$ 点第一次运动到 $B$ 点过程中的平均速度；

（2）从 $A$ 点第二次运动到 $B$ 点过程中的平均速度；

（3）任一时刻质点的加速度.

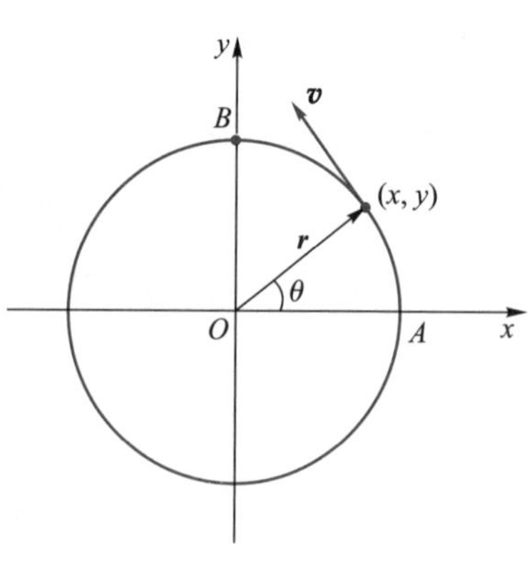


习题 1-9 图

**解** （1）由题意可知 $\boldsymbol{r}_1=3\boldsymbol{i}$ m，$\boldsymbol{r}_2=3\boldsymbol{j}$ m，$\Delta t=$ 15 s，则

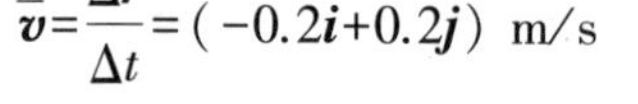

$$\bar{\boldsymbol{v}}=\frac{\Delta \boldsymbol{r}}{\Delta t}=(-0.2\boldsymbol{i}+0.2\boldsymbol{j})\ \text{m/s}$$

（2）由题意可知 $\boldsymbol{r}_1=3\boldsymbol{i}$ m，$\boldsymbol{r}_2=3\boldsymbol{j}$ m，$\Delta t=75$ s，则

$$\bar{\boldsymbol{v}}=\frac{\Delta \boldsymbol{x}}{\Delta t}=(-0.04\boldsymbol{i}+0.04\boldsymbol{j})\ \text{m/s}$$

（3）
$$\omega=\frac{2\pi}{T}=\frac{2\pi}{60}=\frac{\pi}{30}$$

$$x=r\cos\ \theta=3\cos\ \omega t=3\cos\ \frac{\pi}{30}t,\quad y=r\sin\ \theta=3\sin\ \frac{\pi}{30}t$$

$$\boldsymbol{r}=3\cos\ \frac{\pi}{30}t\boldsymbol{i}+3\sin\ \frac{\pi}{30}t\boldsymbol{j}$$

$$\boldsymbol{a}=\frac{\mathrm{d}^2\boldsymbol{r}}{\mathrm{d}t^2}=-\frac{0.01\pi^2}{3}\left(\cos\ \frac{\pi}{30}t\boldsymbol{i}+\sin\ \frac{\pi}{30}t\boldsymbol{j}\right)\ \text{m/s}^2$$

式中 $\boldsymbol{a}$ 以 $\text{m/s}^2$ 计，$\boldsymbol{r}$ 以 m 计，$t$ 以 s 计.

**1-10** 一质点沿半径为 0.1 m 的圆周运动，用角坐标表示的运动学方程为 $\theta=2+4t^3$，$\theta$ 以 rad 计，$t$ 以 s 计. 试求：

（1）$t=2$ s 时，质点的切向加速度和法向加速度的大小；

（2）当 $\theta$ 等于多少时，质点的加速度和半径的夹角成 45°.

**解** （1）
$$\omega=\frac{\mathrm{d}\theta}{\mathrm{d}t}=12t^2,\alpha=24t$$

$$a_t=\alpha r=2.4t$$

$$a_n=\omega^2 r=(12t^2)^2\times0.1=14.4t^4$$

代入数据得

$$a_t=2.4\times2\ \mathrm{m/s^2}=4.8\ \mathrm{m/s^2}$$

$$a_n=14.4\times2^4\ \mathrm{m/s^2}=230.4\ \mathrm{m/s^2}$$

（2）$a_t=a_n$，即 $2.4t=14.4t^4$ 所以有 $t^3=\dfrac{1}{6}$ s，代入运动学方程得

$$\theta=2+4t^3$$

代入数据得

$$\theta=\left(2+4\times\frac{1}{6}\right)\ \mathrm{rad}=2.67\ \mathrm{rad}$$

**1-11**　一质点从静止出发，沿半径 $R=3$ m 的圆周运动，已知切向加速度 $a_t=3\ \mathrm{m/s^2}$，试求：

（1）$t=1$ s 时质点的速度和加速度的大小；

（2）第 2 s 内质点经过的路程.

**解**　（1）$a_t=\dfrac{dv}{dt}$，$dv=a_t dt$，利用初始条件 $t=0$ 时，$v_0=0$，两边积分得

$$\int_0^v dv=\int_0^t a_t dt$$

$$v=a_t t=3t$$

质点的法向加速度为

$$a_n=\frac{v^2}{R}=\frac{9t^2}{3}=3t^2$$

则质点的加速度大小为

$$a=\sqrt{a_t^2+a_n^2}=\sqrt{3^2+(3t^2)^2}=3\sqrt{1+t^4}$$

代入已知数据 $t=1$ s，得

$$v=3\times1\ \mathrm{m/s}=3\ \mathrm{m/s}$$

$$a=3\sqrt{1+1}\ \mathrm{m/s^2}=3\sqrt{2}\ \mathrm{m/s^2}=4.24\ \mathrm{m/s^2}$$

（2）
$$v=\frac{ds}{dt},\quad ds=v dt$$

两边积分得

$$\int_0^s ds=\int_0^t v dt$$

即

$$s=\int_0^t 3t dt=\frac{3}{2}t^2$$

所以第 2 s 内通过的路程为

$$\Delta s=s_2-s_1=\frac{3}{2}\times2^2\ \mathrm{m}-\frac{3}{2}\times1^2\ \mathrm{m}=4.5\ \mathrm{m}$$

**1-12**　一质点沿半径为 $R$ 的圆周轨道运动，初速为 $v_0$，其加速度方向与速度方向之间的夹角 $\alpha$ 恒定，如图所示. 试求速度大小与时间的关系.

**解** $$a_t=\frac{\mathrm{d}v}{\mathrm{d}t},\quad a_n=\frac{v^2}{R}$$

而 $$\tan\alpha=\frac{a_n}{a_t}$$

即 $$\frac{v^2}{R}=\frac{\mathrm{d}v}{\mathrm{d}t}\tan\alpha$$

分离变量得

$$\frac{\mathrm{d}v}{v^2}=\frac{\mathrm{d}t}{R\tan\alpha}$$

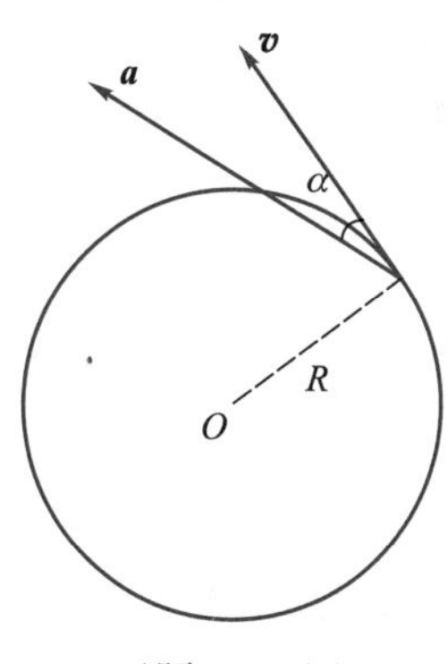

习题 1-12 图

两边积分得

$$\int_{v_0}^{v}\frac{\mathrm{d}v}{v^2}=\int_0^t\frac{\mathrm{d}t}{R\tan\alpha}$$

$$\frac{1}{v_0}-\frac{1}{v}=\frac{t}{R\tan\alpha}$$

即 $$v=\frac{v_0R\tan\alpha}{R\tan\alpha-v_0t}$$

***1-13** 设有一架飞机从 $A$ 处向东飞到 $B$ 处，然后又向西飞回到 $A$ 处，飞机相对空气的速率恒定，大小为 $v$，而空气相对于地面的速率为 $u$，$A$ 和 $B$ 间的距离为 $l$，在下列三种情况下，试求飞机来回飞行的时间.

（1）空气是静止的（即 $u=0$）；

（2）空气的速度向东；

（3）空气的速度向北.

**解** （1） $$t_1=t_{AB}+t_{BA}=\frac{l}{v}+\frac{l}{v}=\frac{2l}{v}$$

（2） $$t_2=t_{AB}+t_{BA}=\frac{l}{v+u}+\frac{l}{v-u}=\frac{2vl}{v^2-u^2}$$

（3）这时飞机相对地面的速度大小为$\sqrt{v^2-u^2}$，因此飞机往返飞行时间为

$$t_3=t_{AB}+t_{BA}=\frac{2l}{\sqrt{v^2-u^2}}$$

***1-14** 一辆带篷的卡车，雨天在平直公路上行驶，司机发现：车速较小时，雨滴从车尾斜向前落入车内；车速较大时，雨滴从车前斜向后落入车内. 已知雨滴相对地面的速度大小为 $v$，方向与水平面夹角为 $\alpha$. 试问：

（1）车速为多大时，雨滴恰好不能落入车内？

（2）此时雨滴相对车厢的速度大小为多少？

**解** （1）如图所示，设地面为 S 系，车厢为 S′系，以雨滴为研究对象，则有

$$\boldsymbol{v}=\boldsymbol{u}+\boldsymbol{v}'$$

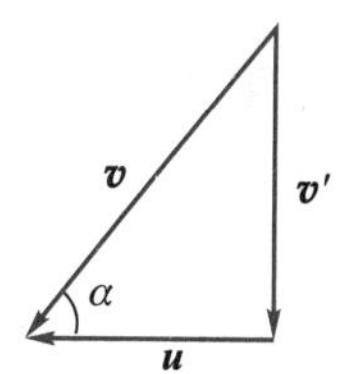

习题 1-14 图

当 $\boldsymbol{v}'$ 垂直于车厢时，雨滴恰为不能落入车内，由图可得

$$u = v\cos\alpha$$

（2）此时雨滴相对车厢的速度为

$$v' = v\sin\alpha$$

**1-15**　如图所示，一质量为 $m$ 的物体，在与水平面夹角为 $\theta$ 的拉力 $\boldsymbol{F}$ 作用下沿水平面滑动，已知物体与水平面之间的动摩擦因数为 $\mu$，如图所示. 试求物体的加速度大小.

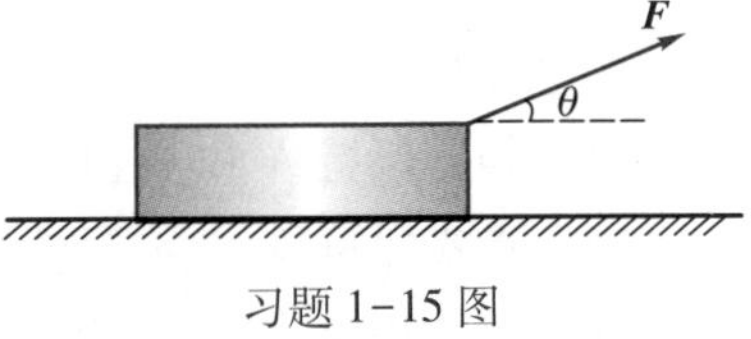

习题 1-15 图

**解**　$F\cos\theta - \mu(mg + F\sin\theta) = ma$

$$a = \frac{F}{m}(\cos\theta + \mu\sin\theta) - \mu g$$

**1-16**　一质量为 $m$ 的物体，最初静止于 $x_0$ 处，在力 $F = -k/x^2$ 的作用下沿直线运动，试求它在 $x$ 处的速度大小.

**解**

$$a = \frac{\mathrm{d}v}{\mathrm{d}t} = \frac{v\mathrm{d}v}{\mathrm{d}x} = \frac{F}{m} = -\frac{k}{mx^2}$$

即

$$v\mathrm{d}v = -\frac{k}{mx^2}\mathrm{d}x$$

两边积分得

$$\int_0^v v\mathrm{d}v = \int_{x_0}^x -\frac{k}{mx^2}\mathrm{d}x$$

解得

$$v = \sqrt{\frac{2k}{m}\left(\frac{1}{x} - \frac{1}{x_0}\right)}$$

**1-17**　质量为 $m$ 的电车启动过程中，在牵引力近似为 $F = \dfrac{F_0 t}{\tau}$ 的作用下沿直线运动，其中 $F_0$、$\tau$ 均为常量. 设 $t = 0$ 时电车静止于坐标原点，求电车起动过程中的速度、位置与时间的关系.

**解**

$$\frac{F_0 t}{\tau} = ma$$

$$\mathrm{d}v = \frac{F_0 t}{m\tau}\mathrm{d}t$$

两边积分得

$$\int_0^v \mathrm{d}v = \int_0^t \frac{F_0 t}{m\tau}\mathrm{d}t$$

求得

$$v = \frac{F_0}{m}\frac{t^2}{2\tau}$$

由

$$v = \frac{\mathrm{d}x}{\mathrm{d}t} = \frac{F_0}{m}\frac{t^2}{2\tau}$$

两边积分得

$$\int_0^x \mathrm{d}x = \int_0^t \frac{F_0}{m}\frac{t^2}{2\tau}\mathrm{d}t$$

求得
$$x = F_0 \frac{t^3}{6m\tau}$$

**1-18** 如图所示,质量分别为 $m_1$、$m_2$ 的 A、B 两木块叠放在光滑的水平面上,A 与 B 的动摩擦因数为 $\mu$.

(1) 若要保持 A 和 B 相对静止,则施于 B 的水平拉力 $F$ 的最大值为多少?

(2) 若要保持 A 和 B 相对静止,则施于 A 的水平拉力 $F$ 的最大值为多少?

**解** (1) 物体 A 能达到的最大加速度为

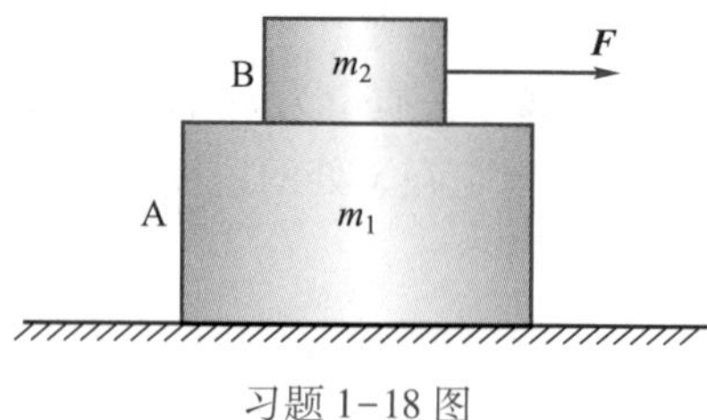

习题 1-18 图

$$a_m = \frac{\mu m_2 g}{m_1}$$

则施于物体 B 的最大水平力

$$F_B = (m_1+m_2)a_m = \frac{\mu m_2(m_1+m_2)g}{m_1}$$

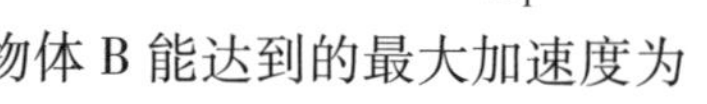

(2) 物体 B 能达到的最大加速度为

$$a'_m = \frac{\mu m_2 g}{m_2} = \mu g$$

则施于物体 A 的最大水平力为

$$F_A = (m_1+m_2)a'_m = \mu(m_1+m_2)g$$

**1-19** 一物体自地球表面以速率 $v_0$ 做竖直上抛运动,假定空气对物体的阻力 $F_f = kmv^2$,其中 $m$ 为物体的质量,$k$ 为常量. 试求该物体能上升的最大高度.(设重力加速度 $g$ 为常量)

**解** 以抛出点为原点,取竖直向上为 $x$ 轴正向,则物体上升时所受合外力为

$$F_{合} = -(mg-kmv^2)$$

而
$$F_{合} = ma = m\frac{v\mathrm{d}v}{\mathrm{d}x}$$

故有
$$-(mg+kmv^2) = m\frac{v\mathrm{d}v}{\mathrm{d}x}$$

即
$$\frac{v\mathrm{d}v}{g+kv^2} = -\mathrm{d}x$$

两边积分得

$$\int_{v_0}^0 \frac{v\mathrm{d}v}{g+kv^2} = \int_0^{H_m} -\mathrm{d}x$$

求得最大高度为

$$H_m = \frac{1}{2k}\ln\frac{g+kv_0^2}{g}$$

**1-20** 质量为 $m$ 的快艇以速率 $v_0$ 行驶,发动机关闭后,受到的摩擦力的大小与速度大小的平方成正比,方向与速度方向相反,即 $F_f = -kv^2$,$k$ 为比例系数(常量).

发动机关闭后：

（1）求快艇速率 $v$ 随时间的变化规律；

（2）求快艇路程 $s$ 随时间的变化规律；

（3）证明：快艇行驶距离为 $x$ 时的速率为 $v=v_0e^{-\frac{k}{m}x}$.

**解**　（1）
$$ma=m\frac{\mathrm{d}v}{\mathrm{d}t}=-kv^2$$

即
$$-\frac{\mathrm{d}v}{v^2}=\frac{k}{m}\mathrm{d}t$$

两边积分得
$$\int_{v_0}^{v}-\frac{\mathrm{d}v}{v^2}=\int_0^t\frac{k}{m}\mathrm{d}t$$
$$v=\frac{mv_0}{m+kv_0t}$$

（2）
$$v=\frac{\mathrm{d}s}{\mathrm{d}t}$$

两边积分得
$$\int_0^s\mathrm{d}s=\int_0^t\frac{mv_0}{m+kv_0t}\mathrm{d}t$$
$$s=\frac{m}{k}\ln\frac{m+kv_0t}{m}$$

（3）
$$ma=m\frac{\mathrm{d}v}{\mathrm{d}t}=m\frac{\mathrm{d}v}{\mathrm{d}x}\cdot\frac{\mathrm{d}x}{\mathrm{d}t}=mv\frac{\mathrm{d}v}{\mathrm{d}x}=-kv^2$$

即
$$\frac{\mathrm{d}v}{v}=-\frac{k}{m}\mathrm{d}x$$

两边积分得
$$\int_{v_0}^{v}\frac{\mathrm{d}v}{v}=\int_0^x-\frac{k}{m}\mathrm{d}x$$
$$v=v_0e^{-\frac{k}{m}x}$$

## 五、本章自测

### （一）选择题

**1-1**　一质点在水平面上运动，已知质点位置矢量为 $\boldsymbol{r}=at^2\boldsymbol{i}+bt^2\boldsymbol{j}$，式中 $a$、$b$ 均为不等于零的常量，则该质点做（　　）.

（A）匀速直线运动；　　（B）变速直线运动；

（C）抛物线运动；　　（D）一般曲线运动

**1-2**　一抛物体的初速度为 $v_0$，抛射角为 $\theta_0$，则在抛物线最高点的曲率半径为（　　）.

（A）$\dfrac{v_0^2\cos\theta_0}{g}$；　　（B）0；

(C) $\dfrac{v_0^2}{g}$; (D) $\infty$

**1-3** 某物体沿 $Ox$ 轴做直线运动，加速度 $a$、时间 $t$ 以及速度的关系式为 $a=-kv^2t$，式中 $k$ 为大于零的常量. 已知物体的初速度为 $v_0$，则速度与时间的函数关系为(　　).

(A) $v=\dfrac{1}{2}kt^2+v_0$; (B) $v=-\dfrac{1}{2}kt^2+v_0$;

(C) $\dfrac{1}{v}=\dfrac{1}{2}kt^2+\dfrac{1}{v_0}$; (D) $\dfrac{1}{v}=\dfrac{1}{2}kt^2-\dfrac{1}{v_0}$

**1-4** 在相对地面静止的坐标系内，A、B 两船都以 2 m/s 的速率匀速行驶，A 船沿 $x$ 轴正方向运动，B 船沿 $y$ 轴正方向运动，则在 A 船上看 B 船的速度为(　　).

(A) $(2\boldsymbol{i}+2\boldsymbol{j})$ m/s; (B) $(-2\boldsymbol{i}+2\boldsymbol{j})$ m/s;

(C) $(-2\boldsymbol{i}-2\boldsymbol{j})$ m/s; (D) $(2\boldsymbol{i}-2\boldsymbol{j})$ m/s

**1-5** 用水平力 $F_N$ 把一个物体压在粗糙的竖直墙面上保持静止，如图所示. 当 $F_N$ 逐渐增大时，物体所受的静摩擦力 $F_f$ 的大小(　　).

(A) 不为零，但保持不变;

(B) 随 $F_N$ 成正比地增大;

(C) 开始随 $F_N$ 增大，达到某一最大值后，就保持不变;

(D) 无法确定

自测题 1-5 图

(二) 填空题

**1-6** 一物体在某瞬时以初速度 $v_0$ 开始运动，在 $\Delta t$ 时间内，经一长度为 $s$ 的曲线路径后又回到出发点，此时速度为 $-v_0$，则在这段时间内，物体的平均速率是______；平均速度是______；平均加速度是______.

**1-7** 一物体从某一确定高度以 $v_0$ 的初速率水平抛出，已知它落地时的速率为 $v_t$，那么，它的运动时间是______.

**1-8** 一小球沿斜面向上运动，其运动学方程为 $s=5+4t-t^2$，式中 $s$ 以 m 计，$t$ 以 s 计，则小球运动到最高点的时刻是______.

**1-9** 一质点沿半径为 0.1 m 的圆周运动，其角位移 $\theta$ 随时间 $t$ 的变化规律是 $\theta=2+4t^2$，式中 $\theta$ 以 rad 计，$t$ 以 s 计. 在 $t=2$ s 时，它的法向加速度大小 $a_n=$________；切向加速度大小 $a_t=$________.

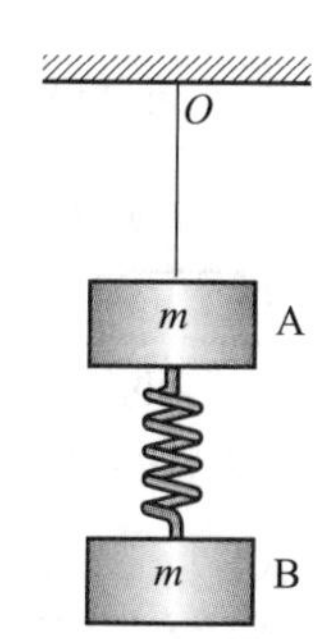

自测题 1-10 图

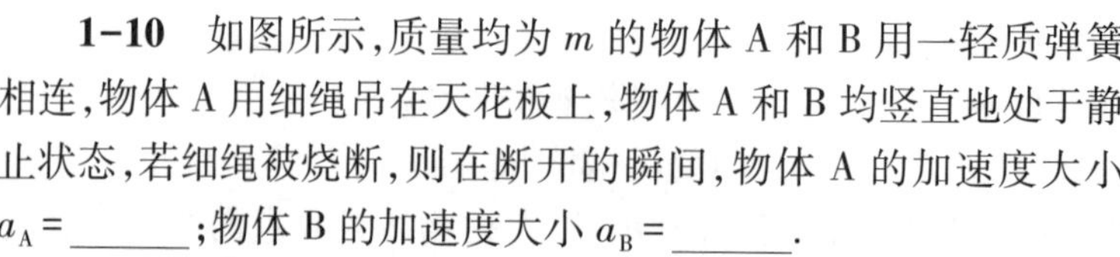

**1-10** 如图所示，质量均为 $m$ 的物体 A 和 B 用一轻质弹簧相连，物体 A 用细绳吊在天花板上，物体 A 和 B 均竖直地处于静止状态，若细绳被烧断，则在断开的瞬间，物体 A 的加速度大小 $a_A=$______；物体 B 的加速度大小 $a_B=$______.

(三) 计算题

**1-11** 一质点做直线运动，其加速度 $a=-\omega^2 A\sin\omega t$，式中 $A$、$\omega$ 均为常量，当 $t=0$ 时，质点的初状态为 $x_0=0$, $v_0=\omega A$，试求:

（1）该质点的运动学方程；

（2）从 $t=0$ 到 $t=\dfrac{\pi}{\omega}$ 时间内质点位移的大小.

**1-12**　质点沿半径 $R=2$ m 的圆周从静止开始运动，角速度 $\omega=4t^2$，式中 $\omega$ 以 rad/s 计，$t$ 以 s 计，试求：

（1）$t=0.5$ s 时质点的速率；

（2）$t=0.5$ s 时质点的加速度大小；

（3）$t=0.5$ s 时质点转过的圈数.

**1-13**　一物体自地球表面以速率 $v_0$ 做竖直上抛运动. 假定空气对物体阻力 $F_f=kmv^2$，其中 $m$ 为物体的质量，$k$ 为常量. 求该物体返回地面时的速度大小.（设重力加速度 $g$ 为常量）

**1-14**　已知质点的运动学方程为 $r=R(\cos kt2\boldsymbol{i}+\sin kt2\boldsymbol{j})$. 式中 $R$、$k$ 均为常量. 求：

（1）质点运动的速度表达式；

（2）质点的切向加速度和法向加速度的大小.

**1-15**　一人在倾角为 $\alpha$ 的斜坡的下端 $A$ 点处，以初速 $v$ 沿与斜坡成 $\theta$ 角方向抛出一小球，如图所示，小球下落时恰好垂直击中斜面. 如果空气阻力不计，试证明 $\theta$ 角应满足下列条件：

$$\tan\theta=\frac{1}{2\tan\alpha}$$

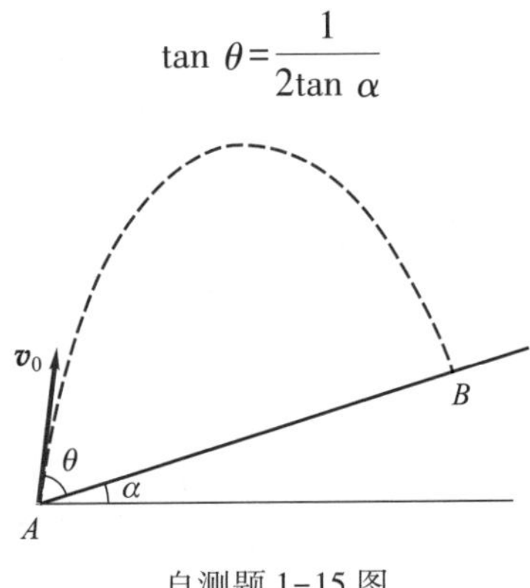


自测题 1-15 图

第一章本章自测参考答案

# 第二章

# 守恒定律

## 一、本章要点

1. 有关功与能的定义及表达式.
2. 计算直线运动情况下变力所做的功.
3. 质点的动能定理、动量定理和角动量定理的内容及应用.
4. 功能定理、机械能守恒定律、动量守恒定律和角动量守恒定律的内容及其应用.

## 二、主要内容

### 1. 功能定理与机械能守恒定律

(1) **功** 描述力在空间累积效应的物理量

**恒力的功** $A=F\cos\theta|\Delta\boldsymbol{r}|$

**变力的功** $A=\int_a^b \boldsymbol{F}\cdot d\boldsymbol{r}=\int_a^b F\cos\theta|d\boldsymbol{r}|=\int_a^b F\cos\theta ds$

在平面直角坐标系中

$$A=\int_a^b \boldsymbol{F}\cdot d\boldsymbol{r}=\int_a^b (F_x dx+F_y dy)$$

**保守力的功** 当$\oint_L \boldsymbol{F}\cdot d\boldsymbol{r}=0$时,称$\boldsymbol{F}$为保守力. 重力、弹性力、万有引力均为保守力.

(2) **功率** 在单位时间内力对物体所做的功,即

$$P=\frac{dA}{dt}=Fv\cos\theta$$

(3) **能量** 物体具有做功的本领称为具有能量.

**动能** 物体具有一定的运动速度时所具有的能量

$$E_k=\frac{1}{2}mv^2$$

**势能** 由物体间的相互作用和相互位置所决定的能量

$$E_p=\int_a^{\text{势能零点}} \boldsymbol{F}\cdot d\boldsymbol{r}$$

**重力势能** $E_p=mgh$(以计算高度的起点为势能零点)

**引力势能** $E_p=-G\frac{m_1m_2}{r}$(以无穷远处为势能零点)

**弹性势能** $E_p=\frac{1}{2}kx^2$(以弹簧原长处为势能零点)

**保守力与势能的关系**

$$A_{ab}=-(E_{pb}-E_{pa})=-\Delta E_p$$

即保守力对物体所做功等于势能增量的负值.

(4) **质点的动能定理**

$$A=\frac{1}{2}mv_2^2-\frac{1}{2}mv_1^2$$

即合外力对物体所做的功等于动能的增量.

（5）**功能定理**

$$A_{外}+A_{非保守}=E_2-E_1$$

即外力和非保守力对系统所做的功等于系统机械能的增量.

（6）**机械能守恒定律**

$$当 A_{外}+A_{非保守}=0 时, E=E_k-E_p=常量$$

即如果外力和非保守力所做的功之和为零,系统的机械能保持不变.

2. **动量定理与动量守恒定律**

（1）**动量**　描述物体做机械运动时的物理量

$$\boldsymbol{p}=m\boldsymbol{v}$$

动量是状态量.

（2）**冲量**　描述力在时间过程中累积效应的物理量

$$\boldsymbol{I}=\int_{t_1}^{t_2}\boldsymbol{F}\mathrm{d}t=\overline{\boldsymbol{F}}(t_2-t_1)$$

冲量是过程量. 式中 $\overline{\boldsymbol{F}}$ 称为平均冲力,在应用中,常用平均冲力替代冲力.

（3）**质点的动量定理**

$$\boldsymbol{I}=m\boldsymbol{v}_2-m\boldsymbol{v}_1$$

即合外力的冲量等于质点动量的增量.

**注意:** 冲量的方向是动量增量的方向.

实际应用时,常用平面直角坐标系中的分量式

$$I_x=mv_{2x}-mv_{1x}$$

$$I_y=mv_{2y}-mv_{1y}$$

（4）**动量守恒定律**

$$当 \sum_{i=1}^{n}\boldsymbol{F}_i=\boldsymbol{0} 时,\ \sum_{i=1}^{n}m_i\boldsymbol{v}_i=常矢量$$

即当系统不受外力或者外力的矢量和为零时,系统的总动量保持不变.

**注意:**（1）动量守恒定律中各速度都是相对于同一惯性参考系而言的. 在物体发生碰撞时,系统碰撞而内力远大于外力,所以系统的动量可近似认为守恒.

（2）如果系统的合外力不为零,但其沿某一方向的分量为零,则系统在该方向的动量守恒. 即:当 $F_x=0$ 时, $\sum\limits_i m_iv_{ix}=$常量,系统在 $x$ 方向动量守恒.

3. **角动量定理与角动量守恒定律**

（1）**质点的角动量**

角动量的大小为 $L=rmv\sin\theta$,方向由右手螺旋定则确定,即右手四指由 $\boldsymbol{r}$ 绕到 $\boldsymbol{v}$,大拇指所指的方向就是 $\boldsymbol{L}$ 的方向.

（2）**力对点的力矩**

$$\boldsymbol{M}=\boldsymbol{r}\times\boldsymbol{F}$$

力矩的大小为 $M=rF\sin\theta$,方向由右手螺旋定则确定.

(3) 质点的角动量定理

$$\int_{t_1}^{t_2}\boldsymbol{M}\mathrm{d}t=\boldsymbol{L}_2-\boldsymbol{L}_1$$

即质点所受的冲量矩等于质点角动量的增量.

注意:式中 $\boldsymbol{M}$、$\boldsymbol{L}$ 必须对同一参考点.

(4) 角动量守恒定律

$$\text{当 }\boldsymbol{M}=\boldsymbol{0}\text{ 时},\boldsymbol{L}=\boldsymbol{r}\times m\boldsymbol{v}=\text{常矢量}$$

即当质点或质点系所受的合外力对某固定点的力矩为零时,质点或质点系对该固定点的角动量保持不变.

## 三、解题方法

本章习题分为 5 种类型.

### 1. 功和功率的计算

求解这一类习题的步骤为:(1) 确定力的表达式;(2) 若为变力做功,则可根据功的定义或质点的动能定理进行计算,必须先计算力作用于质点的位移元所做的元功,然后用积分法求解.

**例 2-1** 设质量为 2 kg 的质点,在沿 $x$ 轴正方向的力作用下由静止开始运动,已知质点的运动学方程为 $x=\frac{1}{2}t^3-1$,式中 $x$ 以 m 计,$t$ 以 s 计. 试求:

(1) 前 2 s 内合外力所做的功;

(2) 第 2 s 末的瞬时功率.

**解** (1) 计算功有两种方法

**解法一** 用功的定义求解

$$v=\frac{\mathrm{d}x}{\mathrm{d}t}=\frac{3}{2}t^2$$

$$a=\frac{\mathrm{d}v}{\mathrm{d}t}=3t$$

$$F=ma=6t$$

于是力所做的功为

$$A=\int\boldsymbol{F}\cdot\mathrm{d}\boldsymbol{r}=\int_0^x F\mathrm{d}x=\int_0^t Fv\mathrm{d}t=\int_0^t 6t\cdot\frac{3}{2}t^2\mathrm{d}t=\frac{9}{4}t^4$$

当 $t=2$ s 时,得

$$A=\frac{9}{4}\times2^4\ \mathrm{J}=36\ \mathrm{J}$$

**解法二** 用质点的动能定理求解

$$v=\frac{\mathrm{d}x}{\mathrm{d}t}=\frac{2}{3}t^2$$

由于初动能为零，所以

$$A=E_k-E_{k0}=\frac{1}{2}mv^2=\frac{9}{4}t^4$$

当 $t=2$ s 时，得

$$A=\frac{9}{4}\times 2^4\ \text{J}=36\ \text{J}$$

(2) 计算瞬时功率也有两种方法

**解法一**

$$P=\boldsymbol{F}\cdot\boldsymbol{v}=Fv\cos 0°=6t\cdot\frac{3}{2}t^2=9t^3$$

当 $t=2$ s 时，得

$$P=9\times 2^3\ \text{W}=72\ \text{W}$$

**解法二**

$$P=\frac{\mathrm{d}A}{\mathrm{d}t}=\frac{\mathrm{d}}{\mathrm{d}t}\left(\frac{9}{4}t^4\right)=9t^3$$

当 $t=2$ s 时，得

$$P=9\times 2^3\ \text{W}=72\ \text{W}$$

**例 2-2**　一根质量为 $m$，长为 $l$ 的柔软链条，其 4/5 放在光滑桌面上，其余 1/5 从桌子边缘向下自由悬挂，如图所示. 试证将此链条悬挂部分拉回桌面的过程中外力所需做的功为$\frac{mgl}{50}$.

**解**　拉动已在光滑水平桌上的部分链条不做功，仅克服下悬部分链条所受重力而做功，下悬部分链条受的重力随其长度变化而变化，设某时刻下悬长度为 $x$. 此时重力为 $mg\cdot\frac{x}{l}$，如例 2-2 图所示. 当发生位移 d$x$ 时，重力所做的功为

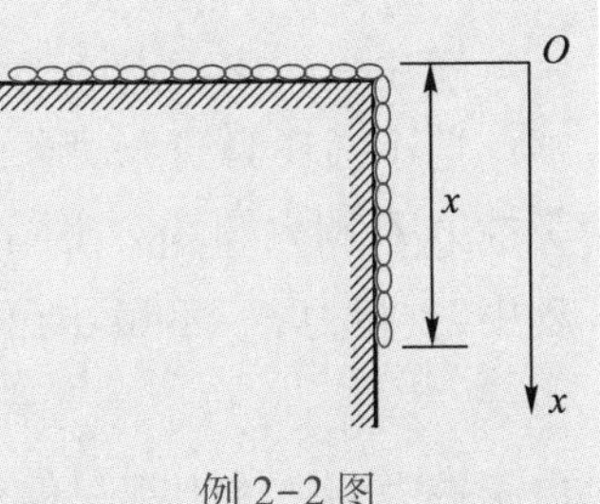

例 2-2 图

$$\mathrm{d}A'=\frac{mg}{l}\cdot x\cdot\mathrm{d}x$$

外力做功为

$$\mathrm{d}A=-\mathrm{d}A'=-\frac{mg}{l}x\mathrm{d}x$$

$$A=\int\mathrm{d}A=\int_{\frac{l}{5}}^{0}-\frac{mg}{l}x\mathrm{d}x=-\frac{mg}{2l}x^2\Big|_{\frac{l}{5}}^{0}=\frac{mgl}{50}$$

注意：微元法是用微积分求解物理问题的一种常用方法，特别是在电磁学中应用极为广泛. 微元法涉及微元的构造、积分变量和积分上下限如何确定等问题，请读者务必掌握好这一方法.

2. **质点的动能定理、功能定理和机械能守恒定律的应用**

凡是涉及物体(可视为质点)在力的持续作用下发生位移的动力学问题,一般都可以运用质点的动能定理、功能定理和机械能守恒定律求解.

若运用质点的动能定理,相应的解题步骤为:(1) 选单个物体为研究对象;(2) 进行受力分析;(3) 计算所有外力所做的功;(4) 确定初、末状态的动能;(5) 列方程求解. 若应用功能定理,相应的解题步骤为:(1) 选取系统为研究对象;(2) 进行受力分析;(3) 计算所有外力和非保守内力所做的功;(4) 选定势能零点并确定初、末状态的动能和势能;(5) 列方程求解. 若满足 $A_{外}=0$ 和 $A_{非保内}=0$(或 $A_{外}+A_{非保内}=0$),则应用机械能守恒定律进行求解.

**例 2-3** 一质量为 $m$ 的小圆环,悬挂于弹簧上,弹簧的劲度系数为 $k$,其另一端固定在沿竖直面放置的大圆环的最高点 $A$ 处,如例 2-3 图(a)所示. 设弹簧的原长与大圆环的半径 $R$ 相等. 将小圆环套在大圆环上,并使弹簧从 $B$ 点(弹簧恰好处于原长)无初速地沿圆环下滑. 试求滑至最低点 $C$ 时,小圆环的速度.

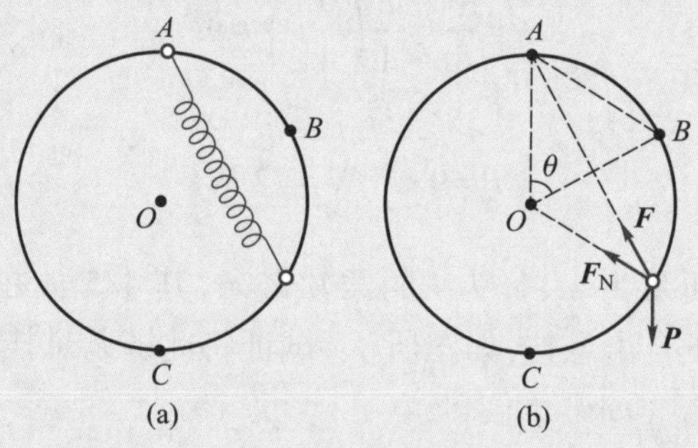


例 2-3 图

**解法一** 用质点的动能定理求解.

选小圆环为研究对象,小圆环在任一位置受到三个力的作用,重力 $\boldsymbol{P}$,弹簧的弹性力 $\boldsymbol{F}$ 和大圆环对小圆环的支持力 $\boldsymbol{F}_{\mathrm{N}}$,如图所示. 小圆环在大圆环上滑动过程中,支持力 $\boldsymbol{F}_{\mathrm{N}}$ 不做功,只有重力和弹性力做功. 由质点的动能定理可知

$$A_F+A_P=\Delta E_{\mathrm{k}}$$

由于重力和弹性力都是保守力,它们所做的功均与路径无关,所以从 $B$ 点到 $C$ 点的运动过程中有

$$A_F=0-\frac{1}{2}k(2R-R)^2=-\frac{1}{2}kR^2$$

$$A_P=mg(R+R\cos\theta)=mg(R+R\cos\theta)$$

即弹性力做负功,而重力做正功,于是有

$$-\frac{1}{2}kR^2+mg(R+R\cos 60^\circ)=\frac{1}{2}mv_C^2-0$$

$$v_C=\sqrt{\frac{3mgR-kR^2}{m}}$$

**解法二**　用功能定理求解.

选小圆环、地球和弹簧组成的系统为研究对象,重力和弹性力为系统的内力,由于它们是保守力,所以小圆环具有重力势能和弹性势能. 计算势能时,必须选取势能零点. 现取通过 $C$ 点的水平面为重力势能的零点;取以 $A$ 为中心、以弹簧原长为半径的球面为弹性势能零点,于是,由功能定理 $A_{外}+A_{内}=E_B-E_C$ 可知

$$0=mg(R+R\cos 60°)-\left[\frac{1}{2}mv_C^2+\frac{1}{2}k(2R-R)^2\right]$$

解得

$$v_C=\sqrt{\frac{3mgR-kR^2}{m}}$$

**注意**:选择合适的势能零点时,重力势能的零点可任意选取,但弹性势能的零点一定要选在弹簧自然伸长处,否则计算将更加烦琐.

**解法三**　用机械能守恒定律求解.

选小圆环、地球和弹簧组成的系统为研究对象,对系统而言,在小圆环滑动过程中,没有外力和内力做功,所以机械能守恒(势能零点选取同解法二中一致),由此得

$$\frac{1}{2}mv_C^2+\frac{1}{2}k(2R-R)^2=mg(R+R\cos 60°)$$

$$v_C=\sqrt{\frac{3mgR-kR^2}{m}}$$

**3. 质点的动量定理和动量守恒定律的应用**

凡涉及外力对质点(或质点系)持续作用一段时间的力学问题(多数是打击、碰撞和爆炸等),需用质点的动量定理或动量守恒定律求解.相应的解题步骤为:(1) 选取研究对象(质点或质点系);(2) 进行受力分析;(3) 确定过程初、末状态的动量;(4) 运用质点的动量定理(研究对象在一段时间内所受的合外力不等于零)或动量守恒定律(研究对象所受的合外力为零或合外力远小于内力);(5) 建立合适的坐标系,列方程求解.

**例 2-4**　一质量为 $m$ 的小球在高为 $h$ 的平台上以速度 $\boldsymbol{v}_0$ 水平抛出. 小球落地时与光滑地面发生碰撞,碰后又弹回到原来的高处,如图所示. 设碰撞时间为 $\Delta t$,求地面受到的平均冲力.

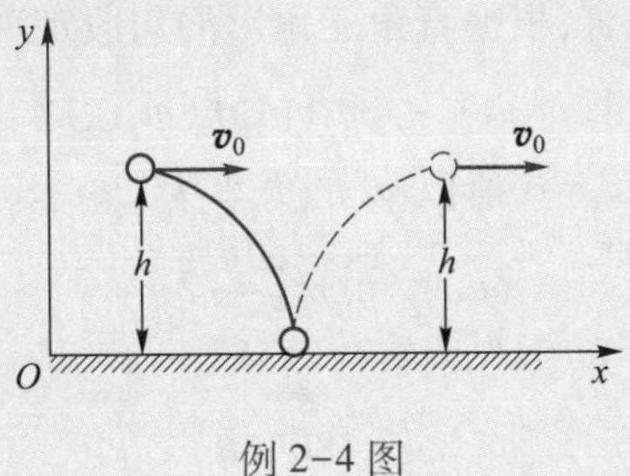


例 2-4 图

**解** 以小球为研究对象. 小球在碰撞时受重力 $m\boldsymbol{g}$ 和地面给它的平均冲力 $\boldsymbol{F}_\mathrm{N}$ 的作用. 设小球碰撞前的速度为 $\boldsymbol{v}$,碰撞后的速度为 $\boldsymbol{v}'$,建立如图所示的坐标系. 由质点的动量定理可知

$$I_x=mv_x'-mv_x,\quad I_y=mv_y'-mv_y$$

因小球做平抛运动,根据已知条件可知

$$v_y'=\sqrt{2gh},v_y=-\sqrt{2gh},\quad I_x=0,I_y=(F_\mathrm{N}-mg)\Delta t$$

把这些关系代入质点的动量定理得

$$(F_\mathrm{N}-mg)\Delta t=m\sqrt{2gh}-(-m\sqrt{2gh})$$

解上式得地面对小球的平均冲力为

$$F_\mathrm{N}=\frac{2m\sqrt{2gh}}{\Delta t}+mg$$

$F_\mathrm{N}$ 为正值,说明平均冲力 $\boldsymbol{F}_\mathrm{N}$ 的方向与 $y$ 轴一致,即竖直向上.

由牛顿第三定律可知,小球给地面的平均冲力

$$F_\mathrm{N}=F_\mathrm{N}'=\frac{2m\sqrt{2gh}}{\Delta t}+mg$$

$\boldsymbol{F}_\mathrm{N}'$的方向与 $\boldsymbol{F}_\mathrm{N}$ 的相反,为竖直向下方向.

**例 2-5** 一静止在水平面上的物体忽然炸裂成质量相同的三块碎片,其中两块碎片以相同的速率 $v$ 沿相互垂直的方向在水平面内运动. 试求第三块碎片的速度大小和方向.

**解法一** 用动量守恒定律的矢量形式求解.

选物体为系统,由题意可知,爆炸的瞬间系统内力远大于系统所受外力,系统动量守恒. 根据已知条件可知,系统的初动量为零,物体分裂为三块后,这三块碎片的动量之和应仍然等于零,即

$$m_1\boldsymbol{v}_1+m_2\boldsymbol{v}_2+m_3\boldsymbol{v}_3=\boldsymbol{0}$$

此式变形为

$$m_3\boldsymbol{v}_3=-(m_1\boldsymbol{v}_1+m_2\boldsymbol{v}_2)$$

即,第三块碎片的动量与第一、第二块碎片的动量矢量和的大小相等、方向相反,如例 2-5 图(a)所示.

因为 $\boldsymbol{v}_1$ 和 $\boldsymbol{v}_2$ 相互垂直,根据直角三角形的勾股定理可得

$$(m_3v_3)^2=(m_1v_1)^2+(m_2v_2)^2$$

由于 $m_1=m_2=m_3=m,v_1=v_2=v$,所以 $\boldsymbol{v}_3$ 的大小为

$$v_3=\sqrt{v_1^2+v_2^2}=\sqrt{2}v$$

设 $\boldsymbol{v}_3$ 和 $\boldsymbol{v}_1$ 的夹角 $\alpha$ 为

$$\alpha=180°-\theta$$

又因为 $\tan\theta=\dfrac{v_2}{v_1}=1$，$\theta=45°$，所以可得

$$\alpha=135°$$

即 $\boldsymbol{v}_3$ 与 $\boldsymbol{v}_1$ 及 $\boldsymbol{v}_2$ 都成 135°角，且三者在同一平面内.

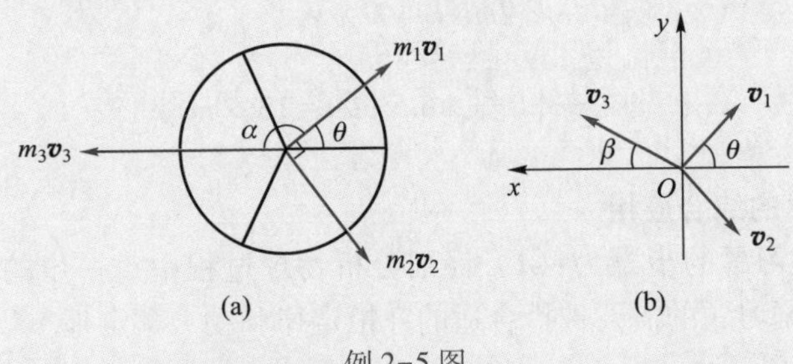


例 2-5 图

**解法二**　用动量守恒定律在坐标轴上的分量形式求解.

分析过程同上，建立如图(b)所示坐标系，以 $\boldsymbol{v}_1$ 和 $\boldsymbol{v}_2$ 合速度的反方向为 $x$ 轴的正方向，水平面内垂直 $x$ 轴指向 $v_1$ 一侧为 $y$ 轴正方向，则可知 $\theta=45°$. 设 $m_3$ 的速度方向与 $x$ 轴正方向夹角为 $\beta$，以 $m_1$、$m_2$ 和 $m_3$ 为系统，分别列出 $x$ 轴和 $y$ 轴方向上的动量守恒定律的表达式，有

$x$ 轴方向　　$0=m_3v_3\cos\beta-m_1v_1\cos 45°-m_2v_2\cos 45°$

$y$ 轴方向　　$0=m_3v_3\sin\beta+m_1v_1\sin 45°-m_2v_2\sin 45°$

由于 $m_1=m_2=m_3=m$，$v_1=v_2=v$，可解得

$$\beta=0°,\quad v_3=\sqrt{2}v$$

即 $\boldsymbol{v}_3$ 方向沿 $x$ 轴正方向，大小为$\sqrt{2}v$.

4. 角动量定理和角动量守恒定律的应用

对于质点和质点系的转动情况，可应用角动量定理和角动量守恒定理，相应的解题步骤为：(1) 选取研究对象；(2) 进行受力分析；(3) 考虑物体在初、末状态的转动情况；(4) 运用角动量定理(外力矩矢量和不为零)和角动量守恒定律(外力矩矢量和为零)求解.

**例 2-6**　两位体重均为 60 kg 的滑冰爱好者，在两条相距 10 m 的平直跑道上以 6.5 m/s 的速率沿相反方向匀速滑行. 他们在距离恰好等于 10 m 时，分别抓住一根长 10 m 的绳子两端. 若将滑冰爱好者看成质点，并略去绳子的质量.

(1) 求他们抓住绳子前后相对绳子中点的角动量；

(2) 两人都用力往自己这边拉绳子，当他们之间的距离为 5.0 m 时，各自的速率是多大?

**解**　(1) 根据角动量定义有

$$L = \sum m_i v_i r_i$$
$$= 60\times6.5\times5\ \text{kg}\cdot\text{m}^2/\text{s}+60\times6.5\times5\ \text{kg}\cdot\text{m}^2/\text{s}$$
$$= 3\ 900\ \text{kg}\cdot\text{m}^2/\text{s}$$

（2）由于两位滑冰爱好者对轴的外力矩为零，故角动量守恒，因此有

$$2mv_1r_1 = 2mv_2r_2$$

$$v_2 = \frac{r_1}{r_2}v_1 = \frac{10}{5.0}\times6.5\ \text{m/s} = 13.0\ \text{m/s}$$

5. **守恒定律的综合应用**

求解这一类习题的步骤为：（1）仔细分析物理过程中每一步的受力情况及状态条件；（2）根据习题的需要选择合适的守恒定律和动力学定理.

**例 2-7** 如图所示，A 球静止于碗底，B 球自高度为 $h$ 处由静止开始沿碗壁下滑，滑到碗底时与 B 球做完全非弹性碰撞，若 A、B 两球质量相等，不计滑行时的摩擦，求碰撞后，两球上升的最大高度.

**解** 在 B 球下滑过程中，碗壁对 B 球的支持力 $F_N$ 不做功，由 B 球与地球组成的系统机械能守恒，选碗底为重力势能的零点，有

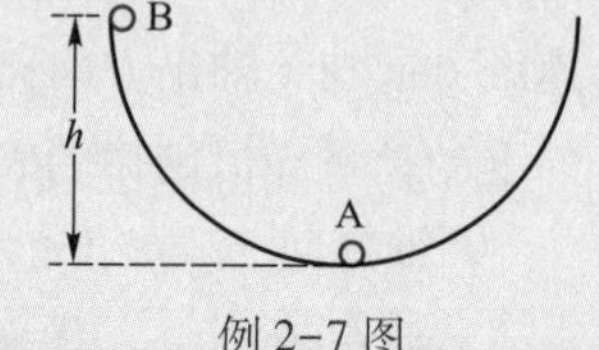

例 2-7 图

$$v = \sqrt{2gh}$$

B 球与 A 球做完全非弹性碰撞时，在水平方向所受的合外力为零，则两球水平方向动量守恒，设碰撞后两球以共同速度 $\boldsymbol{v}_{共}$ 水平向右运动，则有

$$mv+0 = (m+m)v_{共}$$

得

$$v_{共} = \frac{1}{2}\sqrt{2gh}$$

碰撞后两球从碗底共同沿碗壁上滑，设上滑到高度 $h_1$ 时，速度为零. 同理，由机械能守恒定律可知

$$\frac{1}{2}(m+m)v_{共}^2+0 = 2mgh_1+0$$

即

$$\frac{1}{2}mv_{共}^2 = mgh_1$$

因而

$$h_1 = \frac{v_{共}^2}{2g} = \frac{1}{2g}\left[\frac{1}{4}(2gh)\right] = \frac{h}{4}$$

## 四、习题略解

**2-1** 一质量为 $m$ 的质点做平面运动，其位置矢量为 $\boldsymbol{r}=a\cos\,\omega t\boldsymbol{i}+b\sin\,\omega t\boldsymbol{j}$，式中 $a$、$b$ 为正值常量，且 $a>b$. 试问：(1) 质点在 $A$ 点 $(a,0)$ 和 $B$ 点 $(0,b)$ 时的动能有多大？(2) 质点所受作用力 $\boldsymbol{F}$ 是怎样的？

**解** (1)
$$\boldsymbol{v}=\frac{\mathrm{d}\boldsymbol{r}}{\mathrm{d}t}=-a\omega\sin\,\omega t\boldsymbol{i}+b\omega\cos\,\omega t\boldsymbol{j}$$
$$v=\sqrt{v_x^2+v_y^2}=\sqrt{a^2\omega^2\sin^2\omega t+b^2\omega^2\cos^2\omega t}$$
则
$$E_\mathrm{k}=\frac{1}{2}mv^2=\frac{1}{2}m(a^2\omega^2\sin^2\omega t+b^2\omega^2\cos^2\omega t)$$
在 $A$ 点时有
$$x_A=a\cos\,\omega t=a,\quad y_A=b\sin\,\omega t=0$$
故
$$\cos\,\omega t=1,\quad \sin\,\omega t=0$$
代入动能表达式得
$$E_{\mathrm{k}A}=\frac{1}{2}mb^2\omega^2$$
在 $B$ 点时有
$$\cos\,\omega t=0,\quad \sin\,\omega t=1$$
代入动能表达式得
$$E_{\mathrm{k}B}=\frac{1}{2}ma^2\omega^2$$
(2)
$$\begin{aligned}\boldsymbol{F}&=m\boldsymbol{a}=m\frac{\mathrm{d}\boldsymbol{v}}{\mathrm{d}t}\\&=-m\omega^2(a\cos\,\omega t\boldsymbol{i}+b\sin\,\omega t\boldsymbol{j})\\&=-m\omega^2\boldsymbol{r}\end{aligned}$$

**2-2** 一物体在介质中按规律 $x=ct^3$ 做直线运动，$c$ 为一常量，设介质对物体的阻力正比于速度的平方，试求物体由 $x_0=0$ 处运动到 $x=l$ 处时，阻力所做的功.（已知阻力系数为 $k$）

**解**
$$v=\frac{\mathrm{d}x}{\mathrm{d}t}=3ct^2$$
$$F=kv^2=9kc^2t^4$$
由于
$$t=\left(\frac{x}{c}\right)^{\frac{1}{3}}$$
所以
$$F=9kc^{\frac{2}{3}}x^{\frac{4}{3}}$$
$$\begin{aligned}A&=\int_0^l\boldsymbol{F}\cdot\mathrm{d}\boldsymbol{r}=-\int_0^l F\mathrm{d}x\\&=\int_0^l 9kc^{\frac{2}{3}}x^{\frac{4}{7}}\mathrm{d}x=-\frac{27}{7}kc^{\frac{2}{3}}l^{\frac{7}{3}}\end{aligned}$$

**2-3** 质量为 $m$ 的质点，系在细绳的一端，绳的另一端固定在平面上，此质点在粗糙水平面上做半径为 $r$ 的圆周运动. 设质点的初速率是 $v_0$，当它运动一周时，速率为$\frac{v_0}{2}$，求：

（1）摩擦力所做的功；

（2）动摩擦因数；

（3）在静止以前质点运动的圈数.

**解** （1）

$$A_f=\frac{1}{2}m\left(\frac{v_0}{2}\right)^2-\frac{1}{2}mv_0^2=-\frac{3}{8}mv_0^2$$

（2）

$$A_f=-F_f\cdot 2\pi r=-\mu mg\cdot 2\pi r=-\frac{3}{8}mv_0^2$$

可得

$$\mu=\frac{3v_0^2}{16\pi rg}$$

（3）

$$\mu mg\cdot 2\pi rn=\frac{1}{2}mv_0^2$$

解得

$$n=\frac{4}{3}$$

**2-4** 一力作用在一质量为 3 kg 的物体上. 已知物体位置与时间的函数关系为 $x=3t-4t^2+t^3$，式中 $x$ 以 m 计，$t$ 以 s 计. 试求：（1）力在最初 2 s 内所做的功；（2）在 $t=1$ s 时，力对物体做功的功率.

**解** （1）

$$v=\frac{dx}{dt}=3-8t+3t^2$$

$t=0$ 时，$v_1=3$ m/s；$t=2$ s 时，$v_2=-1$ m/s，由质点的动能定理可得

$$A=\frac{1}{2}mv_2^2-\frac{1}{2}mv_1^2=\frac{1}{2}\times3\times(-1)^2\ \text{J}-\frac{1}{2}\times3\times3^2\ \text{J}=-12\ \text{J}$$

（2）

$$\begin{aligned}F&=ma=m\frac{dv}{dt}\\&=m(-8+6t)\end{aligned}$$

$t=1$ s 时有

$$\begin{aligned}F&=3\times(-8+6\times1)\ \text{N}\\&=-6\ \text{N}\end{aligned}$$

$$\begin{aligned}v&=3\ \text{m/s}-8\times1\ \text{m/s}+3\times1^2\ \text{m/s}\\&=-2\ \text{m/s}\end{aligned}$$

功率

$$P=Fv=-6\times(-2)\ \text{W}=12\ \text{W}$$

**2-5** 一质点沿 $x$ 轴运动，势能为 $E_p(x)$，其总能量为 $E$ 且恒定不变，开始时静止于原点，试证明当质点到达 $x$ 处所经历的时间为

$$t=\int_0^x\frac{dx}{\sqrt{\frac{2}{m}[E-E_p(x)]}}$$

**证**

$$E_k(x)=\frac{1}{2}mv^2$$

$$v=\sqrt{\frac{2E_k(x)}{m}}$$

由于

$$dx=vdt$$

因此有

$$dt=\frac{dx}{v}=\frac{dx}{\sqrt{\frac{2E_k(x)}{m}}}$$

由题意可知

$$E_k(x)=E-E_p(x)$$

则

$$t=\int dt=\int_0^x \frac{dx}{\sqrt{\frac{2}{m}[E-E_p(x)]}}$$

**2-6** 有一保守力 $\boldsymbol{F}=(-Ax+Bx^2)\boldsymbol{i}$,沿 $x$ 轴作用于质点上,式中 $A$、$B$ 为常量.(1) 取 $x=0$ 时 $E_p=0$,试计算与此力相应的势能;(2) 求质点从 $x=2$ m 运动到 $x=3$ m 时势能的变化.

**解** (1) 由势能的定义可得质点在 $x$ 处的势能为

$$E_p(x)=\int \boldsymbol{F}\cdot d\boldsymbol{r}=\int_x^0(-Ax+Bx^2)dx$$

$$=\frac{1}{2}Ax^2-\frac{1}{3}Bx^3$$

(2)

$$\Delta E_p=\left(\frac{1}{2}A\times3^2-\frac{1}{3}B\times3^3\right)-\left(\frac{1}{2}A\times2^2-\frac{1}{3}B\times2^3\right)$$

$$=\frac{5}{2}A-\frac{19}{3}B$$

式中 $\Delta E_p$ 以 J 为单位.

**2-7** 质量为 $m$ 的质点沿 $x$ 轴正方向运动,它受到一个指向原点的大小为 $B$ 的恒力和一个沿 $x$ 轴正方向大小为 $A/x^2$ 的变力作用,式中 $A$、$B$ 为常量.

(1) 试确定质点的平衡位置 $x_0$;

(2) 求当质点从平衡位置运动到任意位置 $x$ 处时两力各做的功,并判断两力是否是保守力;

(3) 以平衡位置为势能零点,求任一位置处质点的势能.

**解** (1) 由题意知

$$B=\frac{A}{x_0^2}$$

得

$$x_0=\sqrt{\frac{A}{B}}$$

(2) 恒力做功为

$$A_1=\int_{x_0}^x -Bdx=B(x_0-x)$$

变力做功为

$$A_2=\int_{x_0}^{x}\frac{A}{x^2}\mathrm{d}x=A\left(\frac{1}{x_0}-\frac{1}{x}\right)$$

恒力做功与变力做功均与路径无关,故两力均为保守力.

(3)

$$\begin{aligned}E_p&=\int_{x}^{x_0}\left(-B+\frac{A}{x^2}\right)\mathrm{d}x\\&=-B(x_0-x)-A\left(\frac{1}{x_0}-\frac{1}{x}\right)\\&=-B\sqrt{\frac{A}{B}}+Bx-A\cdot\sqrt{\frac{B}{A}}+\frac{A}{x}\\&=Bx+\frac{A}{x}-2\sqrt{AB}\end{aligned}$$

**2-8** 从地面上以一定角度发射人造地球卫星,要使人造地球卫星能在距地心半径为 $r$ 的圆轨道上运转,发射速度 $v_0$ 应为多大?(已知地球半径为 $R$.)

**解** 设地球质量为 $m_E$,则有

$$\begin{cases}m\dfrac{v^2}{r}=G\dfrac{mm_E}{r^2}\\G\dfrac{mm_E}{r}-G\dfrac{mm_E}{R}=\dfrac{1}{2}mv^2-\dfrac{1}{2}mv_0^2\end{cases}$$

解得

$$\begin{aligned}v_0&=\sqrt{Gm_E\left(\frac{2}{R}-\frac{1}{r}\right)}\\&=\sqrt{2gR\left(1-\frac{R}{2r}\right)}\end{aligned}$$

上式中

$$g=\frac{Gm_E}{R^2}$$

**2-9** 一质量为 $m$ 的人造地球卫星,沿半径为 $3R$ 的圆轨道运动,$R$ 为地球半径. 已知地球的质量为 $m_E$. 求:(1) 人造地球卫星的动能;(2) 人造地球卫星的引力势能;(3) 人造地球卫星的机械能.

**解** (1) 根据圆周运动向心力公式 $m\dfrac{v_2}{r}=F_{向}$ 有

$$m\frac{v^2}{3R}=G\frac{mm_E}{(3R)^2}$$

由此得人造地球卫星的动能为

$$E_k=\frac{1}{2}mv^2=G\frac{mm_E}{6R}$$

(2) 引力势能为

$$E_p=-G\frac{mm_E}{3R}$$

（3）机械能为

$$E=E_k+E_p=G\frac{mm_E}{6R}+\left(-G\frac{mm_E}{3R}\right)=-G\frac{mm_E}{6R}$$

**2-10**　已知两粒子之间的相互作用力为排斥力，其大小 $F=\frac{a}{r^3}$，$a$ 为常量，$r$ 为两粒子间的距离. 试求两粒子相距为 $r$ 时的势能.（取无限远处为零势点）

**解**
$$E_p=\int_r^{\infty}\frac{a}{r^3}\mathrm{d}r=\frac{a}{2r^2}$$

**2-11**　一劲度系数为 $k$ 的轻质弹簧，一端固定在墙上，另一端系一质量为 $m_A$ 的物体 A，放在光滑水平面上. 把弹簧压缩 $x_0$ 后，再靠着 A 放一质量为 $m_B$ 的物体 B，如图所示. 开始时，由于外力的作用，系统处于静止状态，若撤去外力，试求 A 与 B 离开时 B 运动的速度和 A 能到达的最大距离.

**解**　选墙、弹簧、物体 A 和物体 B 为系统，则系统机械能守恒，因此有

$$\frac{1}{2}kx_0^2=\frac{1}{2}(m_A+m_B)v^2$$

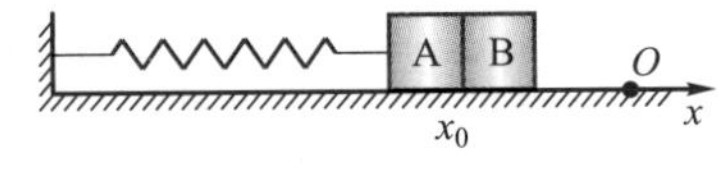

习题 2-11 图

A 与 B 离开时 B 的速度为

$$v=\sqrt{\frac{k}{m_A+m_B}}x_0$$

设 A 能到达的最大距离为 $x_m$，则

$$\frac{1}{2}m_Av^2=\frac{1}{2}kx_m^2$$

$$x_m=\sqrt{\frac{m_A}{k}}v=\sqrt{\frac{m_A}{m_A+m_B}}x_0$$

**2-12**　如图所示，质量为 $m$ 的物体在半径为 $r$ 的光滑球面上从静止开始下滑. 角度由竖直直径开始量度，势能零点选在顶点处. 试求：（1）以角度为变量的势能函数；（2）以角度为变量的动能函数；（3）以角度为变量的法向和切向加速度；（4）质点离开球面时的角度.

**解**　（1）根据重力势能定义可知

$$E_p=-mgr(1-\cos\theta)$$

（2）系统机械能守恒，因此有

$$\frac{1}{2}mv^2-mgr(1-\cos\theta)=0$$

得
$$E_k=\frac{1}{2}mv^2=mgr(1-\cos\theta)$$

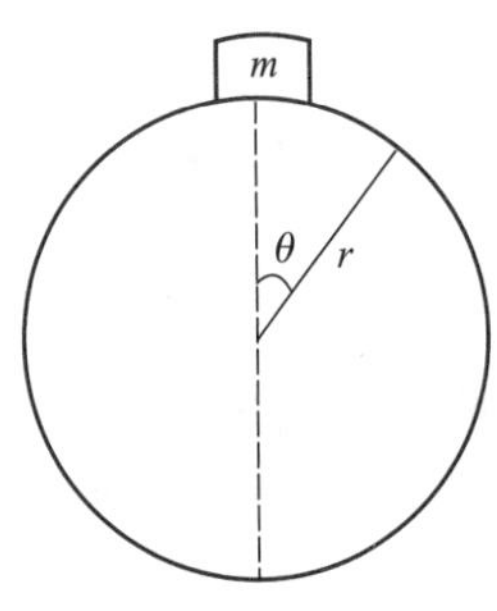

习题 2-12 图

（3）由上式可得

$$v^2=2gr(1-\cos\theta)$$

故法向加速度为

$$a_n=\frac{v^2}{r}=2g(1-\cos\theta)$$

切向加速度为

$$a_t=g\sin\theta$$

(4) 物体离开球面前,根据圆周运动向心力公式 $F_{向}=m\dfrac{v^2}{r}$ 可知,在径向有

$$F_N+mg\cos\theta=m\frac{v^2}{r}$$

当 $F_N=0$ 时,质点将离开球面,故

$$mg\cos\theta=m\frac{v^2}{r}$$

$$\cos\theta=\frac{v^2}{gr}=\frac{2gr(1-\cos\theta)}{gr}$$

解得

$$\cos\theta=\frac{2}{3}$$

$$\theta=48°11'$$

**2-13** 质量 $m=140$ g 的垒球以 $v=400$ m/s 的速度沿水平方向飞向击球手,被击后它以相同速率沿 $\theta=60°$ 的仰角飞出,如图所示,设球和棒接触时间 $\Delta t=1.2$ s,求垒球受到的平均打击力.

**解** 根据动量定理可知

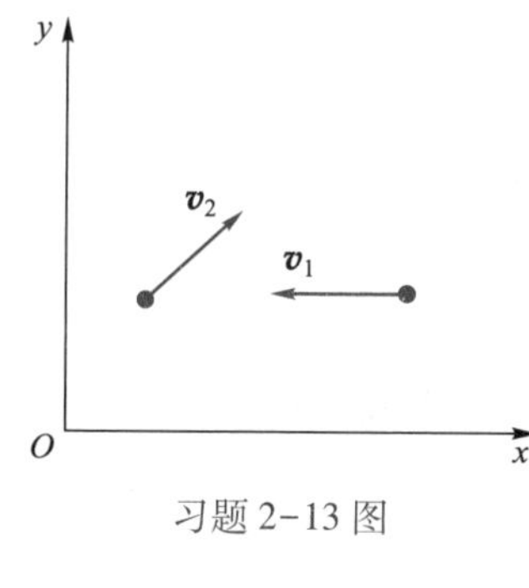

习题 2-13 图

$$\overline{F}_x\Delta t=mv_{2x}-mv_{1x}$$

$$\overline{F}_x=\frac{mv_{2x}-mv_{1x}}{\Delta t}=\frac{mv\cos\theta-m(-v)}{\Delta t}=7.0\times10^3\ \text{N}$$

$$\overline{F}_y=\frac{mv_{2y}-mv_{1y}}{\Delta t}=\frac{mv\sin\theta}{\Delta t}=4.0\times10^3\ \text{N}$$

$$\overline{F}=\sqrt{\overline{F}_x^2+\overline{F}_y^2}=8.1\times10^3\ \text{N}$$

$$\alpha=\arctan\frac{\overline{F}_y}{\overline{F}_x}=36°$$

**2-14** 两个自由质点,其质量分别为 $m_1$ 和 $m_2$,它们之间只有万有引力作用.开始时,两质点间的距离为 $l$,它们都处于静止状态. 试求当它们的距离变为 $\dfrac{1}{2}l$ 时,两质点的速度各为多少?

**解** 由 $m_1$、$m_2$ 组成的系统动量守恒,机械能也守恒,故有

$$\begin{cases} m_1v_1-m_2v_2=0 \\ \dfrac{1}{2}mv_1^2+\dfrac{1}{2}mv_2^2+\left(-G\dfrac{m_1m_2}{\dfrac{1}{2}l}\right)=-G\dfrac{m_1m_2}{l} \end{cases}$$

解得

$$\begin{cases} v_1=m_2\sqrt{\dfrac{2G}{(m_1+m_2)l}} \\ v_2=m_1\sqrt{\dfrac{2G}{(m_1+m_2)l}} \end{cases}$$

**2-15**　一炮弹以速度 $\boldsymbol{v}$ 沿水平方向飞行，某一瞬间突然炸裂成质量相等的两块碎片，已知其中一块碎片的速度为 $\boldsymbol{v}_1$，方向与炮弹飞行方向成 60°角，大小等于 $\boldsymbol{v}$，试求另一块碎片的速度 $\boldsymbol{v}_2$，问炸裂前后动能守恒吗？

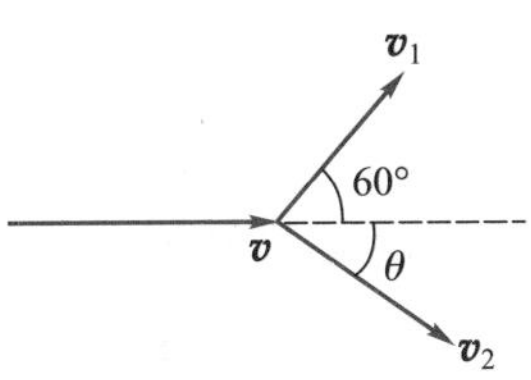

习题 2-15 图

**解**　根据图可知

$$\begin{cases} mv=\dfrac{1}{2}mv_1\cos 60°+\dfrac{1}{2}mv_2\cos\theta & (1) \\ 0=\dfrac{1}{2}mv_1\sin 60°-\dfrac{1}{2}mv_2\sin\theta & (2) \end{cases}$$

联立(1)式和(2)式解得

$$v_2=\sqrt{3}v,\quad \theta=30°$$

另一块碎片的速度与原速度 $v$ 的夹角为 30°. 根据计算结果可知动能不守恒.

**2-16**　质量为 $m$ 的质点在 $Oxy$ 平面内运动，其位置矢量为

$$\boldsymbol{r}=a\cos\omega t\boldsymbol{i}+b\sin\omega t\boldsymbol{j}$$

其中 $a$、$b$、$\omega$ 为常量. 求：

（1）质点动量的大小；

（2）相对于原点，质点的角动量及质点所受的力矩.

**解**　（1）

$$\begin{aligned}\boldsymbol{p}&=m\boldsymbol{v}=m\frac{\mathrm{d}\boldsymbol{r}}{\mathrm{d}t}\\&=m\omega(-a\sin\omega t\boldsymbol{i}+b\cos\omega t\boldsymbol{j})\end{aligned}$$

动量大小为

$$p=m\omega\sqrt{a^2\sin^2\omega t+b^2\cos^2\omega t}$$

（2）相对于原点的角动量

$$\begin{aligned}\boldsymbol{L}&=\boldsymbol{r}\times\boldsymbol{p}=(a\cos\omega t\boldsymbol{i}+b\sin\omega t\boldsymbol{j})\times m\omega(-a\sin\omega t\boldsymbol{i}+b\cos\omega t\boldsymbol{j})\\&=m\omega ab\boldsymbol{i}\times\boldsymbol{j}\end{aligned}$$

由此可知角动量 $\boldsymbol{L}$ 为常矢量. 故质点所受力矩为零.

**2-17**　如图所示，甲、乙两艘船平行逆向航行，船和船上的麻袋总质量分别为 $m_{甲}=500\ \mathrm{kg}$，$m_{乙}=1\ 000\ \mathrm{kg}$，当它们头尾相齐时，由每一艘船上各推出质量 $m=50\ \mathrm{kg}$ 的麻袋到另一艘船上去，结果甲船停了下来，乙船以 $v=8.5\ \mathrm{m/s}$ 的速度沿原方向继续航行，试问交换麻袋前两艘船的速率各为多少？（水的阻力不计）

**解** 选两艘船和麻袋组成的系统为研究对象,以甲船原来速度方向为正方向,根据动量守恒定律有

$$500v_{甲}-1\ 000v_{乙}=-1\ 000\times8.5\ \text{m/s} \quad (1)$$

我们再选甲船和从乙船至甲船的麻袋组成的系统为研究对象,因麻袋是横向投过来的,它沿船航行方向的速度等于乙船原来的速度,根据动量守恒定律有

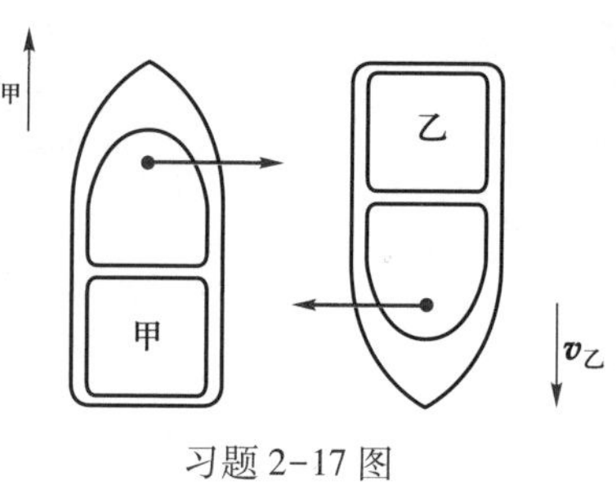

习题 2-17 图

$$450v_{甲}-50v_{乙}=0 \quad (2)$$

联立(1)式和(2)式解得

$$v_{甲}=1\ \text{m/s},\quad v_{乙}=9\ \text{m/s}$$

**2-18** 如图所示,质量为 $m$ 的小球系在绳子的一端,绳穿过一竖直套管,小球限制在一光滑水平面上运动. 先使小球以速度 $\boldsymbol{v}_0$ 绕管心做半径为 $r_0$ 的圆周运动,若缓慢向下拉绳,使小球运动轨道变成半径为 $r_1$ 的圆. 求:(1) 小球距管心 $r_1$ 时速度 $v$ 的大小;(2) 由 $r_0$ 缩短到 $r_1$ 过程中,力 $\boldsymbol{F}$ 所做的功.

**解** (1) 由角动量守恒定律可知

$$mv_0r_0=mvr_1$$

则

$$v=v_0\frac{r_0}{r_1}$$

(2) 由质点的动能定理可知

$$A=\frac{1}{2}mv^2-\frac{1}{2}mv_0^2=\frac{1}{2}mv_0^2\left[\left(\frac{r_0}{r_1}\right)^2-1\right]$$

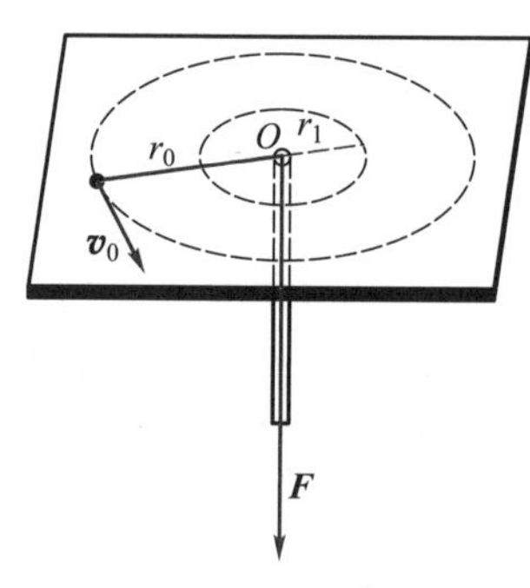

习题 2-18 图

**2-19** 角动量为 $L$,质量为 $m$ 的人造地球卫星,在半径为 $r$ 的圆轨道上运行. 试求它的动能、势能和总能量.

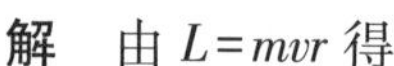

**解** 由 $L=mvr$ 得

$$v=\frac{L}{mr}$$

所以有

$$E_k=\frac{1}{2}mv^2=\frac{L^2}{2mr^2}$$

设 $m_E$ 为地球质量,由

$$G\frac{mm_E}{r^2}=m\frac{v^2}{r}$$

得

$$G\frac{mm_E}{r}=mv^2$$

所以有

$$E_p=-G\frac{mm_E}{r}=-mv^2=-\frac{L^2}{mr^2}$$

$$E=E_k+E_p=-\frac{L^2}{2mr^2}$$

**2-20**　利用角动量守恒定律证明开普勒第二定律，即行星位置矢量在单位时间内扫过的面积为常量.

**解**　如图所示，设在时刻 $t$，行星位于 $A$ 点，经 $\mathrm{d}t$ 时间后，行星位于 $A'$点. 若以恒星为坐标原点，建立极坐标系. 在此时间内，行星的位置矢量 $\boldsymbol{r}$ 转过的角位移为 $\mathrm{d}\theta$，位置矢量所扫过的面积为

$$\mathrm{d}S=\frac{1}{2}r^2\mathrm{d}\theta$$

上式除以 $\mathrm{d}t$，有

$$\frac{\mathrm{d}S}{\mathrm{d}t}=\frac{1}{2}r^2\frac{\mathrm{d}\theta}{\mathrm{d}t}=\frac{1}{2}r^2\omega$$

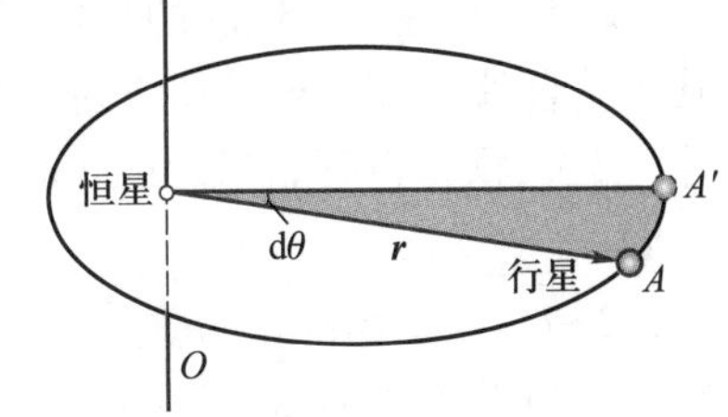

习题 2-20 图

由于角动量 $L=mvr=mr^2\omega$，故上式可化为

$$\frac{\mathrm{d}S}{\mathrm{d}t}=\frac{1}{2m}mr^2\omega=\frac{L}{2m}$$

因为 $L$ 是常量，故单位时间内位置矢量所扫过的面积$\frac{\mathrm{d}S}{\mathrm{d}t}$也是常量. 这就是行星运动的开普勒第二定律.

## 五、本章自测

### （一）选择题

**2-1**　质量 $m=0.5\ \mathrm{kg}$ 的质点，在 $Oxy$ 平面内运动，其运动学方程为 $x=5t$，$y=0.5t^2$，式中 $x$、$y$ 均以 m 计，$t$ 以 s 计. 从 $t=2$ s 到 $t=4$ s 这段时间内，外力对质点做的功为（　　）.

（A）1.5 J；　（B）3 J；　（C）4.5 J；　（D）−1.5 J

**2-2**　质量为 $m$ 的小球，沿水平方向以速率 $v$ 与固定的竖直挡板做弹性碰撞，设指向挡板的方向为正方向，则由于碰撞，小球动量的增量为（　　）.

（A）$mv$；　（B）0；　（C）$2mv$；　（D）$-2mv$

**2-3**　有一物体在 $Oxy$ 平面上运动，受外力作用后其动量沿坐标轴方向的变化分别为 $\Delta p_x\boldsymbol{i}$ 和 $\Delta p_y\boldsymbol{j}$，则该力施于此物体的冲量的大小为（　　）.

（A）$I=\Delta p_x+\Delta p_y$；　（B）$I=\Delta p_x-\Delta p_y$；

（C）$I=\sqrt{\Delta p_x^2+\Delta p_y^2}$；　（D）$I=\sqrt{\Delta p_x^2-\Delta p_y^2}$

**2-4**　已知地球的质量为 $m_1$，太阳的质量为 $m_2$，地心与日心的距离为 $R$，引力常量为 $G$，则地球绕太阳做圆周运动的轨道角动量为（　　）.

（A）$m_1\sqrt{Gm_2R}$；　（B）$\sqrt{\frac{Gm_1m_2}{R}}$；

（C）$m_1m_2\sqrt{\frac{G}{R}}$；　（D）$\sqrt{\frac{Gm_1m_2}{2R}}$

**2-5** 对一个物体系而言，在下列情况中满足机械能守恒条件的是(　　).

(A) 合外力为零；

(B) 合外力不做功；

(C) 合外力和非保守内力都不做功；

(D) 合外力和非保守内力之和为零

(二) 填空题

**2-6** 质量 $m=1$ kg 的物体，从坐标原点处由静止出发在水平面内沿 $x$ 轴运动，其所受合外力方向与运动方向相同，合外力大小为 $F=3+2x$，式中 $F$ 以 N 计，$x$ 以 m 计. 那么，物体在开始运动的 3 m 内，合外力所做的功 $A=$________；且 $x=3$ m 时，其速率 $v=$______.

**2-7** 一初始静止的质点，其质量 $m=0.5$ kg，现受一随时间变化的外力 $F=(10-5t)$(式中 $F$ 以 N 计，$t$ 以 s 计)作用，则在第 2 s 末该质点速度的大小为______m/s，加速度大小为______m/s$^2$.

**2-8** 一机车的功率 $P=1.5\times10^5$ W，使列车在 3 min 内速度由 10 m/s 加速到 20 m/s，若忽略摩擦阻力，则机车在 3 min 内所做的功为______，机车的质量为______.

**2-9** 一质量为 $m$ 的质点在 $Oxy$ 平面内运动，其运动学方程为 $\boldsymbol{r}=A\cos\omega t\boldsymbol{i}+B\sin\omega t\boldsymbol{j}$，式中 $A$、$B$、$\omega$ 为常量，则质点在 $t_1=\dfrac{\pi}{2\omega}$ 到 $t_2=\dfrac{\pi}{\omega}$ 时间内所受的合外力的冲量 $\boldsymbol{I}=$______.

**2-10** 将一个质量为 $2.0\times10^{-3}$ kg 的砝码放在竖直放置的轻弹簧顶端，然后向下压缩弹簧，使其压缩量为 $1.0\times10^{-2}$ m，已知弹簧的劲度系数 $k=40$ N/m，则弹簧释放后砝码被上抛的最大高度为______.

(三) 计算题

**2-11** 质量为 $m$ 的子弹沿水平方向飞行，射穿用长为 $l$ 的轻绳悬着的质量为 $m'$ 的摆锤后，其速率变为原来的一半，如果要使摆锤恰好在竖直平面内做圆周运动，求子弹的入射速率.

**2-12** 测子弹速度的一种方法是把子弹水平射入一个固定在弹簧上的木块内，根据弹簧压缩的距离就可以求出子弹的速度. 已知子弹的质量为 20 g，木块质量是 8.98 kg，弹簧的劲度系数为 100 N/m，子弹嵌入木块后，弹簧最大压缩量为 10 cm，设木块与水平面间的动摩擦因数为 0.2，求子弹的速度.

**2-13** 一颗子弹由枪口飞出的速率是 300 m/s，在枪管内子弹所受合外力为 $F=\left(400-\dfrac{4\times10^5}{3}t\right)$，式中 $F$ 以 N 计，$t$ 以 s 计. 求：

(1) 子弹经过枪管所需时间(假定子弹运动到枪口时受力变为零)；

(2) 该力的冲量大小；

(3) 子弹的质量.

**2-14** 一劲度系数为 $k$ 的轻质弹簧，一端竖直固定在桌面上，另一端与一质量

为 $m_0$ 的平板相连，如图所示. 现有一质量为 $m$ 的物体在距平板高 $h$ 处由静止开始自由下落. 求当物体与平板发生完全非弹性碰撞时，弹簧被再压缩的长度.

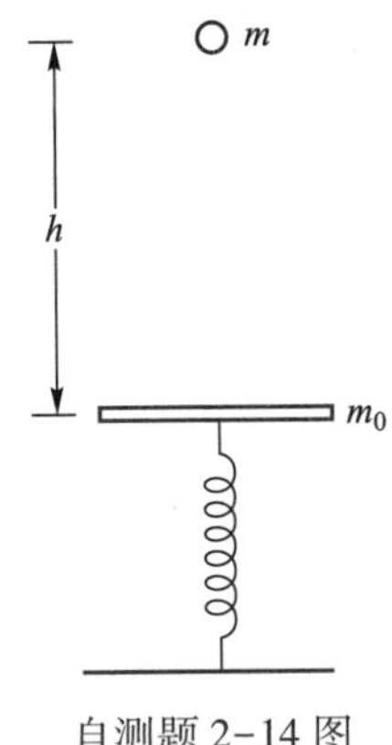


自测题 2-14 图

**2-15**　一弹性小球，质量为 0.20 kg，速度为 5 m/s，与墙碰撞后弹回. 设弹回时速度大小不变，碰撞前后的运动方向和墙的法线所夹的角都是 60°. 设碰撞的时间为 0.05 s，求在碰撞时间内，小球和墙的平均相互作用力.

第二章本章自测参考答案

# 第三章

# 刚 体 力 学

## 一、本章要点

1. 描述刚体定轴转动各物理量的表达式及其意义.
2. 刚体定轴转动定律的内容及其应用.
3. 刚体定轴转动的动能定理和机械能守恒定律的内容及其应用.
4. 刚体定轴转动的角动量定理和角动量守恒定律的内容及其应用.

## 二、主要内容

### 1. 刚体的定轴转动

**(1) 刚体**

无论在多大外力作用下形状和大小均不变的物体称为刚体. 刚体是一种理想模型.

**(2) 描述刚体定轴转动的物理量**

在刚体定轴转动时,组成刚体的所有质点都绕定轴做圆周运动,所有质点的角量都相同,因此,可用角量描述刚体的定轴转动.

**角坐标** $\theta$　描述刚体位置的物理量,它是刚体上任一点 $P$ 的位置矢量与 $x$ 轴的夹角. 刚体做定轴转动时,逆时针转动时 $\theta$ 为正,顺时针转动时 $\theta$ 为负.

**角位移** $\Delta\theta=\theta-\theta$　描述刚体角坐标变化的物理量.

**角速度** $\omega$　描述刚体转动快慢的物理量.

$$\omega=\frac{\mathrm{d}\theta}{\mathrm{d}t}\quad（工程上\ \omega=2\pi n）$$

**角加速度** $\alpha$　描述角速度变化快慢的物理量.

$$\alpha=\frac{\mathrm{d}\omega}{\mathrm{d}t}=\frac{\mathrm{d}^2\theta}{\mathrm{d}t^2}$$

在作粗略描述时,将用到平均角速度和平均角加速度,即

$$\overline{\omega}=\frac{\Delta\theta}{\Delta t},\quad \overline{\alpha}=\frac{\Delta\omega}{\Delta t}$$

**注意:**上述 4 个物理量都是矢量,由于此处描述的是刚体的定轴转动,转动方向只有顺时针和逆时针两种,规定正方向后,可用正、负号来表示其方向.

刚体上一点的**线量与角量的关系**

$$v=r\omega,\quad a_{\mathrm{t}}=r\alpha,\quad a_{\mathrm{n}}=r\omega^2$$

**匀角加速度转动公式**

$$\omega=\omega_0+\alpha t,\quad \theta=\omega_0+\frac{1}{2}\alpha t^2,\quad \omega^2-\omega_0^2=2\alpha(\theta-\theta_0)$$

### 2. 刚体定轴转动的转动定律

**(1) 转动惯量**

$$J=\sum_{i=1}^{n}\Delta m_i r_i^2\quad（分离质点）$$

$$J=\int r^2\mathrm{d}m \quad （质量连续分布）$$

$$J=J_C+md^2 \quad （平行轴定理）$$

式中 $m$ 为刚体的质量，$J_C$ 为转轴通过质心且平行于该轴的刚体的转动惯量，$d$ 为该轴与质心间的距离.

常用到的转动惯量有

**质点** $J=mR^2$

**均匀细棒** $J=\frac{1}{12}ml^2$ （转轴过质心）

$J=\frac{1}{3}ml^2$ （转轴过端点）

**圆盘、圆柱体** $J=\frac{1}{2}mR^2$

**圆环** $J=mR^2$

（2）**力对轴的力矩**

$$\boldsymbol{M}=\boldsymbol{r}\times\boldsymbol{F}$$

大小：$M=rF\sin\theta$

方向：由右手螺旋定则确定.

**注意**：当力的作用线与转轴平行或通过转轴时，该力的力矩为零.

（3）**刚体定轴转动定律**

$$M=J\alpha$$

即刚体所受的合外力矩等于刚体转动惯量与角加速度的乘积.

3. **刚体定轴转动的功能关系**

（1）**转动动能**

$$E_\mathrm{k}=\frac{1}{2}J\omega^2$$

（2）**力矩的功**

$$A=\int_{\theta_1}^{\theta_2}M\mathrm{d}\theta$$

（3）**力矩的功率**

$$P=\frac{\mathrm{d}A}{\mathrm{d}t}=\frac{M\mathrm{d}\theta}{\mathrm{d}t}=M\omega$$

（4）**刚体的重力势能**

$$E_\mathrm{p}=mgh_C$$

式中 $h_C$ 为刚体质心离势能零点的高度.

（5）**刚体定轴转动的动能定理**

$$A=\int_{\theta_1}^{\theta_2}M\mathrm{d}\theta=\frac{1}{2}J\omega_2^2-\frac{1}{2}J\omega_1^2$$

即合外力矩对刚体做的功等于刚体转动动能的增量.

（6）**机械能守恒定律**

当 $A_{外}+A_{非保内}=0$ 时，$E_k+E_p=$常量，即只有保守力的力矩做功时，系统的动能与势能之和为常量.

**注意**：对纯转动，$E_k$ 为转动动能，$E_p$ 为刚体的重力势能. 对既有平动又有转动的情况，$E_k$ 为刚体平动动能与刚体的转动动能之和，$E_p$ 为质点的重力势能、弹性势能与刚体的重力势能之和.

**4. 刚体的角动量和角动量守恒定律**

（1）**冲量矩**

$$\int_{t_1}^{t_2} M\mathrm{d}t$$

（2）**刚体的角动量**

$$L=J\omega$$

（3）**刚体的角动量定理**

$$\int_{t_1}^{t_2} M\mathrm{d}t=J\omega_2-J\omega_1$$

即合外力矩对刚体的冲量矩等于刚体角动量的增量.

**注意**：式中 $M$ 和 $J$ 必须对同一转轴.

（4）**刚体的角动量守恒定律**

$$当 M=0 时，\quad J\omega=常量$$

即刚体所受的合外力矩等于零时，刚体的角动量保持不变.

## 三、解题方法

本章习题分为以下 5 种类型.

**1. 刚体运动学**

和质点运动学中一样，刚体运动学也有两类问题：第一类是已知运动学方程，求角速度和角加速度（用微分法）；第二类是已知角加速度及初始条件，求角速度和运动学方程（用积分法）.

**例 3-1** 高速旋转电动机的圆柱形转子可绕垂直其横截面且通过中心的轴转动，开始时它的角速度 $\omega_0=0$，经 300 s 后，其转速达到 $600\pi$ rad/s. 设转子的角加速度 $\alpha$ 与时间成正比. 求：(1) 其转速 $\omega$ 随时间的变化关系；(2) 在 300 s 时间内，转子转过的圈数.

**解** 由题意可知，角加速度 $\alpha$ 和时间成正比. 因此是变角加速度问题. 由于 $\omega_0=0$，则可设 $\alpha=ct$，则此题为已知 $\alpha$ 和初始的 $\omega$，求 $\omega(t)$ 和 $\theta(t)$，是刚体运动学中的第二类问题.

(1) 由于 $\omega_0=0$，则可设角加速度 $\alpha=ct$，因为

$$\alpha=\frac{\mathrm{d}\omega}{\mathrm{d}t}=ct$$

所以

$$d\omega = ct\,dt$$

$$\int_0^{\omega} d\omega = \int_0^t ct\,dt$$

得

$$\omega = \frac{1}{2}ct^2$$

当 $t=300$ s 时，$\omega=600\pi$ rad/s，代入上式有 $c=\frac{\pi}{75}$ rad/s$^3$，则有

$$\omega = \frac{\pi}{150}t^2$$

式中 $\omega$ 以 rad/s 计，$t$ 以 s 计.

(2) 因为

$$\omega = \frac{d\theta}{dt}$$

则

$$d\theta = \omega dt$$

$$\int_0^{\theta} d\theta = \int_0^t \frac{\pi}{150}t^2 dt$$

$$\theta = \frac{\pi}{450}t^3$$

在 300 s 内，转子转过的圈数为

$$N = \frac{\theta}{2\pi} = \frac{\pi}{450\times 2\pi}\times 300^3 = 3\times 10^4$$

**注意：**变角加速度问题一定要从描述刚体定轴转动的 4 个物理量的定义式出发求解.

**2. 转动惯量的计算**

对于几个已知转动惯量公式的刚体组合体，它的转动惯量为这几个刚体的转动惯量之和，但相应的转动惯量需对同一转轴，即 $J_0 = J_{10} + J_{20}$.

**例 3-2**　如图所示，在质量为 $m_0$、半径为 $R$ 的匀质圆盘上挖出半径为 $r$ 的两个圆孔，圆孔中心在半径 $R$ 的中点，求剩余部分对通过大圆盘中心且与盘面垂直的轴线的转动惯量.

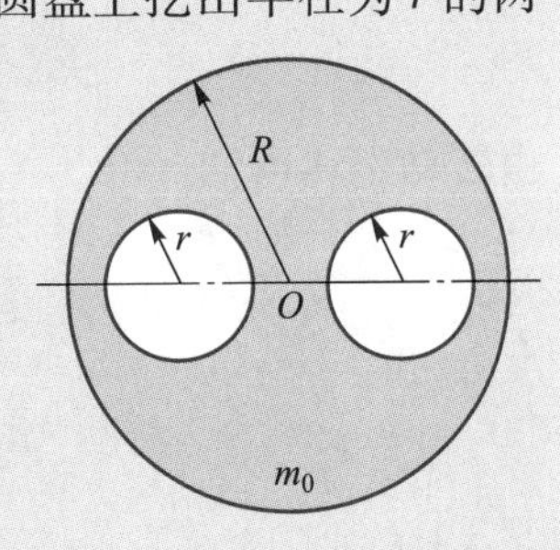

例 3-2 图

**解**　设想在挖去部分填上正、负质量相同的材料，这样就成为完整的圆盘及两个有负质量的小圆盘组成的三个圆盘. 这就是“补偿法”.

设未挖两个圆孔时的大圆盘转动惯量为 $J$，半径为 $r$ 的小圆盘转动惯量分别为 $J_1$ 和 $J_2$（对过 $O$ 点且与盘

面垂直的轴),根据对称性有 $J_1=J_2$,又根据平行轴定理有

$$J=\frac{1}{2}m_0R^2$$

$$J_1=J_2=\frac{1}{2}mr^2+m\left(\frac{R}{2}\right)^2$$

则挖去两个圆孔后的转动惯量为

$$\begin{aligned}J_0&=J-J_1-J_2\\&=\frac{1}{2}m_0R^2-2\left[\frac{1}{2}mr^2+m\left(\frac{R}{2}\right)^2\right]\\&=\frac{1}{2}m_0R^2-2\left[\frac{1}{2}\frac{m_0}{\pi R^2}\pi r^2\cdot r^2+\frac{m_0}{\pi R^2}\pi r^2\frac{R^2}{4}\right]\\&=\frac{1}{2}m_0\left(R^2-\frac{2r^4}{R^2}-r^2\right)\end{aligned}$$

**注意**:“补偿法”是一种简便的“等效方法”,补偿法不仅用于求解力学问题,还可以用于求静电场以及恒定磁场的有关问题. 望读者能掌握这一种有效的方法.

### 3. 刚体定轴转动定律的应用

求解这一类习题的步骤为:(1) 选取研究对象;(2) 进行受力分析;(3) 建立合适坐标系;(4) 列方程求解. 需要注意的是,若体系中既有物体的平动,又有物体的转动,应将平动与转动分开,对平动应用牛顿第二定律,对转动应用转动定律,由角量和线量的关系,找出平动与转动的联系.

**例 3-3** 如图(a)所示,物体的质量为 $m_1$ 和 $m_2$. 定滑轮的质量 $m_A$ 和 $m_B$,定滑轮半径 $R_A$ 和 $R_B$ 均为已知,且 $m_1>m_2$. 设绳子的长度不变,并忽略其质量. 绳子和滑轮间不打滑,滑轮视为圆盘,求物体 $m_1$ 和 $m_2$ 的加速度.

**解** 分别选物体和定滑轮为研究对象,受力分析如图(b)所示. 由牛顿第三定律可知

$$F_{T1}=F'_{T1},\quad F_{T2}=F'_{T2},\quad F_{T3}=F'_{T3}$$

由于 $m_1$ 和 $m_2$ 的加速度大小相同. 根据牛顿第二定律可得

$$m_1g-F_{T1}=m_1a \tag{1}$$

$$F_{T2}-m_2g=m_2a \tag{2}$$

由转动定律可知

$$F_{T1}R_A-F_{T2}R_A=\frac{1}{2}m_AR_A^2\alpha_1 \tag{3}$$

$$F_{T3}R_B-F_{T2}R_B=\frac{1}{2}m_BR_B^2\alpha_2 \tag{4}$$

又

$$\alpha_1R_A=\alpha_2R_B=a \tag{5}$$

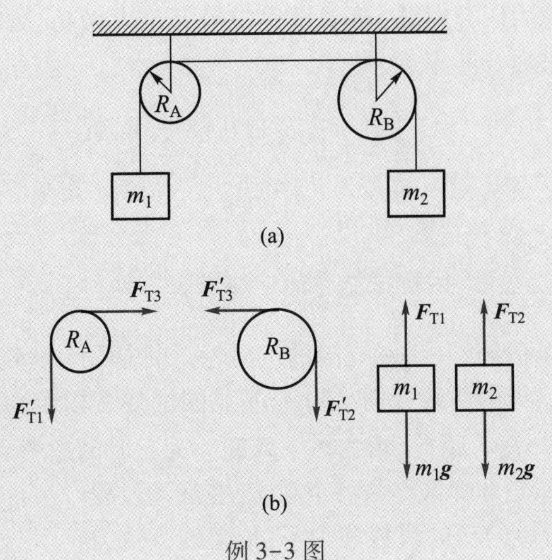


例 3-3 图

联立(1)式—(5)式解得

$$a=\frac{(m_1-m_2)g}{m_1+m_2+\frac{1}{2}m_A+\frac{1}{2}m_B}$$

4. **刚体定轴转动的功能问题.**

应用动能定理、机械能守恒定律求解这一类习题特别方便,相应的解题步骤为:(1) 选取研究对象;(2) 进行受力分析;(3) 建立合适坐标;(4) 应用动能定理求解(若定轴转动的刚体只受保守力作用,则可用机械能守恒定律求解).

**例 3-4**　质量为 $m$、长为 $l$ 的匀质细杆,可绕过固定端 $O$ 的水平轴转动,将杆从水平位置静止释放,如图所示. 试求转到任一角 $\theta$ 时,杆的角加速度.

**解法一**　用刚体定轴转动动能定理求解.

选细杆为研究对象,受力有:重力 $mg$,作用在细杆的中点,方向竖直向下;轴对细杆作用的支持力 $F_N$,作用在 $O$ 点,对轴的力矩等于零,则重力做功为

$$A=\int_0^{\theta} mg\,\frac{l}{2}\cos\,\theta \mathrm{d}\theta=\frac{l}{2}mg\sin\,\theta$$

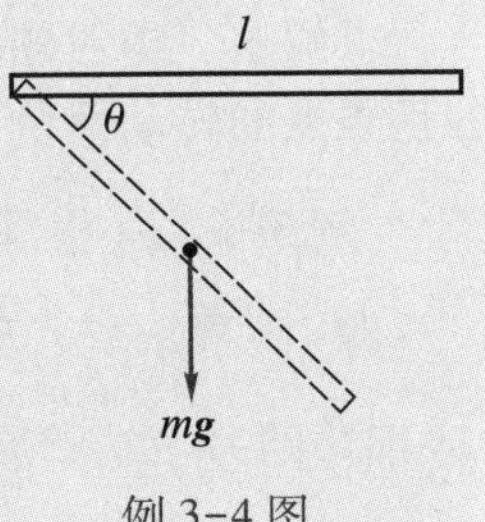


例 3-4 图

由刚体定轴转动的动能定理可知

$$\frac{1}{2}mg\sin\,\theta=\frac{1}{2}\left(\frac{1}{3}ml^2\right)\omega^2$$

解得

$$\omega=\sqrt{\frac{3g\sin\,\theta}{l}}$$

**解法二**　用机械能守恒定律求解.

选细杆和地球为研究对象，转动过程中只有重力做功，故机械能守恒. 取细杆的水平位置为重力势能零点，则有

$$0=\frac{1}{2}\left(\frac{1}{3}ml^2\right)\omega^2+\left(-mg\,\frac{l}{2}\sin\theta\right)$$

解得
$$\omega=\sqrt{\frac{3g\sin\theta}{l}}$$

以上两种解法相比，显然，用机械能守恒定律求解方便得多.

**例 3-5** 一轻绳跨过一轴承光滑的定滑轮，如图所示，滑轮可看成半径为 $R$、质量为 $m_1$ 的圆盘. 绳的两端分别与物体 $m$ 及固定弹簧相连. 将物体由静止状态释放，开始释放时弹簧为原长. 求物体下降距离为 $h$ 时的速度.

**解** 选物体、滑轮和弹簧作为一个系统，在运动过程中内力 $\boldsymbol{F}_1$ 和 $\boldsymbol{F}_2$ 所做的功的代数和为零，轴上的支持力不做功，只有重力和弹力做功，而它们都属于保守内力，因此系统的机械能守恒. 取物体的初始位置处为重力势能零点，则有

$$\frac{1}{2}mv^2+\frac{1}{2}\left(\frac{1}{2}m_1R^2\right)\omega^2+\frac{1}{2}kh^2-mgh=0 \qquad (1)$$

$$\omega=\frac{v}{R} \qquad (2)$$

解得
$$v=\sqrt{\frac{2mgh-kh^2}{m+\frac{m_1}{2}}}$$

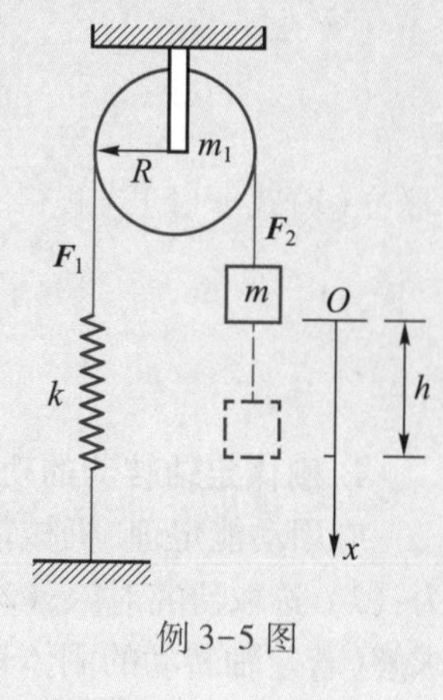

例 3-5 图

5. **质点与刚体的碰撞**

求解这一类习题的方法是应用角动量定理或角动量守恒定律. 需要特别注意的是质点的转动惯量和角动量必须是相对同一转轴的.

**例 3-6** 一根静止的细棒，长为 $l$，质量为 $m_0$，可绕 $O$ 轴在水平面内（纸面）转动，如图所示. 一个质量为 $m$、速率为 $v$ 的子弹在水平面内沿与细棒垂直的方向射入细棒的另一端，设子弹穿过细棒后的速率减为 $\frac{v}{2}$. 求：(1) 细棒获得的角速度 $\omega$；(2) 若水平面的摩擦因数为 $\mu$，则经过多少时间后细棒停止转动？

**解** (1) 选子弹和细棒组成的系统为研究对象，系统受到细棒和子弹的重力，水平桌面对细棒的支持力，细棒与水平桌面之间的摩擦力. 细棒和子弹的重力与水平桌面的支持力抵消，子弹的力矩在转轴方向的分量为零，支持力的力矩为零，摩

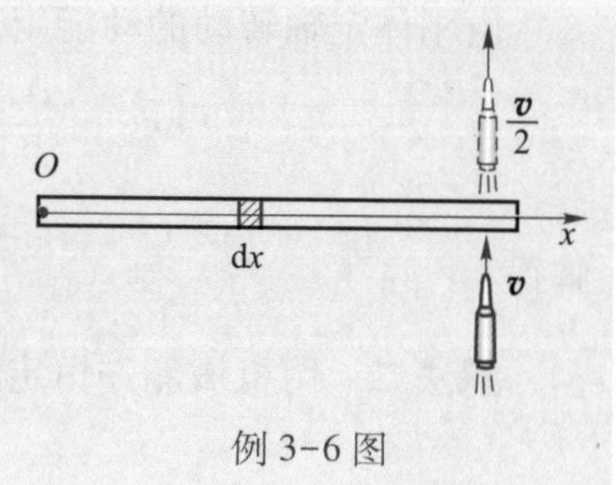

例 3-6 图

擦力矩的冲量在子弹射入瞬间可以忽略,所以子弹穿过细棒期间系统所受合外力矩 $M=0$,系统角动量守恒.

设垂直纸面向外为角动量的正方向,子弹入射前对 $O$ 点的角动量为

$$L_0=mvl$$

子弹穿过细棒后,系统的角动量为

$$L=ml\frac{v}{2}+J\omega$$

因此

$$mvl=ml\frac{v}{2}+J\omega$$

将 $J=\frac{1}{3}m_0l^2$ 代入得

$$\omega=\frac{3m_0v}{2ml}$$

$\omega$ 为正值,表示细棒在水平面内沿逆时针方向转动.

(2) 以 $O$ 为原点,沿细棒水平向右为 $x$ 轴正方向,在细棒上离 $O$ 点距离为 $x$ 处取一微小长度 $\mathrm{d}x$(称为微元),则其质量为

$$\mathrm{d}m=\frac{\mathrm{d}x}{l}\cdot m_0$$

因此微元 $\mathrm{d}x$ 所受摩擦力矩为

$$\mathrm{d}M=-F_{\mathrm{f}}x=-\mu(\mathrm{d}m)gx=-\mu gx\cdot\frac{m_0}{l}\mathrm{d}x$$

则细棒所受摩擦阻力矩为

$$M_{\mathrm{f}}=-\int_0^l\mu gx\cdot\frac{m_0}{l}\mathrm{d}x=-\frac{1}{2}\mu m_0gl$$

由角动量定理可知

$$M_{\mathrm{f}}\cdot\Delta t=0-J\omega$$

因此有

$$\Delta t=\frac{mv}{\mu m_0g}$$

**注意**:质点力学中,质点和质点的碰撞系统所受合外力 $F_{合}=0$,满足动量守恒. 而质点和刚体碰撞时,在 $Ox$ 轴处,轴承对棒的支持力是很大的,因此系统所受合外力 $F_{合}\neq0$,系统动量不守恒. 但轴承处的支持力的力矩为零,因此系统角动量守恒.

## 四、习题略解

**3-1** 半径 $r=0.6$ m 的飞轮边缘上一点 $A$ 的运动学方程为 $s=0.1t^3$,式中 $t$ 以 s 计,$s$ 以 m 计,试求当 $A$ 点的速度大小 $v=30$ m/s 时,$A$ 点的切向加速度和法向加速

度的大小.

**解**

$$s=0.1t^3$$
$$v=0.3t^2$$
$$a_t=0.6t$$
$$t=\sqrt{\frac{v}{0.3}}$$

当 $v=30\ \mathrm{m/s}$ 时

$$t=\sqrt{\frac{30}{0.3}}\ \mathrm{s}=10\ \mathrm{s}$$
$$a_t=0.6\times10\ \mathrm{m/s^2}=6\ \mathrm{m/s^2}$$
$$a_n=\frac{v^2}{r}=\frac{30^2}{0.6}\ \mathrm{m/s^2}=1\ 500\ \mathrm{m/s^2}$$

**3-2** 如图所示,$AB$ 轴上装着转动惯量 $J=500\ \mathrm{kg\cdot m^2}$ 的飞轮,转速为 300 r/min. 用制动器突然刹车,在 5 s 内飞轮停下来,设减速是均匀的,求制动器产生的摩擦力矩的大小(制动器的转动惯量忽略不计).

**解** $\omega_0=2\pi n=2\pi\times300/60\ \mathrm{rad/s}$
$=10\pi\ \mathrm{rad/s}$

$$\alpha=\frac{0-\omega_0}{\Delta t}=\frac{-10\pi}{5}\ \mathrm{rad/s^2}=-2\pi\ \mathrm{rad/s^2}$$

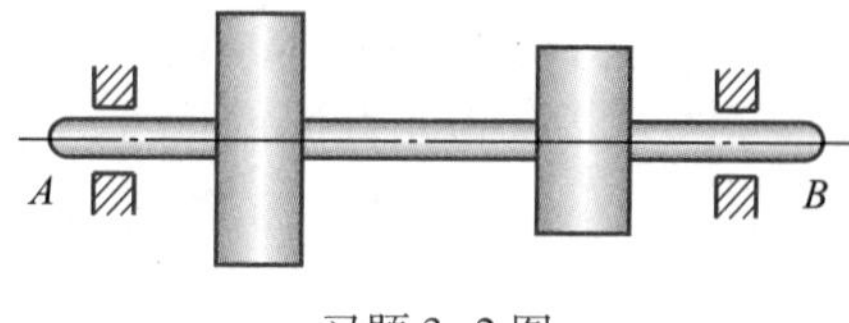

习题 3-2 图

摩擦力矩大小为

$$M=|J\alpha|=|500\times(-2\pi)|\ \mathrm{N\cdot m}=3\ 142\ \mathrm{N\cdot m}$$

**3-3** 以 20 N·m 的恒力矩作用在有固定轴的转轮上,在 10 s 内该轮的转速由零增大到 100 r/min. 此时移去该力矩,因摩擦力矩的作用,转轮经 100 s 后停止. 试推算此转轮对其固定轴的转动惯量.

**解** 在有外力矩作用时有

$$\omega_{01}=0$$
$$\omega_{t1}=100\ \mathrm{r/min}=10.5\ \mathrm{rad/s}$$

其角加速度为

$$\alpha_1=\frac{\omega_{t1}-\omega_{01}}{t_1}=\frac{\omega_{t1}}{t_1}$$

由转动定律可知

$$M-M_f=J\alpha_1 \tag{1}$$

在没有外力矩作用时有

$$\omega_{02}=\omega_{t1},\omega_{t2}=0$$

其角加速度为

$$\alpha_2=\frac{\omega_{t2}-\omega_{02}}{t_2}=-\frac{\omega_{t1}}{t_2}$$

由转动定律可知

$$-M_f=J\alpha_2 \tag{2}$$

联立(1)式和(2)式求解,得

$$M=J(\alpha_1-\alpha_2)=J\left(\frac{\omega_{t1}}{t_1}+\frac{\omega_{t1}}{t_2}\right)$$

求得

$$J=\frac{Mt_1t_2}{\omega_{t_1}(t_1+t_2)}=17.3\ \mathrm{kg\cdot m^2}$$

**3-4**　飞轮对自身轴的转动惯量为 $J_0$,初速度为 $\omega_0$,作用在飞轮上的阻力矩为 $M$(常量). 试求飞轮的角速度减到$\frac{\omega_0}{2}$时所需的时间 $t$ 以及在这一段时间内飞轮转过的圈数 $N$.

**解**　由角动量定理可得

$$\int_0^t -M\mathrm{d}t=J_0\left(\frac{\omega_0}{2}-\omega_0\right)$$

$$t=\frac{J_0\omega_0}{2M}$$

由动能定理可得

$$\int_0^\theta -M\mathrm{d}\theta=\frac{1}{2}J_0\left(\frac{\omega_0}{2}\right)^2-\frac{1}{2}J_0\omega_0^2$$

$$\theta=\frac{3J_0\omega_0^2}{8M}$$

$$N=\frac{\theta}{2\pi}=\frac{3J_0\omega_0^2}{16\pi M}$$

**3-5**　如习题 3-5 图所示,两个质量为 $m_1$ 和 $m_2$ 的物体分别系在两条绳上,这两条绳又分别绕在半径为 $r_1$ 和 $r_2$ 并装在同一轴的两鼓轮上. 设轴间摩擦不计,鼓轮和绳的质量均不计,求鼓轮的角加速度.

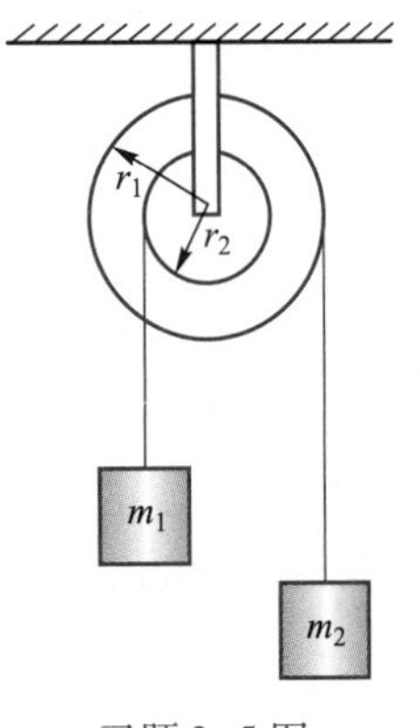

习题 3-5 图

**解**　设连接 $m_1$、$m_2$ 的绳子张力分别为 $F_{T1}$、$F_{T2}$,则

对于 $m_1$ 有:　$F_{T1}-m_1g=m_1a_1$　(1)

对于 $m_2$ 有:　$m_2g-F_{T2}=m_2a_2$　(2)

对于鼓轮有:　$F_{T2}r_1-F_{T1}r_2=0$　(3)

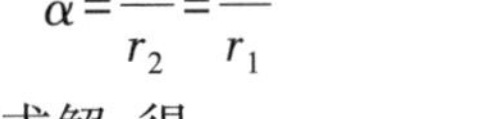

$$\alpha=\frac{a_1}{r_2}=\frac{a_2}{r_1}\qquad(4)$$

联立(1)式—(4)式求解,得

$$\alpha=\frac{(m_2r_1-m_1r_2)g}{m_1r_2^2+m_2r_1^2}$$

**3-6**　如习题 3-6 图所示,一轻绳绕于半径 $r=20\ \mathrm{cm}$ 的飞轮边缘,在绳端施以 $F=98\ \mathrm{N}$ 的拉力,飞轮的转动惯量 $J=0.5\ \mathrm{kg\cdot m^2}$,飞轮和转轴间的摩擦不计.

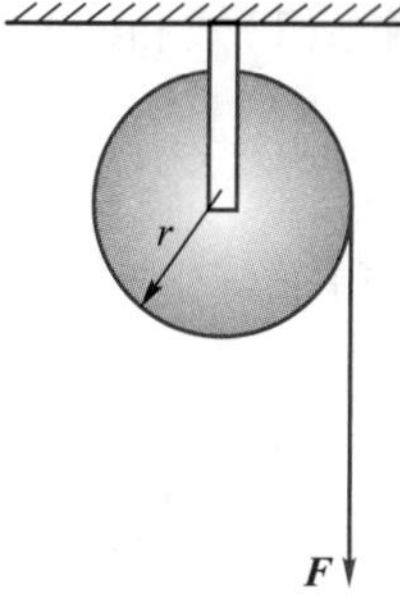

习题 3-6 图

（1）求飞轮的角加速度；

（2）当绳端下降 5 m 时，求飞轮所获得的动能；

（3）如以质量 $m=10$ kg 的物体挂在绳端，试计算飞轮的角加速度.

**解** （1）由转动定律可知

$$F\cdot r=J\alpha$$

$$\alpha=\frac{Fr}{J}=\frac{98\times0.2}{0.5}\ \text{rad/s}^2=39.2\ \text{rad/s}^2$$

（2）由刚体定轴转动的动能定理可得

$$\Delta E_k=M\Delta\theta=Fr\Delta\theta=F\Delta S=98\times5\ \text{J}=490\ \text{J}$$

（3）受力分析得：

$$\begin{cases}mg-F_T=ma & (1)\\ F_T\cdot r=J\alpha & (2)\\ a=r\cdot\alpha & (3)\end{cases}$$

解得

$$\alpha=\frac{mgr}{mr^2+J}=\frac{10\times9.8\times0.2}{10\times0.2^2+0.5}\ \text{rad/s}^2=21.78\ \text{rad/s}^2$$

**3-7** 在倾角为 $\theta$ 的光滑斜面的顶端固定一定滑轮，用一根轻绳绕若干圈后引出，系一质量为 $m_2$ 的物体，如图所示. 已知滑轮的质量为 $m_1$，半径为 $R$，它的转动惯量 $J=\frac{1}{2}m_1R^2$，滑轮的轴没有摩擦，试求物体 $m_2$ 沿斜面下滑的加速度.

**解** 分别选 $m_1$ 和 $m_2$ 为研究对象，进行受力分析得

对 $m_1$ 有：$F_TR=J\alpha=\frac{1}{2}m_1R^2\alpha$ （1）

对 $m_2$ 有：$m_2g\sin\theta-F_T=m_2a$ （2）

$$a=R\alpha \qquad (3)$$

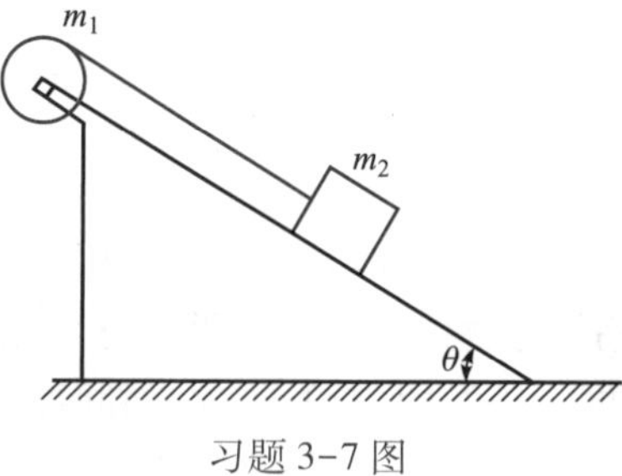

习题 3-7 图

解得

$$a=\frac{2m_2g\sin\theta}{2m_2+m_1}$$

***3-8** 某一冲床利用飞轮的转动动能通过曲柄连杆机构的传动，带动冲头在铁板上钻孔，已知飞轮为匀质圆盘，其半径为 0.4 m，质量为 600 kg，飞轮的正常转速是 240 r/min，冲一次孔转速降低 20%，求冲一次孔冲头所做的功.

**解**

$$\omega_1=2\pi n=\frac{2\pi\times240}{60}\ \text{rad/s}=8\pi\ \text{rad/s}$$

$$\omega_2=(1-20\%)\omega_1=0.8\omega_1$$

$$J=\frac{1}{2}mr^2=\frac{1}{2}\times600\times(0.4)^2\ \text{kg}\cdot\text{m}^2=48\ \text{kg}\cdot\text{m}^2$$

$$A=\frac{1}{2}J\omega_2^2-\frac{1}{2}J\omega_1^2=\frac{1}{2}J\omega_1^2(0.8^2-1)=-5.45\times10^{-3}\ \text{J}$$

**3-9** 如图所示，一劲度系数 $k=20$ N/m 的轻弹簧一端固定，另一端通过一轻

绳绕过定滑轮与质量为 $m=1\ \text{kg}$ 的物体相连. 已知滑轮半径为 0.1 m,转动惯量为 $0.005\ \text{kg}\cdot\text{m}^2$. 初始时用手托住物体,使弹簧处于原长. 若忽略物体与平面、滑轮与轴承间的摩擦力. 试求:物体由静止释放后下落 0.5 m 时的速率.

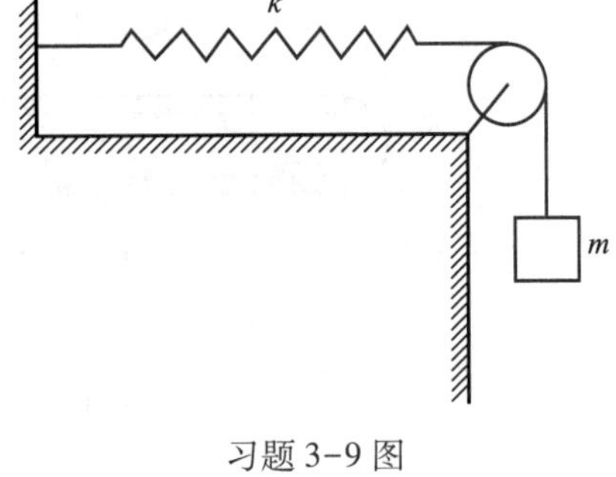

习题 3-9 图

**解**　在物体下落过程中,物体、弹簧和滑轮组成的系统的机械能守恒,即

$$\begin{cases}\dfrac{1}{2}mv^2+\dfrac{1}{2}J\omega^2+\dfrac{1}{2}kh^2=mgh & (1)\\ v=r\omega & (2)\end{cases}$$

解得　$v=\sqrt{\dfrac{2mgh-kh^2}{m+\dfrac{J}{r^2}}}=\sqrt{\dfrac{2\times1\times9.8\times0.5-20\times(0.5)^2}{1+\dfrac{0.005}{0.1}}}\ \text{m/s}=2.14\ \text{m/s}$

**3-10**　如习题 3-10 图所示,有一圆板状水平转台,质量 $m_1=200\ \text{kg}$,半径 $R=3\ \text{m}$,台上有一个人,其质量 $m_2=50\ \text{kg}$,当他站在离转轴 $r=1\ \text{m}$ 处时,转台和人一起以 $\omega_1=1.35\ \text{rad/s}$ 的角速度转动. 若轴处摩擦可忽略不计,当人走到台边时,转台和人一起转动的角速度 $\omega$ 为多少?

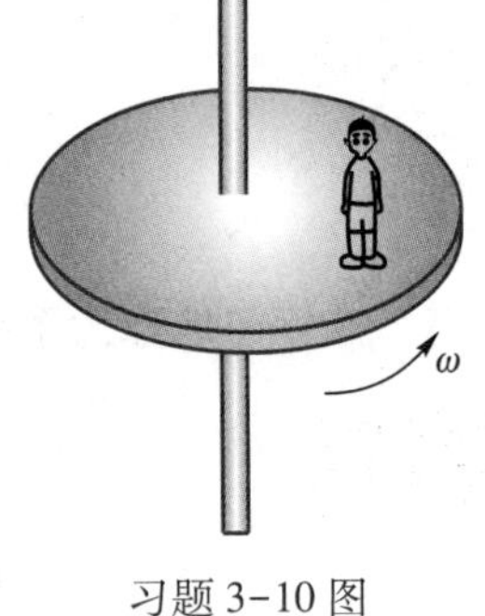

习题 3-10 图

**解**　选转台与人作为研究系统,由于系统对转轴的合外力矩为零,所以角动量守恒. 根据角动量守恒定律有

$$\left(\frac{1}{2}m_1R^2+m_2r^2\right)\omega_1=\left(\frac{1}{2}m_1R^2+m_2R^2\right)\omega$$

$$\omega=\frac{\left(\frac{1}{2}m_1R^2+m_2r^2\right)\omega_1}{\left(\frac{1}{2}m_1+m_2\right)R^2}=\frac{\left(\frac{1}{2}\times200\times3^2+50\right)\times1.35}{\left(\frac{1}{2}\times200+50\right)\times3^2}\ \text{rad/s}^2$$

$$=0.95\ \text{rad/s}^2$$

**3-11**　如习题 3-11 图所示,一质量为 0.25 kg 的小球,可在一细长均质管中滑动,管长为 1 m,质量为 1 kg,可绕过管中 $C$ 点且垂直于管的竖直轴转动. 设小球通过 $C$ 点时,管的角速度为 10 rad/s,试求小球离开管口时管的角速度.

**解**　选小球与管作为研究系统,系统角动量守恒,即

$$\frac{1}{12}m_0l^2\omega_0=\left[\frac{1}{12}m_0l^2+m\left(\frac{l}{2}\right)^2\right]\omega$$

$$\omega=\frac{m_0}{(m_0+3m)}\omega_0$$

$$=\frac{1}{(1+3\times0.25)}\times10\ \text{rad/s}=5.71\ \text{rad/s}$$

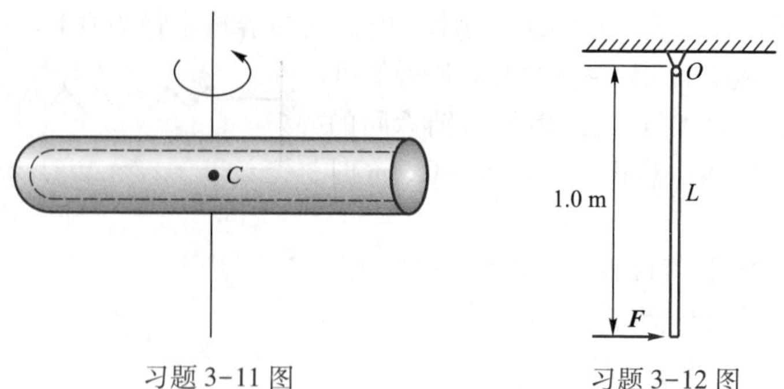

习题 3-11 图　　习题 3-12 图

**3-12**　长为 1 m、质量为 2.5 kg 的一匀质棒垂直悬挂在转轴 $O$ 点上,用 $F=100$ N 的水平力撞击棒的下端,该力的作用时间为 0.02 s,如图所示. 试求:(1) 棒所获得的角动量;(2) 棒的端点上升的距离.

**解**　(1) 由角动量定理得

$$L=\int M\mathrm{d}t=Fr\Delta t=100\times1\times0.02\ \mathrm{kg\cdot m^2/s}=2\ \mathrm{kg\cdot m^2/s}$$

(2) 设棒开始转动的角速度为 $\omega$,则

$$L=J\omega=\frac{1}{3}ml^2\omega$$

求得

$$\omega=\frac{3L}{ml^2}=\frac{3\times2}{2.5}\ \mathrm{rad/s}=2.4\ \mathrm{rad/s}$$

选棒与地球为系统,系统机械能守恒,即

$$\frac{1}{2}\cdot\frac{1}{3}ml^2\cdot\omega^2=mg\frac{l}{2}(1-\cos\theta)$$

$$h=l(1-\cos\theta)=\frac{l^2\omega^2}{3g}=\frac{2.4^2}{3\times9.8}\ \mathrm{m}=0.196\ \mathrm{m}$$

**3-13**　如图所示,长为 $l$ 的轻杆,两端各固定质量分别为 $m$ 和 $2m$ 的小球,杆可绕水平光滑轴在竖直面内转动,转轴 $O$ 距两端分别为$\frac{l}{3}$和$\frac{2l}{3}$,最初杆静止在竖直位置. 今有一质量为 $m$ 的小球,以水平速度 $v_0$ 与杆下端小球 $m$ 作对心碰撞,碰后以$\frac{1}{2}v_0$ 的速度返回,试求碰撞后轻杆所获得的角速度.

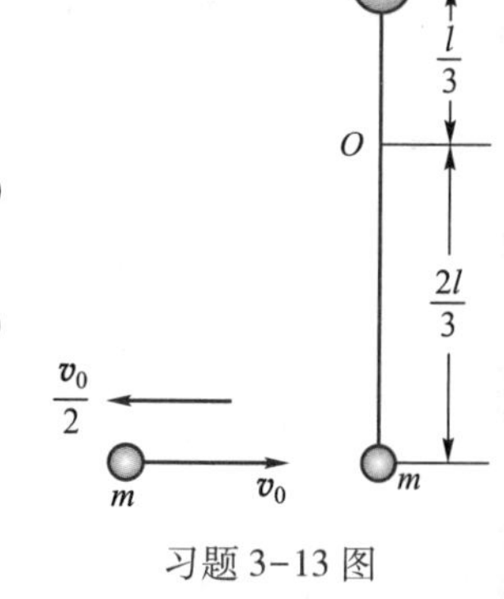

习题 3-13 图

**解**　将杆与小球视为一体,由角动量守恒可得

$$mv_0\cdot\frac{2}{3}l=-m\frac{v_0}{2}\cdot\frac{2l}{3}+J\omega \tag{1}$$

$$J=m\left(\frac{2}{3}l\right)^2+2m\left(\frac{l}{3}\right)^2 \tag{2}$$

将(2)式代入(1)式得

$$\omega=\frac{3v_0}{2l}$$

**3-14** 一根放在水平光滑桌面上的匀质棒，可绕通过其一端的竖直固定光滑轴 $O$ 转动，棒的质量 $m=1.5\ \mathrm{kg}$，长度 $l=1.0\ \mathrm{m}$，对轴的转动惯量 $J=\dfrac{1}{3}ml^2$. 初始时棒静止，今有一水平运动的子弹垂直地射入棒的另一端，并留在棒中，如习题 3-14 图所示，子弹的质量 $m'=0.020\ \mathrm{kg}$，速率 $v=400\ \mathrm{m/s}$，试问棒开始和子弹一起转动时角速度 $\omega$ 有多大？

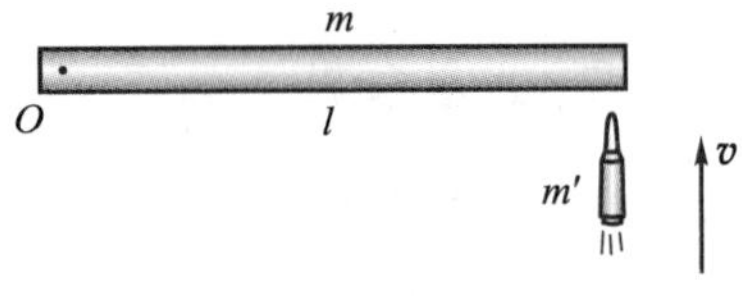

习题 3-14 图

**解** 由系统角动量守恒可得

$$m'vl=\left(\frac{1}{3}ml^2+m'l^2\right)\omega$$

求得

$$\omega=\frac{m'v}{\left(\dfrac{1}{3}m+m'\right)l}=\frac{0.02\times400}{\left(\dfrac{1}{3}\times1.5+0.02\right)\times1}\ \mathrm{rad/s}=15.4\ \mathrm{rad/s}$$

**3-15** 如图所示，轮 A 的质量为 $m$，半径为 $r$，以角速度 $\omega_1$ 转动；轮 B 的质量为 $4m$，半径为 $2r$，套在轮 A 的轴上. 两轮都可视为匀质圆板. 将轮 B 移动使其与轮 A 接触，若轮轴间的摩擦力矩不计，试求两轮转动的角速度及结合过程中动能的损失.

习题 3-15 图

**解** 根据角动量守恒定律得

$$\frac{1}{2}mr^2\omega_1=\left[\frac{1}{2}mr^2+\frac{1}{2}\cdot(4m)\cdot(2r)^2\right]\omega$$

求得

$$\omega=\frac{1}{17}\omega_1$$

$$\Delta E_{\mathrm{k}}=\frac{1}{2}\left(\frac{1}{2}mr^2\right)\omega_1^2-\frac{1}{2}\left[\frac{1}{2}mr^2+\frac{1}{2}\cdot(4m)\cdot(2r)^2\right]\omega^2=\frac{4}{17}mr^2\omega_1^2$$

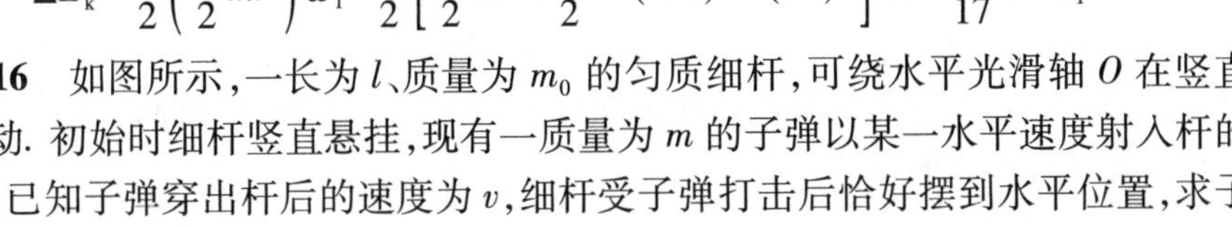

**3-16** 如图所示，一长为 $l$、质量为 $m_0$ 的匀质细杆，可绕水平光滑轴 $O$ 在竖直面内转动. 初始时细杆竖直悬挂，现有一质量为 $m$ 的子弹以某一水平速度射入杆的中点处，已知子弹穿出杆后的速度为 $v$，细杆受子弹打击后恰好摆到水平位置，求子弹入射时速度 $\boldsymbol{v}_0$ 的大小.

**解** 子弹、细杆视为一系统，碰撞时角动量守恒，即

$$mv_0\cdot\frac{l}{2}=mv\cdot\frac{l}{2}+\frac{1}{3}m_0l^2\cdot\omega \qquad (1)$$

细杆受子弹打击后，恰好摆到水平位置，说明细杆在竖直位置的转动动能，恰好等于细杆的势能增加，即

$$m_0g\,\frac{l}{2}=\frac{1}{2}J\omega^2=\frac{1}{2}\left(\frac{1}{3}m_0l^2\right)\omega^2 \qquad (2)$$

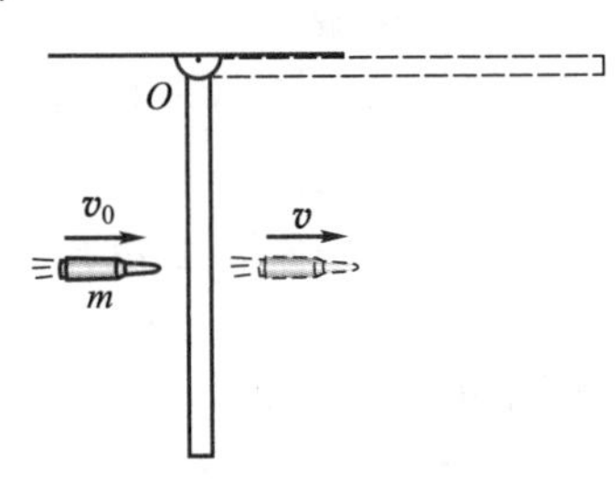

习题 3-16 图

由(1)式和(2)式得

$$v_0=v+\frac{2m_0}{3m}\sqrt{3gl}$$

## 五、本章自测

（一）选择题

**3-1** 两个匀质圆盘 A 和 B 的密度分别为 $\rho_A$ 和 $\rho_B$，若 $\rho_A>\rho_B$，但两圆盘的质量与厚度均相同，设两盘对通过盘心垂直的转动惯量各为 $J_A$ 和 $J_B$，则(　　).

（A）$J_A>J_B$；　　（B）$J_B>J_A$；

（C）$J_A=J_B$；　　（D）不能确定 $J_A$ 和 $J_B$ 的大小关系

**3-2** 花样滑冰运动员绕通过自身的竖直轴转动，开始时两臂伸开，转动惯量为 $J_0$，角速度为 $\omega_0$，之后她将两手臂合拢，使转动惯量变为 $\frac{1}{3}J_0$，则这时她转动的角速度变为(　　).

（A）$\frac{1}{3}\omega_0$；　　（B）$\frac{1}{\sqrt{3}}\omega_0$；　　（C）$\sqrt{3}\omega_0$；　　（D）$3\omega_0$

**3-3** 几个力同时作用在一个具有光滑固定转轴的刚体上，若这几个力的矢量和为零，则此刚体(　　).

（A）不会转动；　　（B）转速不变；

（C）转速改变；　　（D）转速可能不变，也可能改变

**3-4** 一轻绳绕在具有水平转轴的定滑轮上，绳下端挂一质量为 $m$ 的物体，此时滑轮的角加速度为 $\alpha$，若将物体卸掉，而用大小等于 $mg$ 的向下的力拉绳子，则滑轮的角加速度将(　　).

（A）变大；　　（B）不变；

（C）变小；　　（D）无法判断

**3-5** 一个人站在水平转动平台上，平台可绕光滑固定转轴转动. 初始时人双臂伸直，水平地举着两个哑铃，在该人把两个哑铃水平收缩到胸前的过程中，人、哑铃与转动平台组成的系统(　　).

（A）机械能守恒，角动量守恒；

（B）机械能守恒，角动量不守恒；

（C）机械能不守恒，角动量守恒；

（D）机械能不守恒，角动量不守恒

（二）填空题

**3-6** 一个以恒定角加速度转动的圆盘，如果在某一时刻的角速度 $\omega_1=20\pi$ rad/s，再转 60 圈后角速度变为 $\omega_2=30\pi$ rad/s，则角加速度 $\alpha=$______；转过上述 60 圈所需的时间 $\Delta t=$______.

**3-7** 一飞轮以角速度 $\omega_0$ 绕光滑固定轴旋转，飞轮对轴的转动惯量为 $J$ 则其动能为______，另一静止飞轮突然和上述转动的飞轮啮合，绕同一转轴转动，该飞

轮对轴的转动惯量为前者的二倍,啮合后整个系统的角速度 $\omega$=______.

**3-8**　刚体的转动惯量取决于下列三个因素:(1)______________________(2)______________________(3)______________________.

**3-9**　一均匀细直棒,可绕通过其一端的光滑固定轴在竖直平面内转动.今使棒从水平位置由静止开始自由下落,在棒摆到竖直位置的过程中,角速度变化 $\Delta\omega$=______;角加速度变化 $\Delta\alpha$=______.

**3-10**　如图所示,质量为 $m$ 和 $2m$ 的两个质点 $A$ 和 $B$,用一长为 $l$ 的轻质细杆相连,系统绕通过细杆上 $O$ 点且与细杆垂直的轴转动.已知 $O$ 点与质点 $A$ 相距为$\frac{2}{3}l$,质点 $B$ 的线速度为 $v$ 且与细杆垂直,则该系统对转轴的转动惯量 $J$=______;角动量大小 $L$=______.

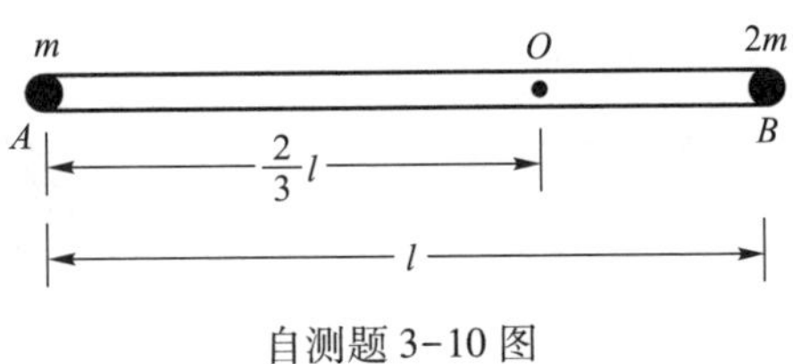


自测题 3-10 图

(三)计算题

**3-11**　用落体观察法测定飞轮的转动惯量,是将半径为 $R$ 的飞轮支承在 $O$ 点上,然后在绕过飞轮的一端挂一质量为 $m$ 的重物,令重物从静止开始下落,带动飞轮转动,如图所示.记下重物下落的距离和时间,就可算出飞轮的转动惯量,试写出它的计算式(假设轴承间无摩擦).

**3-12**　如图所示,质量 $m=10$ g 的质点,以 $v_0=5$ m/s 的速率与可绕固定的水平中心轴 $O$ 转动的匀质球沿切向碰撞并粘在球边缘上,球的质量 $m_{球}=1$ kg,半径 $R=20$ cm,球绕 $O$ 轴的转动惯量 $J=\frac{2}{5}m_{球}R^2$.设碰撞前球是静止的,试求:

(1)碰撞后系统的角速度;

(2)碰撞过程中系统损失的能量.

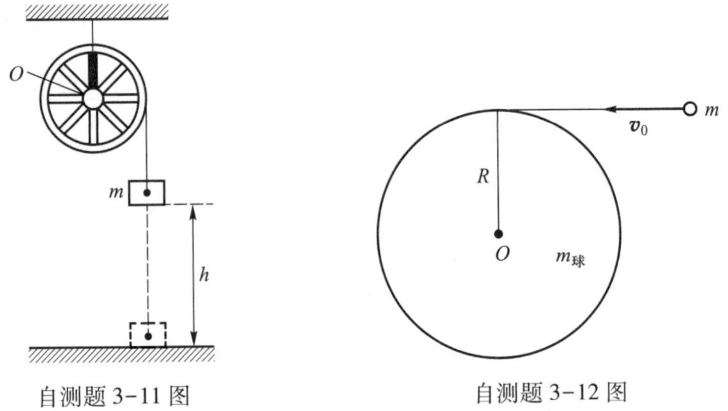


自测题 3-11 图　　自测题 3-12 图

**3-13**　如图所示,一长为 1 m 的匀质细棒可绕过其一端且与细棒垂直的水平光滑固定轴转动,抬起另一端使细棒向上与水平面成 60°,然后无初速地释放.已知细棒对轴的转动惯量为 $J$,细棒的质量为 $m$.求:

(1) 放手时细棒的角加速度;

(2) 细棒转到水平位置时的角加速度.

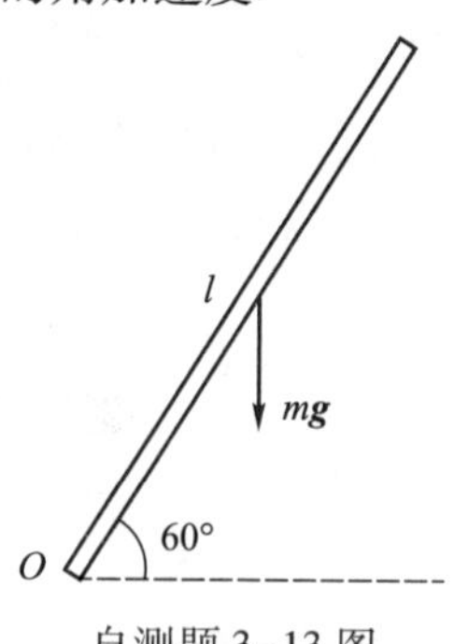


自测题 3-13 图

**3-14** 一飞轮转动惯量为 $J$,在 $t=0$ 时角速度为 $\omega_0$,此后飞轮开始制动,其中阻力矩 $M$ 的大小与角速度 $\omega$ 的平方成正比,比例系数为 $k$. 求:

(1) $\omega=\dfrac{\omega_0}{3}$时飞轮的角加速度;

(2) 从开始制动到 $\omega=\dfrac{\omega_0}{3}$所经过的时间.

**3-15** 质量为 $m_1$、长为 $l$ 的匀质细棒,可绕垂直于细棒一端的水平轴 $O$ 无摩擦地转动. 细棒原来静止在平衡位置上,现在一质量为 $m_2$ 的弹性小球飞来,正好在细棒的下端与细棒垂直地相撞. 撞后,细棒从平衡位置处摆动达到最大角度 $\theta=30°$处,如图所示.

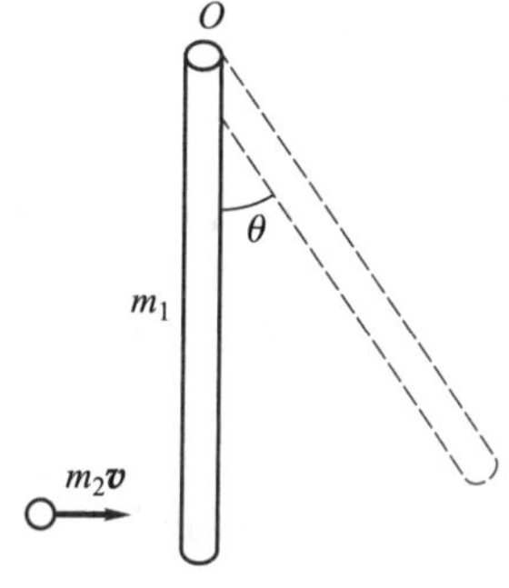


自测题 3-15 图

第三章本章自测参考答案

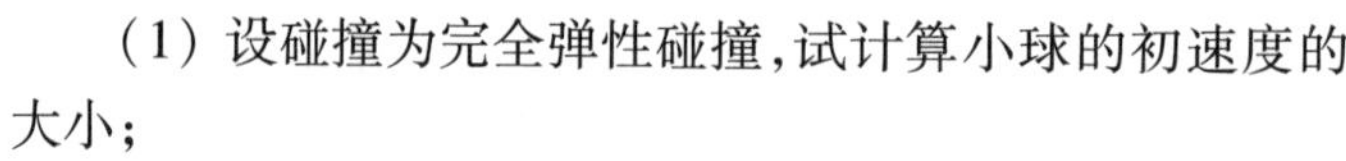

(1) 设碰撞为完全弹性碰撞,试计算小球的初速度的大小;

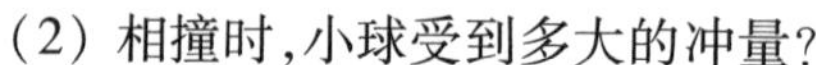

(2) 相撞时,小球受到多大的冲量?

>>> 第四章

# ••• 相对论力学

## 一、本章要点

1. 狭义相对论两个基本原理的内容.
2. 洛伦兹变换、洛伦兹逆变换及其应用.
3. 长度缩短、时钟延缓的计算.
4. 狭义相对论中的质量、动量和能量的表达式及其应用.

## 二、主要内容

**1. 狭义相对论基本原理**

(1) **相对性原理** 物理定律对所有的惯性系都有相同的数学形式.

(2) **光速不变原理** 光在真空中的速度为 $c$,与光源和观察者的运动无关.

**2. 洛伦兹变换和洛伦兹逆变换**

$$\mathrm{S}'\to\mathrm{S}\text{ 系}\begin{cases}x=\dfrac{x'+vt'}{\sqrt{1-\dfrac{v^2}{c^2}}}\\ y=y'\\ z=z'\\ t=\dfrac{t'+\dfrac{v}{c^2}x'}{\sqrt{1-\dfrac{v^2}{c^2}}}\end{cases}\qquad \mathrm{S}\to\mathrm{S}'\text{ 系}\begin{cases}x'=\dfrac{x-vt}{\sqrt{1-\dfrac{v^2}{c^2}}}\\ y'=y\\ z'=z\\ t'=\dfrac{t-\dfrac{v}{c^2}x}{\sqrt{1-\dfrac{v^2}{c^2}}}\end{cases}$$

**3. 狭义相对论的时空观**

(1) **同时的相对性**

在一个惯性系中不同地点同时发生的两个事件,在另一个惯性系中观察却不是同时发生的. 只有在一个惯性系中同一地点同时发生的两个事件,在另一个惯性系中观察才是同时发生的.

(2) **长度缩短**

与物体做相对运动的观察者测得物体在运动方向上的长度 $l$ 比与物体相对静止的观察者所测得的物体长度 $l_0$(固有长度)要短.

$$l=l_0\sqrt{1-\frac{v^2}{c^2}}$$

(3) **时钟延缓**

与物体做相对运动的观察者所测得的时间 $\Delta t$ 比与物体相对静止观察者所测得的时间 $\Delta t_0$(固有时间)要长.

$$\Delta t=\frac{\Delta t_0}{\sqrt{1-\dfrac{v^2}{c^2}}}$$

4. 狭义相对论动力学基础

(1) 相对论质量

$$m=\frac{m_0}{\sqrt{1-\frac{v^2}{c^2}}}$$

(2) 相对论动量

$$\boldsymbol{p}=m\boldsymbol{v}=\frac{m_0\boldsymbol{v}}{\sqrt{1-\frac{v^2}{c^2}}}$$

(3) 相对论能量

总能量 $E=mc^2$

静能 $E_0=m_0c^2$

动能 $E_k=mc^2-m_0c^2$

(4) 质能关系式 $E=mc^2$, $\Delta E=\Delta mc^2$

5. 经典力学与相对论力学的区别

| 内容 | 经典力学 | 相对论力学 |
| --- | --- | --- |
| 长度 | 绝对的,与参考系无关 | 相对的,长度大小与参考系有关 |
| 时间 | 绝对的,与参考系无关 | 相对的,时间测量与参考系有关 |
| 同时性 | 绝对的,与参考系无关 | 相对的,与参考系的选择有关 |
| 质量 | 常量,与运动速度无关 $m=m_0$ | 随速度变化 $m=\frac{m_0}{\sqrt{1-\frac{v^2}{c^2}}}$ |
| 动量 | 与速度成正比 $\boldsymbol{p}=m\boldsymbol{v}$ | 与速度关系为 $\boldsymbol{p}=\frac{m_0\boldsymbol{v}}{\sqrt{1-\frac{v^2}{c^2}}}$ |
| 动能 | 与速度平方成正比 $E_k=\frac{1}{2}mv^2$ | 等于总静能与静能量之差 $E_k=m_0c^2\left[\frac{1}{\sqrt{1-\left(\frac{v}{c}\right)^2}}-1\right]$ |
| 力 | 力的作用只是改变速度 | 力的作用,第一,改变速度,第二,改变质量 |
| 力与速度关系 | 静止物体受力后速度增大,若此力为恒力,则物体速度可达无限大 | 静止物体受力后速度增加,质量也增加.若此力为恒力,则加速度的方向不变,但数值越来越小,当 $m\to\infty$ 时,$a\to0$,速度达到最大值 $c$ |

续表

| 内容 | 经典力学 | 相对论力学 |
| --- | --- | --- |
| 动力学基本方程 | $\boldsymbol{F}=m\dfrac{\mathrm{d}\boldsymbol{v}}{\mathrm{d}t}=m\boldsymbol{a}$ | $\boldsymbol{F}=\dfrac{\mathrm{d}}{\mathrm{d}t}(m\boldsymbol{v})=\dfrac{\mathrm{d}}{\mathrm{d}t}\left[\dfrac{m_0\boldsymbol{v}}{\sqrt{1-\left(\dfrac{v}{c}\right)^2}}\right]$ |
| 质能关系 | — | $E=mc^2$，　$\Delta E=\Delta mc^2$ |
| 能量与动量的关系 | $E_\mathrm{k}=\dfrac{p^2}{2m}$ | $E^2=m_0^2c^4+p^2c^2$ |

## 三、解题方法

本章习题分为 2 种类型.

**1. 相对论长度和时间的计算**

求解这一类习题的步骤为：(1) 选择静止坐标系（S 系，通常选地面）和运动坐标系（S′系，通常选飞行物体）；(2) 分清固有长度、观测长度以及固有时间、观测时间；(3) 用关系式 $l=\sqrt{1-\dfrac{v^2}{c^2}}$（条件：同一时刻测量两端的空间坐标）和 $\Delta t=\dfrac{\Delta t_0}{\sqrt{1-\dfrac{v^2}{c^2}}}$（条件：两个事件先后发生在同一地点）求解.

**注意**：当以上条件不能满足时，则不能用以上两个关系式，需用洛伦兹变换计算.

**例 4-1** 运动场上有一跑道长 100 m，运动员从起点跑到终点，用时 10 s，现从以 $0.8c$ 速度沿跑道向前飞行的飞船中观测，求：(1) 跑道的长度；(2) 运动员跑过的距离和所用的时间.

**解** 以地面为 S 系，飞船为 S′系.

(1) 跑道固定在 S 系中，其长度 $l_0=100$ m，即固有长度. 跑道的长度是跑道始、末两点坐标的差值，在 S′系中，同时测定了这两点的坐标，所以在 S′系中由长度收缩公式求得跑道的长度为

$$l'=l_0\sqrt{1-\frac{v^2}{c^2}}=100\times\sqrt{1-(0.8)^2}\ \mathrm{m}=60\ \mathrm{m}$$

(2) 对 S′系来说，运动员起跑和到达终点，是既不同时又不同地的两个事件，所以不能应用长度收缩和时间延缓公式，只能用洛伦兹变换来计算. 设运动员起跑为第一事件，到终点为第二事件，在 S 系和 S′系中时空坐标分别为 $(x_1,t_1)$、$(x_2,t_2)$ 和 $(x_1',t_1')$、$(x_2',t_2')$，按题意可知

$$\Delta x=x_2-x_1=100\ \mathrm{m}$$

$$t_2-t_1=10\ \mathrm{s}$$

在 S′系中跑道的始、末两点的坐标由洛伦兹变换可得

$$x_1'=x_1-\frac{vt_1}{\sqrt{1-\frac{u^2}{c^2}}}$$

$$x_2'=x_2-\frac{vt_2}{\sqrt{1-\frac{u^2}{c^2}}}$$

在 S′系中跑道的长度为

$$\Delta x'=x_2'-x_1'=\frac{(x_2-x_1)-v(t_2-t_1)}{\sqrt{1-\frac{u^2}{c^2}}}$$

$$=\frac{\Delta x-v\Delta t}{\sqrt{1-\frac{u^2}{c^2}}}$$

代入数据得

$$\Delta x'=\frac{100-0.8\times3\times10^8\times10}{\sqrt{1-0.8^2}}\ \text{m}=-4.0\times10^9\ \text{m}$$

负号表示在 S′系中观测，运动员是沿 $x'$轴负方向运动的.

由洛伦兹变换，可得 S 系中运动员到达起点和终点的时刻为

$$t_1'=\frac{t_1-\frac{u}{c^2}x_1}{\sqrt{1-\frac{u^2}{c^2}}}$$

$$t_2'=\frac{t_2-\frac{u}{c^2}x_2}{\sqrt{1-\frac{u^2}{c^2}}}$$

在 S′系中观测，运动员从起点到终点所用的时间为

$$\Delta t'=t_2'-t_1'=\frac{(t_2-t_1)-\frac{u}{c^2}(x_2-x_1)}{\sqrt{1-\frac{u^2}{c^2}}}=\frac{\Delta t-\frac{u}{c^2}\Delta x}{\sqrt{1-\frac{u^2}{c^2}}}$$

代入数据得

$$\Delta t'=\frac{10\ \text{s}-\frac{0.8c}{c^2}\times100\ \text{m}}{\sqrt{1-\left(\frac{0.8c}{c}\right)^2}}=16.7\ \text{s}$$

### 2. 相对论动力学问题的计算

求解这一类习题的方法是:(1) 判断已知量和未知量是“动”还是“静”;(2) 明确所求问题的物理关系(是质速关系? 质能关系? 还是动量、能量关系?);(3) 选用合适的动力学公式进行求解.

**例 4-2** 一质子(静质量为 1 840$m_e$)以$\frac{1}{20}c$ 的速率运动,问一电子(静质量为$m_e$)在多大速率时动能才与该质子的动能相等?

**解** 用 $m_p$ 表示质子的静质量,用 $m$ 表示质子的速度为 $v=\frac{1}{20}c$ 时的质量,则当 $v=\frac{1}{20}c$ 时,质子的动能为

$$E_k=(m-m_p)c^2=m_pc^2\left[\frac{1}{\sqrt{1-\left(\frac{v}{c}\right)^2}}-1\right]=2.30m_ec^2$$

当电子动能 $E_k=2.30m_ec^2$ 时,由 $(m-m_e)c^2=2.30m_ec^2$ 可得电子的运动质量为

$$m=3.30m_e$$

设该电子速率为 $v$,则有

$$\frac{v}{c}=\sqrt{1-\left(\frac{m_e}{m}\right)^2}=\sqrt{1-\left(\frac{1}{3.30}\right)^2}=0.953$$

于是有

$$v=0.953c=2.86\times10^8\ \text{m/s}$$

## 四、习题略解

**4-1** 在惯性系 S 中的某一地点发生了两事件 A 和 B,B 比 A 晚发生 $\Delta t=2.0$ s,在惯性系 S′中测得 B 比 A 晚发生 $\Delta t'=3.0$ s,试问在 S′中观测发生 A、B 的两地之间的距离为多少?

**解** 设 S′系相对 S 系的速度为 $u$,在 S 系中有

$$\Delta x=0$$

$$\Delta t'=\frac{\Delta t}{\sqrt{1-\left(\frac{v}{c}\right)^2}}$$

$$v=c\sqrt{1-\left(\frac{\Delta t}{\Delta t'}\right)^2}=c\sqrt{1-\left(\frac{2}{3}\right)^2}=\frac{\sqrt{5}}{3}c$$

在 S′系中有

$$\Delta x'=\frac{\Delta x-v\Delta t}{\sqrt{1-\left(\frac{v}{c}\right)^2}}=-v\frac{\Delta t}{\sqrt{1-\left(\frac{v}{c}\right)^2}}$$

$$=-v\Delta t'=-\frac{\sqrt{5}}{3}c\times 3\ \text{s}$$

$$=-6.7\times 10^8\ \text{m}$$

故 S′系中测 A、B 间距离为 $6.7\times10^8$ m.

**4-2** 一固有长度为 90 m 的飞船，沿船长方向相对地球以 $0.80c$ 的速度在一观测站的上空飞过，该站测得飞船长度及船身通过观测站的时间间隔各是多少？船中航天员测前述时间间隔又是多少？

**解** 观测站测得的飞船长为

$$L=L_0\sqrt{1-\left(\frac{v}{c}\right)^2}=54\ \text{m}$$

通过时间为

$$\Delta t=\frac{L}{v}=2.25\times10^{-7}\ \text{s}$$

该过程对宇航员而言，飞船以速度 $u$ 通过观测站 $L_0$ 距离，所以有

$$\Delta t=\frac{L_0}{v}=3.75\times10^{-7}\ \text{s}$$

**4-3** 一个立方体的静质量为 $m_0$，体积为 $V_0$，当它相对某惯性系 S 沿一边长方向以匀速 $u$ 运动时，静止在 S 系中的观察者测得其密度为多少？

**解** 在立方体上建立 S′系，取 $x$、$x'$ 轴皆沿 $\boldsymbol{u}$ 的方向，在 S′系中有

$$V_0=\Delta x'\Delta y'\Delta z'$$

在 S 系中有

$$\Delta x=\Delta x'\sqrt{1-\left(\frac{v}{c}\right)^2}$$

$$\Delta y=\Delta y'$$

$$\Delta z=\Delta z'$$

$$V=\Delta x\Delta y\Delta z=V_0\sqrt{1-\left(\frac{v}{c}\right)^2},$$

$$m=\frac{m_0}{\sqrt{1-\left(\frac{v}{c}\right)^2}}$$

$$\rho=\frac{m}{V}=\frac{m_0}{V_0\left(1-\frac{v^2}{c^2}\right)}$$

**4-4** 坐标轴相互平行的两惯性系 S 和 S′，S′系相对 S 系沿 $x$ 轴匀速运动，现有

两事件发生，在 S 系中测得两者的空间、时间间隔分别为 $\Delta x=5.0\times10^{6}$ m，$\Delta t=0.01$ s；而在 S′系中观测两者却是同时发生，那么其空间间隔 $\Delta x'$是多少？

**解** 设 S′系相对 S 系的速度为 $u$，在 S′系中有

$$\Delta t'=0=\frac{\Delta t-\frac{v}{c^2}\Delta x}{\sqrt{1-\left(\frac{v}{c}\right)^2}}$$

故
$$\Delta t-\frac{v}{c^2}\Delta x=0$$

求得
$$u=\frac{\Delta t}{\Delta x}c^2$$

在 S 系中有

$$\Delta x=\frac{\Delta x'+v\Delta t'}{\sqrt{1-\left(\frac{v}{c}\right)^2}}=\frac{\Delta x'}{\sqrt{1-\left(\frac{v}{c}\right)^2}}\quad(\Delta t'=0)$$

求得
$$\begin{aligned}\Delta x'&=\Delta x\sqrt{1-\left(\frac{v}{c}\right)^2}\\&=\Delta x\sqrt{1-\frac{(\Delta t)^2c^2}{(\Delta x)^2}}\\&=\sqrt{(\Delta x)^2-c^2(\Delta t)^2}\\&=4\times10^{6}\ \text{m}\end{aligned}$$

**4-5** S 惯性系中观测者记录到两事件的空间和时间间隔分别为 $x_2-x_1=600$ m 和 $t_2-t_1=8\times10^{-7}$ s，为了使两事件对相对于 S 系沿 $x$ 轴正方向匀速运动的 S′系来说是同时发生的，S′系应相对于 S 系以多大的速度运动.

**解** 设 S′系相对 S 系的速度为 $u$，由题意可知

$$\Delta x=x_2-x_1=600\ \text{m}$$
$$\Delta t=t_2-t_1=8\times10^{-7}\ \text{s}$$
$$\Delta t'=0$$

$$\Delta t'=\frac{\Delta t-\frac{v}{c^2}\Delta x}{\sqrt{1-\left(\frac{v}{c}\right)^2}}$$

即
$$0=\Delta t-\frac{v}{c^2}\Delta x$$

故
$$v=\frac{c^2\Delta t}{\Delta x}=\frac{(3\times10^{8})^2\times8\times10^{-7}}{600}\ \text{m/s}=1.2\times10^{8}\ \text{m/s}$$

**4-6** 在北京的正负电子对撞机中，电子动能可以被加速到 $E_k=2.8\times10^{9}$ eV，这

种电子的速率比光速小多少？这样的一个电子的动量为多大？（电子的静能 $E_0=0.5124\times10^6$ eV.）

**解** 由 $E_k=E_0\left(\dfrac{1}{\sqrt{1-\dfrac{v^2}{c^2}}}-1\right)$ 得

$$v=c\cdot\sqrt{1-\frac{1}{\left(\dfrac{E_k}{E_0}+1\right)^2}}$$

$$c-v=c\cdot\left(1-\sqrt{1-\frac{1}{\left(\dfrac{E_k}{E_0}+1\right)^2}}\right)=5.022\ \text{m/s}$$

电子动量为

$$p=mv=\frac{E}{c^2}v=\frac{E_0+E_k}{c^2}v$$

$$=\frac{E_0+E_k}{c^2}c\sqrt{1-\frac{1}{\left(\dfrac{E_k}{E_0}+1\right)^2}}$$

$$=1.49\times10^{-18}\ \text{kg}\cdot\text{m/s}$$

**4-7** 比邻星（半人马座 α 星的第三颗恒星）是距离太阳系最近的恒星，它距离地球为 $4.3\times10^{16}$ m. 设有一宇宙飞船自地球飞到比邻星，若宇宙飞船相对于地球的速率为 $0.999c$，按地球上的时钟计算，要用多少年？如以飞船上的时钟计算，所需时间又为多少年？

**解** 由题意可知

$$l=4.3\times10^{16}\ \text{m}$$
$$v=0.999c$$

以地球上的时钟计算有

$$\Delta t=\frac{l}{v}\approx4.5\ \text{a}$$

以飞船上的时钟计算有

$$\Delta t'=\Delta t\sqrt{1-\left(\frac{v}{c}\right)^2}\approx0.20\ \text{a}$$

**4-8** 火箭相对于地面以 $0.6c$ 速率的匀速向上飞离地球. 在火箭发射 10 s 后（火箭上的时钟），该火箭向地面发射一导弹，其速度相对地面为 $0.3c$（$c$ 为真空中的光速）. 试问：火箭发射导弹后多长时间导弹到达地球（地球上的时钟）？计算中，假设地面不动.

**解** 按地球上的时钟，设火箭发射后经 $\Delta t_1$ 时间发射导弹，由题意可知

$$\Delta t' = 10 \text{ s}$$

$$v_1 = 0.6c$$

而

$$\Delta t_1 = \frac{\Delta t'}{\sqrt{1-\left(\frac{v}{c}\right)^2}} = \frac{10}{\sqrt{1-0.6^2}} \text{ s} = 12.5 \text{ s}$$

在这段时间内火箭相对地面飞行距离为

$$l = v_1 \Delta t_1$$

导弹相对地球速度为

$$v_2 = 0.3c$$

则导弹飞到地球的时间为

$$\Delta t_2 = \frac{l}{v_2} = \frac{v_1 \Delta t_1}{v_2} = \frac{0.6c \times 12.5}{0.3c} \text{ s} = 25 \text{ s}$$

那么火箭发射导弹后导弹到达地面的时间是

$$\Delta t = \Delta t_1 + \Delta t_2 = 12.5 \text{ s} + 25 \text{ s} = 37.5 \text{ s}$$

**4-9** 设快速运动的介子的能量约为 3 000 MeV，而这种介子在静止时的能量为 100 MeV. 若这种介子的固有寿命是 $2\times10^{-6}$ s，求它运动的距离（真空中光速 $c=3\times10^8$ m/s）.

**解**

$$E = mc^2 = \frac{m_0 c^2}{\sqrt{1-\left(\frac{v}{c}\right)^2}} = \frac{E_0}{\sqrt{1-\left(\frac{v}{c}\right)^2}}$$

即

$$3\ 000 = \frac{100}{\sqrt{1-\left(\frac{v}{c}\right)^2}}$$

求得

$$v \approx 2.998\times10^8 \text{ m/s}$$

而介子运动时间为

$$\Delta t = \frac{\Delta t_0}{\sqrt{1-\left(\frac{v}{c}\right)^2}} = 30\Delta t_0$$

因此介子运动的距离

$$l = v\tau = 30v\Delta t_0 \approx 1.8\times10^4 \text{ m}$$

**4-10** 某一宇宙射线中的介子的动能为 $7m_0c^2$，其中 $m_0$ 是介子的静质量. 试求在实验室中观察到它的寿命是它固有寿命的多少倍？

**解**

$$E_k = mc^2 - m_0 c^2$$

即

$$7m_0 c^2 = mc^2 - m_0 c^2$$

求得

$$m = 8m_0$$

即

$$\frac{m_0}{\sqrt{1-\left(\frac{v}{c}\right)^2}} = 8m_0$$

因此
$$\sqrt{1-\left(\frac{v}{c}\right)^2}=\frac{1}{8}$$

设固有时间为 $\Delta t_0$,实验室观察到的寿命为 $\Delta t$,则
$$\Delta t=\frac{\Delta t_0}{\sqrt{1-\left(\frac{v}{c}\right)^2}}=8\Delta t_0$$

**4-11** 一电子以 0.99$c$ 的速率运动,求:(1) 电子的总能量;(2) 电子的经典力学的动能与相对论动能之比.(电子静质量为 $9.1\times10^{-31}$ kg)

**解** (1)
$$E=mc^2=\frac{m_e c^2}{\sqrt{1-\left(\frac{v}{c}\right)^2}}=5.8\times10^{-13}\text{ J}$$

(2)
$$E_{k_0}=\frac{1}{2}m_e v^2$$

相对论动能
$$E_k=mc^2-m_e c^2=m_e c^2\left(\frac{1}{\sqrt{1-\left(\frac{v}{c}\right)^2}}-1\right)$$

则
$$\frac{E_{k_0}}{E_k}=\frac{\frac{1}{2}v^2}{c^2\left[1-\sqrt{1-\left(\frac{v}{c}\right)^2}\right]}=0.08$$

**4-12** 利用加速器将一质子加速到具有 8 倍静能的动能,已知质子的静质量为 $1.673\times10^{-27}$ kg. 试求:

(1) 具有现在动能的质子的速度;

(2) 具有现在动能的质子的质量.

**解** (1)
$$E_k=E-E_0=mc^2-m_0c^2=8m_0c^2$$

而
$$m=\frac{m_0}{\sqrt{1-\frac{v^2}{c^2}}}$$

解得
$$v=\frac{4}{9}\sqrt{5}\ c$$

(2)
$$m=\frac{m_0}{\sqrt{1-\frac{v^2}{c^2}}}=\frac{1.673\times10^{-27}\text{ kg}}{\sqrt{1-\frac{\left(\frac{4}{9}\sqrt{5}c\right)^2}{c^2}}}=1.506\times10^{-26}\text{ kg}$$

**4-13** 现给一静质量为 $m_0$ 的粒子加速,试问下列情况下外界对粒子做多少功?

（1）速度由静止加速到 $0.1c$；

（2）速度由 $0.8c$ 加速到 $0.9c$.

**解** （1）由功能关系可知

$$A=mc^2-m_0c^2=\frac{m_0}{\sqrt{1-\frac{v^2}{c^2}}}c^2-m_0c^2=\frac{m_0c^2}{\sqrt{1-\frac{(0.1c)^2}{c^2}}}-m_0c^2$$

$$=0.005m_0c^2$$

（2）
$$A=m_2c^2-m_1c^2=\frac{m_0c^2}{\sqrt{1-\frac{(0.9c)^2}{c^2}}}-\frac{m_0c^2}{\sqrt{1-\frac{(0.8c)^2}{c^2}}}=0.63m_0c^2$$

**4-14** （1）在什么速度下粒子的动量等于非相对论动量的两倍？（2）又在什么速度下粒子的动能等于非相对论动能的两倍？

**解** （1）根据相对论动能、动量概念可知

$$\frac{m_0v}{\sqrt{1-\frac{v^2}{c^2}}}=2m_0v$$

解得
$$v=0.866c$$

（2）由
$$mc^2-m_0c^2=2\cdot\frac{1}{2}m_0v^2$$

解得
$$v=0.786c$$

## 五、本章自测

### （一）选择题

**4-1** 一航天员要到离地球 5 l.y.(光年)的星球去旅行,如果航天员希望把这路程缩短为 3 l.y.,则他所乘的火箭相对于地球的速度应为(　　).

(A) $\frac{1}{2}c$;　(B) $\frac{3}{5}c$;　(C) $\frac{4}{5}c$;　(D) $\frac{9}{10}c$

**4-2** 在某地发生两件事,与该处相对静止的甲测得时间间隔为 4 s,若相对甲做匀速直线运动的乙测得时间间隔为 5 s,则乙相对甲的运动速度是(　　).

(A) $\frac{4}{5}c$;　(B) $\frac{1}{5}c$;　(C) $\frac{2}{5}c$;　(D) $\frac{3}{5}c$

**4-3** 一个电子经静电场加速后,其动能为 0.25 MeV,此时它的速度为(　　).

(A) $0.1c$;　(B) $0.5c$;　(C) $0.6c$;　(D) $0.85c$

**4-4** 设某微观粒子的总能量是它的静能量的 $k$ 倍,则其运动速度的大小为(　　).

(A) $\frac{c}{k-1}$;　(B) $\frac{c}{k}\sqrt{1-k^2}$;　(C) $\frac{c}{k}\sqrt{k^2-1}$;　(D) $\frac{c}{k+1}\sqrt{k(k+2)}$

**4-5**　一火箭的固有长度为 $L$，相对于地面做匀速直线运动的速度为 $v_1$，火箭上有一个人从火箭的后部向火箭前端的一个靶子发射一颗相对于火箭的速度为 $v_2$ 的子弹，在火箭上测得子弹从射出到击中靶的时间间隔为(　　).

(A) $\dfrac{L}{v_1+v_2}$;　　(B) $\dfrac{L}{v_2}$;　　(C) $\dfrac{L}{v_2-v_1}$;　　(D) $\dfrac{L}{v_1\sqrt{1-\left(\dfrac{v_2}{c}\right)^2}}$

(二) 填空题

**4-6**　已知 S′系相对于 S 系以 0.5$c$ 的速度沿 $x$ 轴负方向匀速运动，若从 S′系的原点 $O$ 沿 $x$ 轴正向发出一光波，则 S 系中测得此光波在真空中的波速为______.

**4-7**　狭义相对论认为，时间和空间的测量值都是__________.它们与观察者的__________密切相关.

**4-8**　$\pi^+$介子是不稳定的粒子，在它自己的参考系中测得平均寿命是 $2.6\times10^{-8}$ s，如果它相对实验室以 0.8$c$ 的速度运动，那么，实验室坐标系中测得的 $\pi^+$介子的寿命是______.

**4-9**　设电子的静质量为 $m_0$，现在将一个电子的速率从静止加速到 0.6$c$，需做功______.

**4-10**　一质子静质量为 $m_0=1.67\times10^{-27}$ kg，在实验室中加速到 0.99$c$，则它的相对论的总能量 $E=$__________，动能 $E_k=$__________.

(三) 计算题

**4-11**　求一个质子和一个中子结合成一个氘核时释放出的能量(分别用 J 和 eV 为单位表示). 已知质子、中子和氘核的静质量为 $m_p=1.672\ 62\times10^{-27}$ kg、$m_n=1.674\ 93\times10^{-27}$ kg 和 $m_D=3.345\ 9\times10^{-27}$ kg.

**4-12**　证明：当物体运动的速率 $v\ll c$ 时，相对论的动能公式与经典的动能公式趋于一致.

**4-13**　两个婴儿 A 和 B 分别在相距 $2.0\times10^3$ m 的两所医院里同时出生(以地球为参考系)，若一宇宙飞船沿两医院的连线方向由 A 向 B 飞行，测得 A 和 B 出生地相距为 $1.0\times10^3$ m，试问航天员认为两个婴儿 A 和 B 是同时出生的吗?

**4-14**　静止的 μ 子的平均寿命为 $2\times10^{-6}$ s. 今在 8 km 高空由于 π 介子的衰变而产生一个速度为 0.998$c$ 的 μ 子. 问 μ 子有无可能到达地面?

**4-15**　太阳的辐射能来自其内部的核聚变反应，太阳每秒向周围空间辐射出的能量约为 $5\times10^{26}$ J，由于这个原因，太阳质量每秒减少多少?

第四章本章自测参考答案

# 第五章

# 静电场

## 一、本章要点

1. 电场强度、电场强度通量和电势的定义及其表达式.
2. 已知电荷分布求电场强度和电势.
3. 真空中的高斯定理和有电介质时的高斯定理与安培环路定理的内容及应用.
4. 导体静电平衡的条件及导体上电荷分布的特点.
5. 电容器电容的定义及电容的计算.
6. 静电场中能量表达式及其应用.

## 二、主要内容

**1. 点电荷**

当带电体的线度与它们之间的距离相比可忽略时,可以把带电体抽象成一个几何点,称为点电荷. 点电荷是一种理想模型.

**2. 两条实验定律**

**(1) 电荷守恒定律**

在孤立系统中,无论进行什么过程,正负电荷的代数和都保持不变.

**(2) 库仑定律**

$$\boldsymbol{F}=\frac{1}{4\pi\varepsilon_0}\frac{q_1q_2}{r^2}\boldsymbol{e}_r$$

式中$\frac{1}{4\pi\varepsilon_0}=9.0\times10^9\ \mathrm{N}\cdot\mathrm{m}^2/\mathrm{C}^2$,$\boldsymbol{e}_r$ 为由施力电荷指向受力电荷的单位矢量.

**注意:**库仑定律只适用于真空中两个静止点电荷之间的相互作用力.

**3. 描述静电场的物理量**

**(1) 电场强度**

$$\boldsymbol{E}=\frac{\boldsymbol{F}}{q_0}$$

即电场中某点的电场强度等于该点的单位正电荷所受的电场力.

**(2) 电势**

$$V_P=\int_P^{\text{电势零点}}\boldsymbol{E}\cdot\mathrm{d}\boldsymbol{l}$$

即电场中 $P$ 点的电势等于将单位正电荷从 $P$ 点移至电势零点时,电场力所做的功.

**注意:**当电荷分布在有限空间(如点电荷、电偶极子、带电球壳等),通常选“无限远”处为电势零点.

**(3) 电场强度通量**

通过电场中某一给定面的电场线条数.

**均匀电场** $\quad \boldsymbol{\Phi}_\mathrm{e}=\boldsymbol{E}\cdot\boldsymbol{S}$

**非均匀电场** $\quad \boldsymbol{\Phi}_\mathrm{e}=\int_S\boldsymbol{E}\cdot\mathrm{d}\boldsymbol{S}$

**注意:**对于不闭合曲面,应明确面积元法线的正方向;对闭合曲面,通常规定自闭合曲面内指向外的方向为面积元法线的正方向.

4. 两条基本定理

（1）静电场的高斯定理

$$\oint_S \boldsymbol{E}\cdot \mathrm{d}\boldsymbol{S}=\frac{1}{\varepsilon_0}\sum_{i=1}^{n} q_i$$

表明静电场是有源场,电场线起始于正电荷,终止于负电荷.

（2）静电场的安培环路定理

$$\oint_L \boldsymbol{E}\cdot \mathrm{d}\boldsymbol{l}=0$$

表明静电场是保守力场,可以引进电势和电势能的概念.

5. 两个重要物理量的计算方法

（1）电场强度的计算方法

（a）利用电场强度叠加原理求 $\boldsymbol{E}$

点电荷 $$\boldsymbol{E}=\frac{q}{4\pi\varepsilon_0 r^2}\boldsymbol{e}_r$$

点电荷系 $$\boldsymbol{E}=\sum_{i=1}^{n}\frac{q_i}{4\pi\varepsilon_0 r_i^2}\boldsymbol{e}_{ri}$$

电荷连续分布的带电体 $$\boldsymbol{E}=\int_V \frac{\mathrm{d}q}{4\pi\varepsilon_0 r^2}\boldsymbol{e}_r$$

（b）利用高斯定理求 $\boldsymbol{E}$

$$\oint_S \boldsymbol{E}\cdot \mathrm{d}\boldsymbol{S}=\frac{\sum\limits_{i=1}^{n} q_i}{\varepsilon_0}$$

这种方法只有在电荷分布具有高度对称性时才适用.

（c）利用电场强度与电势关系求 $\boldsymbol{E}$

$$E_l=-\frac{\mathrm{d}V}{\mathrm{d}l}$$

这种方法在已知电势分布求电场强度时比较方便.

（d）几种典型带电体的电场强度

点电荷 $$E=\frac{q}{4\pi\varepsilon_0 r^2}$$

无限长均匀带电直线 $$E=\frac{\lambda}{2\pi\varepsilon_0 r}$$

均匀带电球面 $$E=\begin{cases}0 & (r<R)\\ \dfrac{q}{4\pi\varepsilon_0 r^2} & (r>R)\end{cases}$$

均匀带电球体
$$E=\begin{cases}\dfrac{qr}{4\pi\varepsilon_0 R^2} & (r<R)\\ \dfrac{q}{4\pi\varepsilon_0 r^2} & (r>R)\end{cases}$$

（2）电势的计算方法

（a）利用电势叠加原理求 $V$

点电荷
$$V=\frac{q}{4\pi\varepsilon_0 r}$$

点电荷系
$$V=\sum_{i=1}^{n}\frac{q_i}{4\pi\varepsilon_0 r_i}$$

电荷连续分布的带电体
$$V=\int_V\frac{\mathrm{d}q}{4\pi\varepsilon_0 r}$$

（b）利用电势定义求 $V$
$$V=\int_P^{\infty}\boldsymbol{E}\cdot\mathrm{d}\boldsymbol{l}$$

如果在积分区间内，$\boldsymbol{E}$ 的变化规律不同，则应分段积分.

（3）电势差
$$U_{ab}=V_a-V_b=\int_a^b\boldsymbol{E}\cdot\mathrm{d}\boldsymbol{l}$$

6. 电场中的电荷

（1）电场对电荷 $q$ 的电场力
$$\boldsymbol{F}=q\boldsymbol{E}$$

（2）电荷 $q$ 在电场中某一点的电势能
$$E_{\mathrm{pa}}=qV_a$$

（3）移动电荷 $q$ 时，电场力所做的功
$$A=q(V_a-V_b)=-(E_{\mathrm{p}b}-E_{\mathrm{pa}})$$

（4）电偶极子在电场中所受的力矩
$$\boldsymbol{M}=\boldsymbol{p}_{\mathrm{e}}\times\boldsymbol{E}\quad(\boldsymbol{p}_{\mathrm{e}}=q\boldsymbol{l})$$

大小为 $M=p_{\mathrm{e}}E\sin\theta$，方向由右手螺旋定则确定.

7. 静电场中的导体

导体置于静电场中，产生静电感应，导体表面出现感应电荷，最终达到静电平衡.

（1）导体静电平衡的条件
$$\boldsymbol{E}_{内}=\mathbf{0}$$

（2）导体静电平衡的性质

导体表面附近 $E=\dfrac{\sigma}{\varepsilon}$，方向垂直外表面，电荷分布在外表面上，导体是等势体，导体表面是等势面.

8. 静电场中的电介质

电介质置于静电场中被极化，电介质表面出现极化电荷.

(1) 电介质中的电场强度

$$\boldsymbol{E}=\frac{\boldsymbol{E}_0}{\varepsilon_{\mathrm{r}}}$$

(2) 有电介质时的高斯定理

$$\oint_S \boldsymbol{D}\cdot \mathrm{d}\boldsymbol{S}=\sum_{i=1}^{n} q_i \quad (\boldsymbol{D}=\varepsilon\boldsymbol{E}=\varepsilon_0\varepsilon_{\mathrm{r}}\boldsymbol{E})$$

上式表明电介质中的静电场仍然是有源场.

(3) 有电介质时的安培环路定理

$$\oint_L \boldsymbol{E}\cdot \mathrm{d}\boldsymbol{l}=0$$

表明电介质中的静电场仍然是保守场.

9. 电容器的电容

(1) 定义

$$C=\frac{Q}{V_1-V_2}$$

(2) 电介质对电容的影响

$C=\varepsilon_{\mathrm{r}}C_0$ （$C_0$ 是极板间为真空时的电容）

(3) 几种典型电容器的电容

(a) 平行板电容器 $C=\dfrac{\varepsilon_0\varepsilon_{\mathrm{r}}S}{d}$

(b) 圆柱形电容器 $C=\dfrac{2\pi\varepsilon_0\varepsilon_{\mathrm{r}}l}{\ln\dfrac{R_{\mathrm{B}}}{R_{\mathrm{A}}}}$

(c) 球形电容器 $C=\dfrac{4\pi\varepsilon_0R_{\mathrm{A}}R_{\mathrm{B}}}{R_{\mathrm{B}}-R_{\mathrm{A}}}$

(4) 电容器的连接方式

串联 $\dfrac{1}{C}=\dfrac{1}{C_1}+\dfrac{1}{C_2}+\cdots+\dfrac{1}{C_n}$

并联 $C=C_1+C_2+\cdots+C_n$

10. 静电场的能量

(1) 电容器的能量

$$W_{\mathrm{e}}=\frac{1}{2}\frac{Q^2}{C}=\frac{1}{2}CU^2=\frac{1}{2}QU$$

(2) 电场的能量密度

$$w_{\mathrm{e}}=\frac{1}{2}\varepsilon E^2=\frac{1}{2}DE$$

(3) 电场的能量

$$W_e=\int_V w_e \mathrm{d}V=\int_V \frac{1}{2}\varepsilon E^2 \mathrm{d}V$$

三、解题方法

本章习题分为 11 种类型.

**1. 点电荷系的电场强度**

求解这一类习题的步骤为:(1) 建立坐标系;(2) 分别求出各个点电荷在场点产生的电场强度的大小和方向;(3) 求出合电场强度的大小和方向.

**例 5-1** 在直角三角形 $AOB$ 中,$AO=3$ cm,$BO=4$ cm. 现有两个点电荷 $q_1=3\times10^{-9}$ C,$q_2=-5\times10^{-9}$ C,分别放置在 $A$、$B$ 两点上,如例 5-1 图所示. 试求 $O$ 点的电场强度.

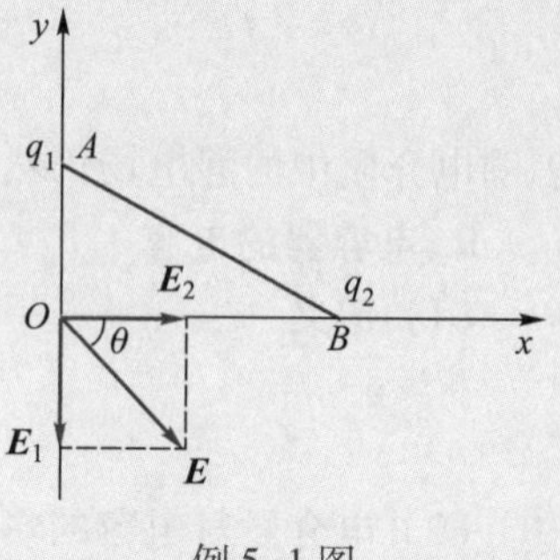

例 5-1 图

**解** 按题意,$q_1$、$q_2$ 周围空间各点之电场强度由两点电荷共同产生. 根据电场强度叠加原理. $O$ 点的电场强度等于 $q_1$、$q_2$ 单独存在时 $O$ 点所产生的电场强度矢量和.

$q_1$ 单独存在时,$O$ 点的电场强度 $\boldsymbol{E}_1$,其大小为

$$E_1=\frac{q_1}{4\pi\varepsilon_0|AO|^2}=9.0\times10^9\times\frac{3\times10^{-9}}{(3.0\times10^{-2})^2}\ \mathrm{V/m}$$
$$=3\times10^4\ \mathrm{V/m}$$

方向沿着 $y$ 轴的负方向.

$q_2$ 单独存在时,$O$ 点的电场强度 $\boldsymbol{E}_2$,其大小为

$$E_2=\frac{q_2}{4\pi\varepsilon_0|BO|^2}=9.0\times10^9\times\frac{5\times10^{-9}}{(4.0\times10^{-2})^2}\ \mathrm{V/m}=2.8\times10^4\ \mathrm{V/m}$$

方向沿着 $x$ 轴的正方向.

设 $O$ 点的电场强度 $\boldsymbol{E}$ 与 $\boldsymbol{E}_2$ 夹角为 $\theta$,则有

$$\theta=\arctan\frac{E_1}{E_2}=\arctan\frac{3}{2.8}=47^\circ$$

$\boldsymbol{E}$ 的大小为

$$E=\sqrt{E_1^2+E_2^2}=\sqrt{3^2\times10^8+2.8^2\times10^8}\ \mathrm{V/m}=4.1\times10^4\ \mathrm{V/m}$$

**2. 电荷连续分布带电体的电场强度**

求解这一类习题的步骤为:(1) 建立坐标系;(2) 在带电体上任取一电荷元 $\mathrm{d}q$,分别求出 $\mathrm{d}q$ 在场点的电场强度大小和方向;(3) 将 $\mathrm{d}\boldsymbol{E}$ 投影到坐标轴上,将矢量积分化为标量积分;(4) 将所得各分量的积分结果合成,即为所求的电场强度.

**例 5-2** 电荷量 $Q$ 均匀地分布在一个半径为 $R$ 的金属半圆环上,试计算半圆环中心 $O$ 处的电场强度.

**解** 本题中，产生电场的电荷是连续分布的. 如图所示，在半圆环上取一长为 $\mathrm{d}l$ 的电荷元，它的电荷量为

$$\mathrm{d}q=\lambda\mathrm{d}l=\frac{Q}{\pi R}\cdot\mathrm{d}l$$

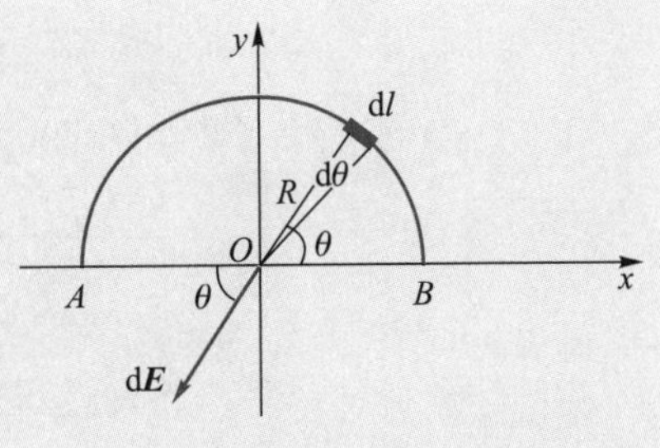

例 5-2 图

式中的 $\lambda=\dfrac{Q}{\pi R}$是电荷线密度，电荷量 $\mathrm{d}q$ 在圆环中心 $O$ 处产生的电场强度大小为

$$\mathrm{d}E=\frac{1}{4\pi\varepsilon_0}\frac{\mathrm{d}q}{R^2}=\frac{Q}{4\pi^2\varepsilon_0}\cdot\frac{\mathrm{d}l}{R^3}$$

各电荷元在 $O$ 点激发的电场强度方向各不相同；但根据电场的对称性，它们在 $x$ 轴方向上的分量相互抵消，而沿 $y$ 轴的分量方向一致，因而求 $O$ 点的总的电场强度，就归结为求所有电荷量的电场强度沿 $y$ 轴的投影 $\mathrm{d}E_y$ 的标量积分，即

$$E_x=\int\mathrm{d}E_x=0$$

$$E=E_y=\int\mathrm{d}E_y=\int\mathrm{d}E\sin\theta=-\int_l\frac{Q}{4\pi^2\varepsilon_0}\frac{\sin\theta\mathrm{d}l}{R^3}$$

式中 $\theta$ 为 $\mathrm{d}E$ 与 $x$ 轴的夹角，因为

$$\mathrm{d}l=R\mathrm{d}\theta$$

所以

$$E=-\int_l\frac{Q}{4\pi^2\varepsilon_0}\frac{\sin\theta}{R^3}\mathrm{d}l=-\int_0^{\pi}\frac{Q}{4\pi^2\varepsilon_0}\frac{\sin\theta}{R^2}\mathrm{d}\theta=-\frac{1}{2\pi^2\varepsilon_0}\cdot\frac{Q}{R^2}$$

**3. 高度对称性带电体的电场强度**

求解这一类习题通常是利用高斯定理，其步骤为：(1) 判断带电体产生的电场是否具有某种对称性；(2) 选择适当的高斯面（待求的场点位于高斯面上，使高斯面上 $\boldsymbol{E}$ 的大小处处相等，或使高斯面上某些部分的 $\boldsymbol{E}$ 为零，另一部分 $\boldsymbol{E}$ 相等，且各面的方向分别与 $\boldsymbol{E}$ 成 0°或 90°角）；(3) 求出高斯面所包围的净电荷；(4) 根据高斯定理求解.

**例 5-3** 如图(a)所示，在半径为 $R_1$、电荷体密度为 $\rho$ 的均匀带电球体内部，挖去一个半径为 $R_2$ 的球形空腔，空腔中心 $O_2$ 与球心 $O_1$ 之间的距离为 $a$. 求空腔内任一点 $P$ 处的电场强度.

**解** 挖去空腔的带电球体，球对称性被破坏，所以不能直接用高斯定理求电场强度. 对这一类的问题，我们可以灵活地应用电场强度叠加原理，用“补偿法”来求解. 假设在空腔中填入电荷体密度为 $\rho$ 的均匀分布电荷，同时假设在空腔中还存在电荷体密度为$-\rho$ 的均匀分布电荷. 这样并未改变球体的电荷分布，于是，空腔内任一点 $P$ 的电场强度 $\boldsymbol{E}$ 就是半径为 $R_1$、电荷体密度为 $\rho$ 的球与半径为 $R_2$、电荷体密度为$-\rho$ 的球各自在该点产生电场强度 $\boldsymbol{E}_1$ 和 $\boldsymbol{E}_2$ 的叠加，即 $\boldsymbol{E}=\boldsymbol{E}_1+\boldsymbol{E}_2$.

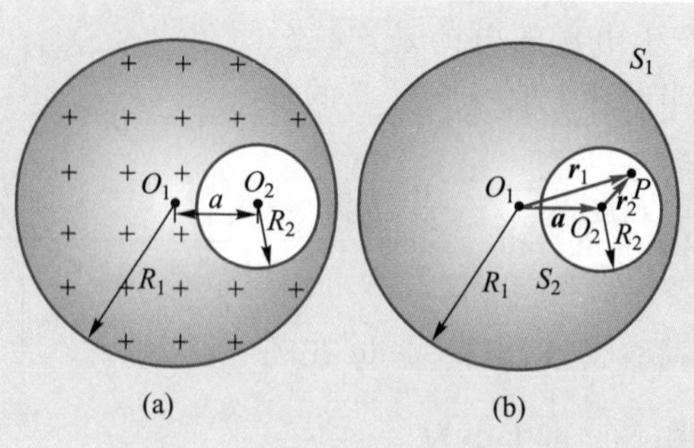


例 5-3 图

如图(b)所示,设 $O_1$ 到 $P$ 点的径矢为 $\boldsymbol{r}_1$,$O_2$ 到 $P$ 点的径矢为 $\boldsymbol{r}_2$. 假设以 $O_1$、$O_2$ 为圆心,以 $r_1$、$r_2$ 为半径作两个球面 $S_1$ 和 $S_2$(高斯面),按照高斯定理可分别求出 $P$ 点的电场强度 $\boldsymbol{E}_1$、$\boldsymbol{E}_2$,即

$$\oint_{S_1} \boldsymbol{E}_1 \cdot \mathrm{d}\boldsymbol{S} = E_1(4\pi r_1^2) = \frac{\frac{4}{3}\pi r_1^3 \rho}{\varepsilon_0}$$

$$\oint_{S_2} \boldsymbol{E}_2 \cdot \mathrm{d}\boldsymbol{S} = E_2(4\pi r_2^2) = \frac{\frac{4}{3}\pi r_2^3 \rho}{\varepsilon_0}$$

因此

$$E_1 = \frac{\rho r_1}{3\varepsilon_0}, \quad E_2 = \frac{-\rho r_2}{3\varepsilon_0}$$

考虑到电场强度 $\boldsymbol{E}_1$、$\boldsymbol{E}_2$ 的方向与 $\boldsymbol{r}_1$ 和 $\boldsymbol{r}_2$ 的关系,故可写成矢量式

$$\boldsymbol{E}_1 = \frac{\rho \boldsymbol{r}_1}{3\varepsilon_0}, \quad \boldsymbol{E}_2 = \frac{-\rho \boldsymbol{r}_2}{3\varepsilon_0}$$

按电场强度叠加原理,求得 $P$ 点的电场强度为

$$\boldsymbol{E} = \boldsymbol{E}_1 + \boldsymbol{E}_2 = \frac{\rho}{3\varepsilon_0}(\boldsymbol{r}_1 - \boldsymbol{r}_2) = \frac{\rho}{3\varepsilon_0}\boldsymbol{a}$$

上式表明,空腔内任一点的电场强度与 $O_1$ 到 $O_2$ 的矢量 $\boldsymbol{a}$ 的方向平行,电场强度大小与 $P$ 点在空腔内的位置无关,均为 $\frac{\rho a}{3\varepsilon_0}$,所以空腔内的电场为均匀电场.

4. 利用电场强度与电势的微分关系求电场强度

求解这一类习题的步骤为:(1) 求出场点的电势分布函数;(2) 判断电场强度的方向;(3) 沿着电场强度方向对电势函数求偏导.

**例 5-4** 已知均匀带电圆环轴线上的电势分布为

$$V = \frac{1}{4\pi\varepsilon_0} \cdot \frac{q}{(r^2+x^2)^{1/2}}$$

试求电场强度在轴线上的分布.

**解**　电场强度的方向沿着轴线（$x$ 轴方向），根据电场强度与电势的微分关系有

$$E=-\frac{\mathrm{d}V}{\mathrm{d}l}=-\frac{\mathrm{d}V}{\mathrm{d}x}=-\frac{\mathrm{d}}{\mathrm{d}x}\left[\frac{1}{4\pi\varepsilon_0}\cdot\frac{q}{(r^2+x^2)^{1/2}}\right]$$

$$=\frac{1}{4\pi\varepsilon_0}\cdot\frac{qx}{(r^2+x^2)^{3/2}}$$

5. **点电荷系的电势**

求解这一类习题的步骤为：(1) 分别求出各点电荷在场点产生的电势；(2) 用电势叠加原理求出总的电势.

**例 5-5**　如图所示，一等边三角形边长为 $a$，三个顶点上分别放置着电荷为 $q$、$2q$、$3q$ 的三个正点电荷，设无限远处为电势零点，求三角形中心 $O$ 处的电势.

**解**　由点电荷的电势公式

$$V=\frac{q}{4\pi\varepsilon_0 r}$$

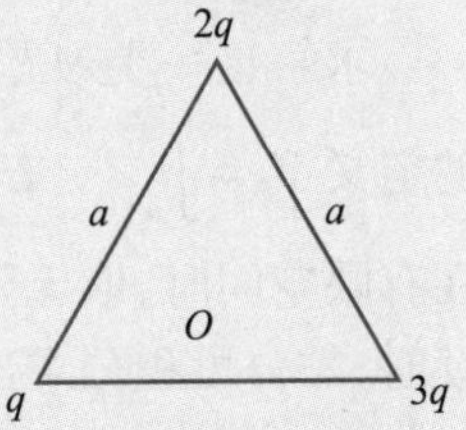

可知点电荷 $q$ 在中心 $O$ 处的电势为

$$V_1=\frac{\sqrt{3}q}{4\pi\varepsilon_0 a}$$


例 5-5 图

点电荷 $2q$ 在中心 $O$ 处的电势为

$$V_2=\frac{2\sqrt{3}q}{4\pi\varepsilon_0 a}$$

点电荷 $3q$ 在中心 $O$ 处的电势为

$$V_3=\frac{3\sqrt{3}q}{4\pi\varepsilon_0 a}$$

故中心 $O$ 处的总电势为

$$V=\frac{3\sqrt{3}q}{2\pi\varepsilon_0 a}$$

6. **电荷连续分布带电体的电势**

求解这一类习题的步骤为：(1) 建立坐标系；(2) 在带电体上任取一电荷元 $\mathrm{d}q$，求出 $\mathrm{d}q$ 在场点的电势 $\mathrm{d}V=\frac{1}{4\pi\varepsilon_0}\frac{\mathrm{d}q}{r}$；(3) 确定积分上、下限，积分求出电势.

**例 5-6**　电荷 $q$ 均匀分布在长为 $2L$ 的细直线上，试求：中垂面离带电直线中心 $O$ 为 $x$ 处的电势.

**解**　如图所示，建立直角坐标系，设带电直线中心为坐标原点，在带电直线上取电荷元 $\mathrm{d}q=\lambda\mathrm{d}y=\frac{q}{2L}\mathrm{d}y$，其在 $P$ 点产生的电势为

$$dV_P=\frac{dq}{4\pi\varepsilon_0\sqrt{x^2+y^2}}$$

因此,整个带电体系在 $P$ 点产生的电势为

$$V_P=\int dV_P=\int_q\frac{dq}{4\pi\varepsilon_0\sqrt{x^2+y^2}}$$

$$=\int_{-L}^{L}\frac{\frac{q}{2L}dy}{4\pi\varepsilon_0\sqrt{x^2+y^2}}$$

$$=\frac{q}{4\pi\varepsilon_0 L}\ln\left[\frac{L+\sqrt{L^2+x^2}}{x}\right]$$

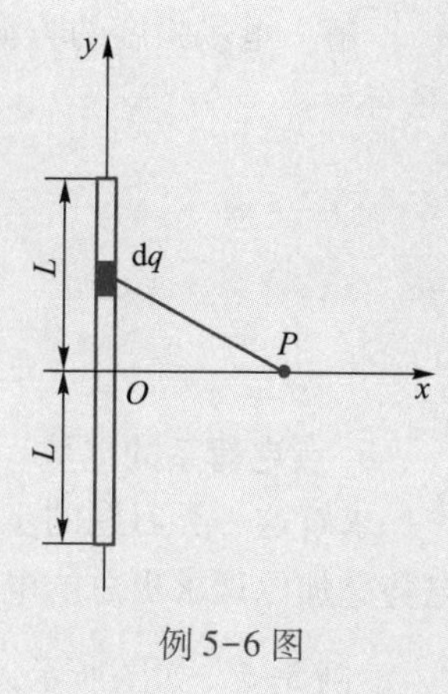

例 5-6 图

7. **高度对称性带电体的电势**

求解这一类习题的步骤为:(1) 用高斯定理求出电场强度的分布;(2) 用电势的定义 $V_P=\int_P^{\text{电势零点}}\boldsymbol{E}\cdot d\boldsymbol{l}$ 求出总电势,计算中应选取适当的电势零点,当电荷分布在有限空间时,取无限远处为电势零点. 若从场点 $P$ 到电势零点之间电场强度不连续时,需分段积分求出电势.

**例 5-7** 如图所示,两个均匀带电的同心球面,半径分别为 $R_1$ 和 $R_2$,所带电荷量分别为 $+q$ 和 $-q$,求空间的电势分布.

**解法一** 本题的电荷分布具有球对称性,因此,可先用高斯定理求出电场强度,再由电势与电场强度的积分关系求出电势分布.

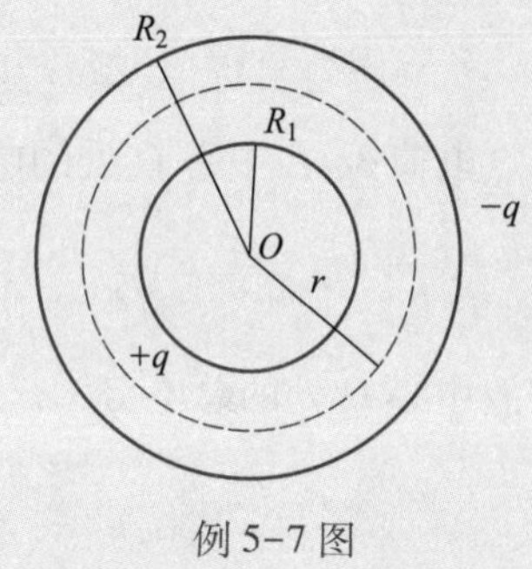

例 5-7 图

以 $O$ 点为球心,$r$ 为半径作一球面(高斯面),根据高斯定理有

$$\oint_S \boldsymbol{E}\cdot d\boldsymbol{S}=E4\pi r^2=\frac{\sum q_i}{\varepsilon_0}$$

当 $0<r<R_1$ 时,由上式可以解得

$$E_1=0$$

当 $R_1<r<R_2$ 时,有

$$E_2=\frac{q}{4\pi\varepsilon_0 r^2}$$

当 $r>R_2$ 时,有

$$E_3=\frac{q-q}{4\pi\varepsilon_0 r^2}=0$$

选无限远处为电势零点. 当 $0<r<R_1$ 时,由电势的定义式可得

$$V_1=\int_r^{\infty}\boldsymbol{E}\cdot d\boldsymbol{l}=\int_r^{R_1}E_1\cdot dr+\int_{R_1}^{R_2}E_2\cdot dr+\int_{R_2}^{R_3}E_3\cdot dr$$

$$=0+\int_{R_1}^{R_2}E_2\cdot dr+0=\frac{q}{4\pi\varepsilon_0R_1}-\frac{q}{4\pi\varepsilon_0R_2}$$

当 $R_1<r<R_2$ 时,有

$$V_2=\int_r^{\infty}\boldsymbol{E}\cdot d\boldsymbol{l}=\int_r^{R_2}E_2\cdot dr+\int_{R_2}^{\infty}E_3\cdot dr$$

$$=\int_r^{R_2}\frac{q dr}{4\pi\varepsilon_0r^2}+0=\frac{q}{4\pi\varepsilon_0r}-\frac{q}{4\pi\varepsilon_0R_2}$$

当 $r>R_2$ 时,有

$$V_3=\int_r^{\infty}\boldsymbol{E}\cdot d\boldsymbol{l}=\int_r^{\infty}\boldsymbol{E}_3\cdot d\boldsymbol{l}=0$$

**解法二**　对于同心带电球面和球壳等,直接根据电势公式 $V_{内}=\frac{q}{4\pi\varepsilon_0R}$,$V_{外}=\frac{q}{4\pi\varepsilon_0r}$,再应用电势叠加原理求出带电体系的电势更为简洁.

当 $0<r<R_1$ 时,两球面均属“面内”,于是有

$$V_1=\frac{q}{4\pi\varepsilon_0R_1}-\frac{q}{4\pi\varepsilon_0R_2}$$

当 $R_1<r<R_2$ 时,场点对 $R_1$ 为“面外”,对 $R_2$ 为“面内”,于是有

$$V_2=\frac{q}{4\pi\varepsilon_0r}-\frac{q}{4\pi\varepsilon_0R_2}$$

当 $r>R_2$ 时,场点对两球面均为“面外”,于是有

$$V_3=\frac{q}{4\pi\varepsilon_0r}-\frac{q}{4\pi\varepsilon_0r}=0$$

8. **导体在静电场中电场强度和电势的计算**

求解这一类习题的方法是:(1) 根据导体的静电平衡条件,确定导体上电荷分布;(2) 应用高斯定理或电场强度叠加原理求电场强度的分布;(3) 由电势的定义或电势叠加原理求电势分布.

**例 5-8**　如例 5-8 图所示,把一块原来不带电的金属板 B,移近一块已带有正电荷 $Q$ 的金属板 A,两板平行放置. 设两板面积都为 $S$,板间距离为 $d$,忽略边缘效应. 试求:(1) 当 B 板不接地时,两板间电势差 $U_{AB}$;(2) B 板接地时两板间电势差 $U'_{AB}$.

**解**　(1) 对 B 板,在移近 A 板的过程中,会发生静电感应现象,但是在 B 板不接地的情况下,其总的净电荷量仍然为 0,故感应电荷对左侧的点所产生的电场强度仍然为 0,即 A、B 板间电场强度仍与原来的相同. 故两板间电势差为

$$U_{AB}=Ed=\frac{Qd}{2\varepsilon_0 S}$$

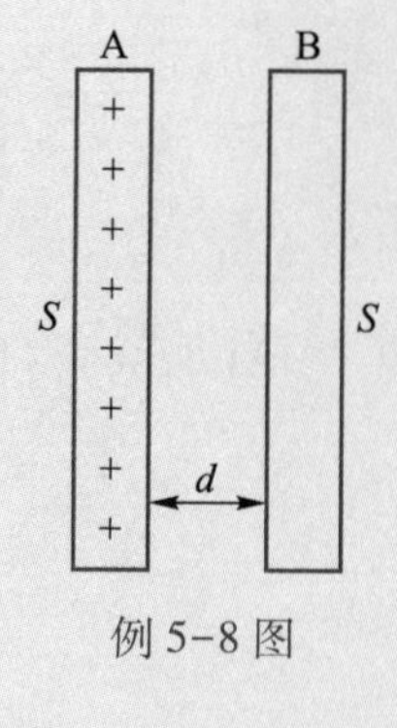

例 5-8 图

（2）当 B 板接地时，在移近 A 板的过程中，也会发生静电感应现象，且静电平衡后 B 板所带电荷量与 A 板等量异号，A、B 板相当于一平行板电容器.

此时 A、B 板间电场强度为

$$E'=\frac{\sigma}{\varepsilon_0}=\frac{Q}{\varepsilon_0 S}$$

故两板间电势差为

$$U'_{AB}=\frac{Qd}{\varepsilon_0 S}$$

9. **电介质在静电场中电场强度和电势的计算**

求解这一类习题的步骤为：（1）由有电介质时的高斯定理 $\oint_S \boldsymbol{D}\cdot \mathrm{d}\boldsymbol{S}=\sum_{i=1}^{n} q_i$ 求出 $\boldsymbol{D}$ 后由 $\boldsymbol{D}=\varepsilon\boldsymbol{E}$ 求出 $\boldsymbol{E}$（亦可直接由 $\boldsymbol{E}=\dfrac{\boldsymbol{E}_0}{\varepsilon_r}$ 求出 $\boldsymbol{E}$）；（2）由电势的定义或电势叠加原理求出电势分布.

**例 5-9** 在电荷量为 $q$、面积为 $S$、间距为 $d$ 的平行板电容器中填入两种均匀电介质，其厚度分别为 $d_1$、$d_2$，且电容率分别为 $\varepsilon_1$、$\varepsilon_2$，如图所示. 求：

（1）两种电介质中的电场强度；

（2）两极板间的电势差.

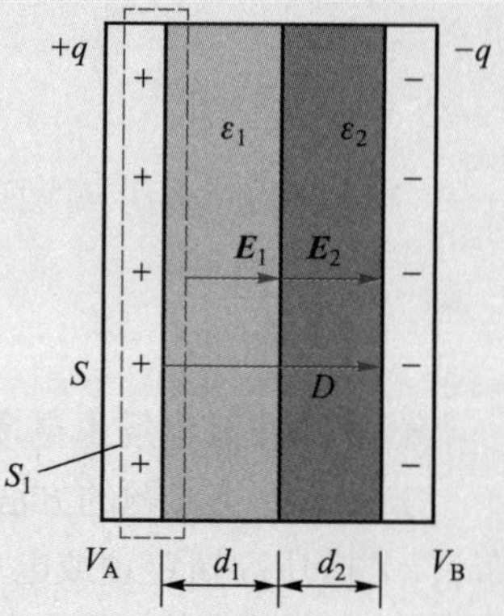

例 5-9 图

**解** （1）设在两层电介质中电场强度分别为 $\boldsymbol{E}_1$ 和 $\boldsymbol{E}_2$.

因为电介质是均匀且充满整个电场空间，根据有电介质时的高斯定理，由于电位移通量只与自由电荷有关，故可先求电场中的电位移矢量 $\boldsymbol{D}$. 为此作长方形柱体的封闭面 $S_1$，其左侧表面在导体极板内，其右侧表面在电容率为 $\varepsilon_1$ 的电介质内（见图中虚线所示）. 板内的电场强度为零，上、下、前、后面的外法线与 $\boldsymbol{D}$ 垂直，仅有右侧面法线方向与 $\boldsymbol{D}$ 同方向. 则由

$$\oint_{S_1}\boldsymbol{D}\cdot \mathrm{d}\boldsymbol{S}=q$$

可知

$$DS=q,\quad D=\frac{q}{S}$$

再由 $\boldsymbol{D}=\varepsilon\boldsymbol{E}$,并因 $\boldsymbol{D}$ 和 $\boldsymbol{E}$ 同方向,分别可得

$$E_1=\frac{D}{\varepsilon_1}=\frac{q}{\varepsilon_1 S},\quad E_2=\frac{D}{\varepsilon_2}=\frac{q}{\varepsilon_2 S}$$

(2) 两极板的电势差为

$$V_A-V_B=E_1d_1+E_2d_2=\frac{q}{S}\left(\frac{d_1}{\varepsilon_1}+\frac{d_2}{\varepsilon_2}\right)$$

10. **电容器电容的计算**

求解这一类习题的步骤为:(1) 假设电容器两极板分别带有等量异号电荷;(2) 计算电容器两极板间的电场分布;(3) 由 $U_{AB}=\int_{r_A}^{r_B}\boldsymbol{E}\cdot d\boldsymbol{l}$ 求出两极板的电势差;(4) 按电容器电容的定义 $C=\frac{Q}{U_{AB}}$ 求出电容.

**例 5-10**　如图所示,圆柱形电容器是由半径为 $a$ 的直导线和半径为 $c$ 的金属圆筒薄壳组成,两导体间充满了两层同轴圆筒形均匀电介质,其分界面半径为 $b$,电容率分别为 $\varepsilon_1$ 和 $\varepsilon_2$. 设圆柱长 $l$ 远大于圆筒半径 $c$. 求电容器的电容.

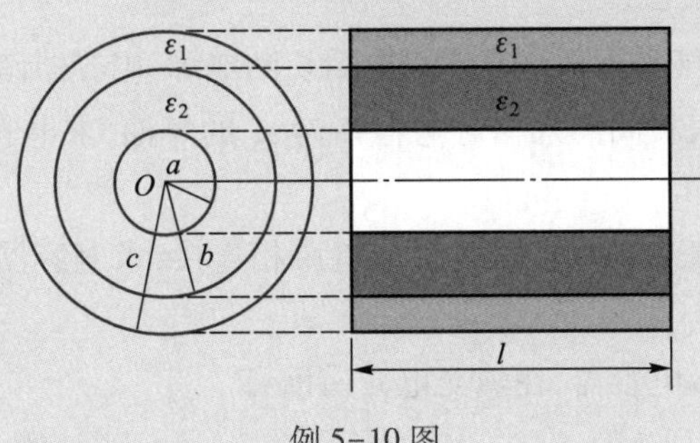


例 5-10 图

**解**　设圆柱形电容器电极上单位长度所带电荷量的绝对值为 $\lambda$,则一个电极上所带电荷量为

$$Q=\lambda l$$

根据有电介质时的高斯定理,在两导体之间的电介质中的电位移矢量大小为

$$D=\frac{\lambda}{2\pi r}$$

由 $\boldsymbol{D}=\varepsilon\boldsymbol{E}$ 可知 $\boldsymbol{D}$ 和 $\boldsymbol{E}$ 同方向,则在电容率为 $\varepsilon_1$ 和 $\varepsilon_2$ 的电介质内电场强度分别为

$$E_1=\frac{\lambda}{2\pi\varepsilon_1 r}(b<r<c),\quad E_2=\frac{\lambda}{2\pi\varepsilon_2 r}(a<r<b)$$

在两电极之间的电势差为

$$U=\int_a^b\frac{\lambda}{2\pi\varepsilon_2}\frac{dr}{r}+\int_b^c\frac{\lambda}{2\pi\varepsilon_1}\frac{dr}{r}$$

$$=\frac{\lambda}{2\pi\varepsilon_2}\ln\frac{b}{a}+\frac{\lambda}{2\pi\varepsilon_1}\ln\frac{c}{b}$$

则电容器的电容为

$$C=\frac{Q}{U}=\frac{2\pi\varepsilon_1\varepsilon_2 l}{\varepsilon_1\ln\frac{b}{a}+\varepsilon_2\ln\frac{c}{b}}$$

**11. 电场能量的计算**

求解这一类习题的步骤为:(1) 若电场只分布在电容器极板空间时,可按 $W_e=\frac{1}{2}\frac{Q^2}{C}=\frac{1}{2}CU^2=\frac{1}{2}QU$ 计算;(2) 若有电场的空间为均匀电场,可按 $W_e=\frac{1}{2}\varepsilon E^2V$ 计算;(3) 若为非均匀电场,则写出电场能量密度 $w_e=\frac{1}{2}DE=\frac{1}{2}\varepsilon E^2$,然后选取适当的体积元 $dV$(通常在球对称电场中取薄球壳为 $dV=4\pi r^2dr$,在轴对称的电场中取薄圆柱壳为 $dV=2\pi rl dr$),最后按 $W_e=\int_V w_e dV$ 列式,确定积分上、下限后计算得出结果.

**例 5-11** 一空气平行板电容器充电后切断电源,电容器储能 $W_0$.

(1) 若此时在极板间灌入相对电容率为 $\varepsilon_r$ 的煤油,求电容器储能 $W_1$ 与 $W_0$ 的比值;

(2) 如果灌入煤油时电容器一直与电源相连接,求电容器储能 $W_2$ 与 $W_0$ 的比值.

**解** 对于平行板电容器,在填充电介质前有

$$W_0=\frac{1}{2}C_0U_0^2$$

(1) 由于电容器充电后切断电源,即极板所带电荷量保持不变. 填充电介质后有

$$C=\varepsilon_rC_0,\quad U=\frac{U_0}{\varepsilon_r}$$

故此时电容器储能为

$$W_1=\frac{1}{2}CU^2=\frac{1}{\varepsilon_r}W_0$$

所以

$$\frac{W_1}{W_0}=\frac{1}{\varepsilon_r}$$

(2) 如果灌入煤油时电容器一直与电源相连接,则电容器极板电压保持不变,即 $U=U_0$,但填充电介质后有 $C=\varepsilon_rC_0$,则此时电容器储能为

$$W_2=\frac{1}{2}CU^2=\frac{1}{2}\varepsilon_rC_0U_0^2=\varepsilon_rW_0$$

所以
$$\frac{W_2}{W_0}=\varepsilon_r$$

**例 5-12** 半径为 2.0 cm 的导体球，外套同心的导体球壳，球壳的内、外半径分别为 4.0 cm 和 5.0 cm，导体球和球壳之间是空气，球壳外也是空气. 当导体球的电荷量为 $3.0\times10^{-8}$ C 时，该系统储存了多少电能？

**解** 如图所示，根据题意可知 $R_1=2.0$ cm，$R_2=4.0$ cm，$R_3=5.0$ cm，$q=3.0\times10^{-8}$ C，由静电平衡下导体内的电场强度为零及高斯定理可得

$$E=\begin{cases}0 & (r<R_1,R_2<r<R_3)\\ \dfrac{q}{4\pi\varepsilon_0 r^2} & (R_1<r<R_2,r>R_3)\end{cases}$$

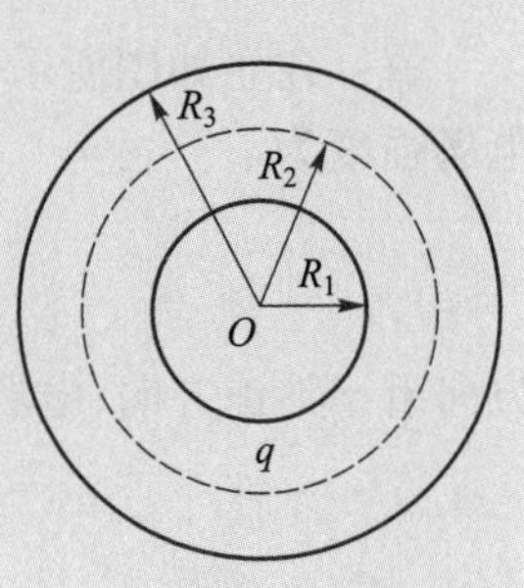

例 5-12 图

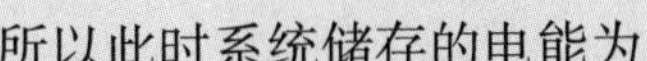
所以此时系统储存的电能为

$$\begin{aligned}W_e&=\int_V\frac{1}{2}\varepsilon_0E^2\mathrm{d}V\\&=\int_{R_1}^{R_2}\frac{1}{2}\varepsilon_0\cdot\left(\frac{q}{4\pi\varepsilon_0 r^2}\right)^2\cdot4\pi r^2\cdot\mathrm{d}r+\int_{R_3}^{\infty}\frac{1}{2}\varepsilon_0\left(\frac{q}{4\pi\varepsilon_0 r^2}\right)^2\cdot4\pi r^2\mathrm{d}r\\&=\frac{q^2}{8\pi\varepsilon_0}\left(\frac{1}{R_1}-\frac{1}{R_2}+\frac{1}{R_3}\right)\end{aligned}$$

代入数据得

$$W_e=1.8\times10^{-4}\text{ J}$$

四、习题略解

**5-1** 在正方形的两个相对的角上各放置一点电荷 $Q$，在其他两个相对角上各置一点电荷 $q$. 如果作用在 $Q$ 上的力为零，求 $Q$ 与 $q$ 的关系.

**解** $Q$ 所受合外力为零，即

$$\frac{Q^2}{4\pi\varepsilon_0(\sqrt{2}l)^2}+\sqrt{2}\cdot\frac{qQ}{4\pi\varepsilon_0 l^2}=0$$

求得

$$Q=-2\sqrt{2}q$$

**5-2** 一个正 p 介子由一个 u 夸克和一个反 d 夸克组成. u 夸克所带电荷量为 $\frac{2}{3}e$，反 d 夸克所带电荷量为 $\frac{1}{3}e$. 将夸克作为经典粒子处理，试计算正 p 介子中夸克间的电场力(设它们之间的距离为 $1.0\times10^{-15}$ m).

**解**
$$F=\frac{\frac{2}{3}e\cdot\frac{1}{3}e}{4\pi\varepsilon_0 r^2}=\frac{e^2}{18\pi\varepsilon_0 r^2}=51.3\text{ N}$$

**5-3** 一长为 $l$ 的均匀带电直线,其电荷线密度为 $+\lambda$. 试求直线延长线上距离近端为 $a$ 处的电场强度.

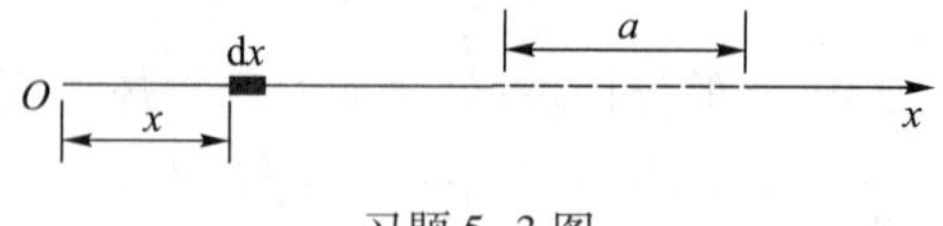


习题 5-3 图

**解** 建立如图所示坐标系,在 $x$ 轴上取一线元 $\mathrm{d}x$,其电荷量 $\mathrm{d}q=\lambda\mathrm{d}x$,则 $a$ 处的电场强度为

$$\mathrm{d}E=\frac{\lambda\mathrm{d}x}{4\pi\varepsilon_0(l+a-x)^2}$$

方向沿 $x$ 轴正方向,电场强度大小为

$$E=\int\mathrm{d}E=\int_0^l\frac{\lambda\mathrm{d}x}{4\pi\varepsilon_0(l+a-x)^2}$$

$$=\frac{\lambda l}{4\pi\varepsilon_0 a(a+l)}$$

方向沿带电直线方向.

**5-4** 一绝缘细棒弯成半径为 $R$ 的半圆形,其上半段均匀带电,所带电荷量为 $+q$,下半段均匀带电,所带电荷量为 $-q$,如图(a)所示. 求半圆中心处电场强度.

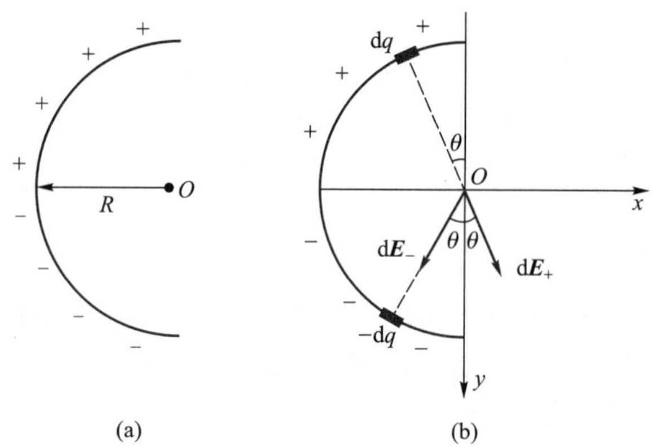


习题 5-4 图

**解** 建立如图(b)所示坐标系,正、负电荷关于 $x$ 轴对称,在对称处取电荷元 $\mathrm{d}q$ 和 $-\mathrm{d}q$,它们在 $O$ 点产生的总的电场强度沿 $y$ 轴正方向

$$\mathrm{d}E_y=\mathrm{d}E_+\cos\theta+\mathrm{d}E_-\cos\theta=2\mathrm{d}E_+\cos\theta$$

即

$$\mathrm{d}E_y=2\cdot\frac{\mathrm{d}q}{4\pi\varepsilon_0 R^2}\cos\theta$$

$$=\frac{\lambda\cdot R\mathrm{d}\theta}{2\pi\varepsilon_0 R^2}\cos\theta$$

$$E_y=\int_0^{\frac{\pi}{2}}\frac{\lambda}{2\pi\varepsilon_0 R}\cos\theta\mathrm{d}\theta$$

$$=\frac{\lambda}{2\pi\varepsilon_0 R}=\frac{q}{\pi^2\varepsilon_0 R^2}$$

而
$$E_x=0$$

故
$$\boldsymbol{E}=E_y\boldsymbol{j}=\frac{q}{\pi^2\varepsilon_0 R^2}\boldsymbol{j}$$

**5-5**　一质量 $m=1.6\times10^{-6}$ kg 的小球，$q=2.0\times10^{-11}$ C，悬挂于一细线下端，细线与一块很大的带电平面成30°角，如图(a)所示. 若带电平面上电荷分布均匀，$q$ 很小不影响带电平面上电荷分布. 求带电平面上的电荷面密度.

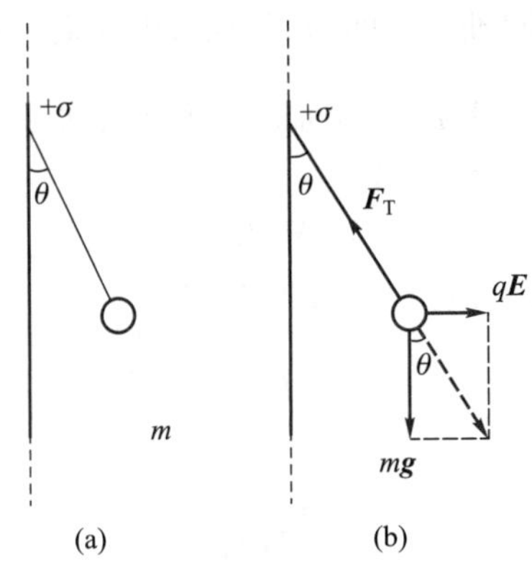


习题 5-5 图

**解**　小球受力如图(b)所示，可知

$$qE=mg\tan\theta$$

即
$$q\cdot\frac{\sigma}{2\varepsilon_0}=mg\tan\theta$$

$$\sigma=\frac{2\varepsilon_0 mg\tan 30^\circ}{q}=8.0\times10^{-6}\ \mathrm{C/m^2}$$

**5-6**　在如图所示的空间内电场强度分量为 $E_x=bx^{\frac{1}{2}}$，$E_y=E_z=0$，其中 $b=800\ \mathrm{N\cdot m^{-\frac{1}{2}}/C}$，设 $d=10$ cm. 试求：

(1) 通过立方体的电场强度通量；

(2) 立方体内的总电荷量.

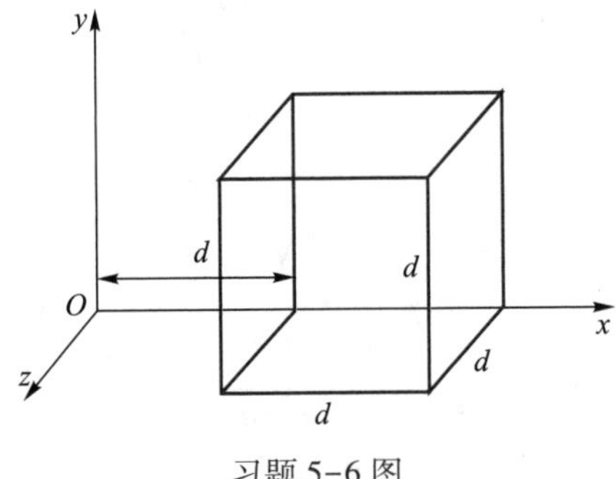


习题 5-6 图

**解** (1) $$\Phi_e=-bd^{\frac{1}{2}}\cdot S+b(2d)^{\frac{1}{2}}S=1.05\ \mathrm{N\cdot m^2/C}$$

(2) 由高斯定理可知

$$\sum_i q_i=\varepsilon_0\Phi_e=9.29\times10^{-12}\ \mathrm{C}$$

**5-7** 两个“无限长”的同轴圆柱面,半径分别为 $R_1$ 和 $R_2(R_1<R_2)$,圆柱面均匀带电,沿轴线上的单位长度的电荷量分别为 $\lambda_1$ 和 $\lambda_2$,试求空间电场分布.

**解** 由电荷的轴对称性分析可知,电场强度也具有轴对称性,可利用高斯定理求电场强度.

(1) 在 $r<R_1$ 处,作一同轴圆柱面为高斯面,由高斯定理 $\oint_S \boldsymbol{E}\cdot\mathrm{d}\boldsymbol{S}=\frac{1}{\varepsilon_0}\sum_i q_i$,通过圆柱面的电场强度通量等于通过侧面的电场强度通量,即 $2\pi rlE$. 高斯面内没有包围电荷,所以

$$E=0$$

(2) 在 $R_1\leqslant r\leqslant R_2$ 处,类似(1)作高斯面,有

$$2\pi rlE=\frac{\lambda_1 l}{\varepsilon_0}$$

即
$$E=\frac{\lambda_1}{2\pi\varepsilon_0 r}$$

(3) 在 $r>R_2$ 处,类似(1)作高斯面,有

$$2\pi rlE=\frac{(\lambda_1+\lambda_2)l}{\varepsilon_0}$$

即
$$E=\frac{\lambda_1+\lambda_2}{2\pi\varepsilon_0 r}$$

**5-8** 如习题 5-8 图所示,已知 $r=6$ cm, $d=8$ cm, $q_1=3\times10^{-8}$ C, $q_2=-3\times10^{-8}$ C. 求:

(1) 将电荷量 $q=2\times10^{-9}$ C 的点电荷从 $A$ 点移到 $B$ 点,电场力所做的功.

(2) 将此点电荷从 $C$ 点移到 $D$ 点,电场力所做的功.

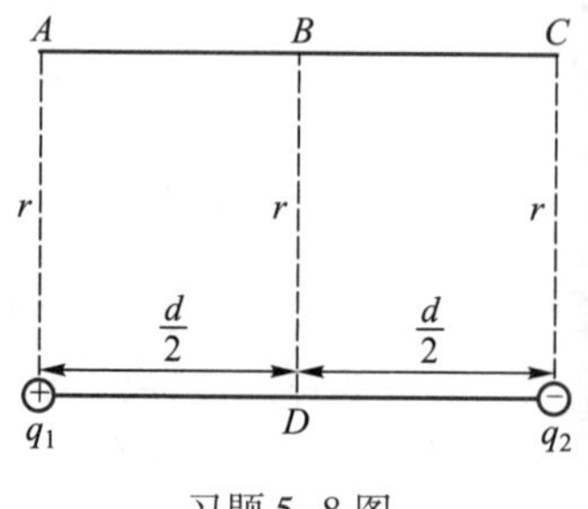

习题 5-8 图

**解** (1) $A$ 点电势为 $V_A=\dfrac{q_1}{4\pi\varepsilon_0 r}+\dfrac{q_2}{4\pi\varepsilon_0\sqrt{r^2+d^2}}$

$B$ 点电势为
$$V_B=\frac{q_1+q_2}{4\pi\varepsilon_0\sqrt{r^2+\dfrac{d^2}{4}}}$$

$$A_{AB}=q(V_A-V_B)=\frac{q}{4\pi\varepsilon_0}\left(\frac{q_1}{r}+\frac{q_2}{\sqrt{r^2+d^2}}-\frac{q_1+q_2}{\sqrt{r^2+\dfrac{d^2}{r}}}\right)=3.6\times10^{-6}\ \mathrm{J}$$

（2）同理

$$V_C=\frac{q_1}{4\pi\varepsilon_0\sqrt{r^2+d^2}}+\frac{q_2}{4\pi\varepsilon_0 r}$$

$$V_D=\frac{q_1+q_2}{4\pi\varepsilon_0\cdot\frac{d}{2}}=\frac{q_1+q_2}{2\pi\varepsilon_0 d}$$

$$\begin{aligned}A_{CD}&=q(V_C-V_D)\\&=\frac{q}{4\pi\varepsilon_0}\left(\frac{q_1}{\sqrt{r^2+d^2}}+\frac{q_2}{r}-\frac{q_1+q_2}{\frac{d}{2}}\right)\\&=-3.6\times10^{-6}\ \text{J}\end{aligned}$$

**5-9**　点电荷 $q_1$、$q_2$、$q_3$、$q_4$ 的电荷量均为$4\times10^{-9}$ C，放置在一正方形的四个顶点上，各顶点距正方形 $O$ 点的距离均为 5 cm.

（1）求 $O$ 点处的电场强度和电势；

（2）将一试验电荷 $q_0=10^{-9}$ C 从无限远处移到 $O$ 点，电场力做功为多少？$q_0$ 的电势能变为多少？

（3）将 $q_0$ 从无限远移到 $O$ 点，电势能的改变为多少？

**解**　（1）

$$E_O=0$$

$$\begin{aligned}V_O&=\sum_{i=1}^{r}\frac{q_i}{4\pi\varepsilon_0 r_i}\\&=4\times9\times10^9\times\frac{4\times10^{-9}}{0.05}\ \text{V}\\&=2.88\times10^3\ \text{V}\end{aligned}$$

（2）

$$\begin{aligned}A_{\infty O}&=q_0(V_\infty-V_O)\\&=0-10^{-9}\times2.88\times10^3\ \text{J}\\&=-2.88\times10^{-6}\ \text{J}\end{aligned}$$

$$E_{pO}=-A_{\infty O}=2.88\times10^{-6}\ \text{J}$$

（3）

$$E_{p\infty}-E_{pO}=A_{\infty O}=-2.88\times10^{-6}\ \text{J}$$

**5-10**　一质量为 $m$，电荷量为 $q$ 的粒子，在电场力的作用下从电势为 $V_a$ 的 $a$ 点运动到电势为 $V_b$ 的 $b$ 点，若粒子到达 $b$ 点时的速率为 $v_b$，试求粒子在 $a$ 点时的速率.

**解**

$$A_{ab}=q(V_a-V_b)$$

$$A_{ab}=\frac{1}{2}mv_a^2-\frac{1}{2}mv_b^2$$

所以

$$q(V_a-V_b)=\frac{1}{2}mv_b^2-\frac{1}{2}mv_a^2$$

解得

$$v_a=\sqrt{v_b^2-\frac{2q(V_a-V_b)}{m}}$$

**5-11** 真空中一均匀线状带电体,其中$\overset{\frown}{BCD}$为半圆,$A$、$B$、$O$、$D$、$E$ 在同一直线上,$O$ 点为圆心,如图所示. 设$|AB|=|DE|=R$,电荷线密度为 $\lambda$,求圆心 $O$ 点处的电势.

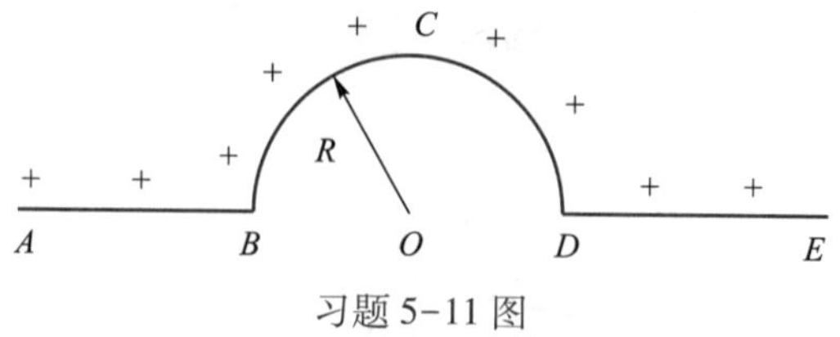

习题 5-11 图

**解** 根据电势叠加原理,$O$ 点的电势可看作直线 $AB$、$DE$ 和半圆周$\overset{\frown}{BCD}$所带电荷在 $O$ 产生电势的叠加. $AB$、$DE$ 在 $O$ 点产生电势为

$$V_1=V_3=\int_R^{2R}\frac{\lambda\,\mathrm{d}x}{4\pi\varepsilon_0 x}=\frac{\lambda}{4\pi\varepsilon_0}\ln 2$$

半圆周 $ACD$ 在 $O$ 点产生电势为

$$V_2=\frac{q_2}{4\pi\varepsilon_0 R}=\frac{\lambda\cdot\pi R}{4\pi\varepsilon_0 R}=\frac{\lambda}{4\varepsilon_0}$$

所以 $O$ 点电势为

$$V=V_1+V_3=\frac{\lambda}{4\pi\varepsilon_0}(2\ln 2+\pi)$$

**5-12** 金元素的原子核可看作均匀带电球体,其半径 $R=7.0\times10^{-15}$ m,电荷量 $q=1.26\times10^{-17}$ C. 求它表面上的电势以及它的中心的电势.

**解** 金核表面的电势为

$$V_1=\frac{q}{4\pi\varepsilon_0 R}=\frac{9\times10^9\times1.26\times10^{-17}}{7.0\times10^{-15}}\ \mathrm{V}=1.6\times10^7\ \mathrm{V}$$

金核中心的电势为

$$\begin{aligned}V_2&=\int_0^R\frac{qr}{4\pi\varepsilon_0 R^3}\mathrm{d}r+\int_R^{\infty}\frac{q}{4\pi\varepsilon_0 r^2}\mathrm{d}r\\&=\frac{3}{2}\frac{q}{4\pi\varepsilon_0 R}=\frac{3}{2}V_1\\&=\frac{3}{2}\times1.6\times10^7\ \mathrm{V}\\&=2.4\times10^7\ \mathrm{V}\end{aligned}$$

**5-13** 半径分别为 $R_1$ 和 $R_2$ 的均匀带电同心球面,其电荷量分别为 $q_1$ 和 $q_2$,如图所示. 求电势的空间分布.

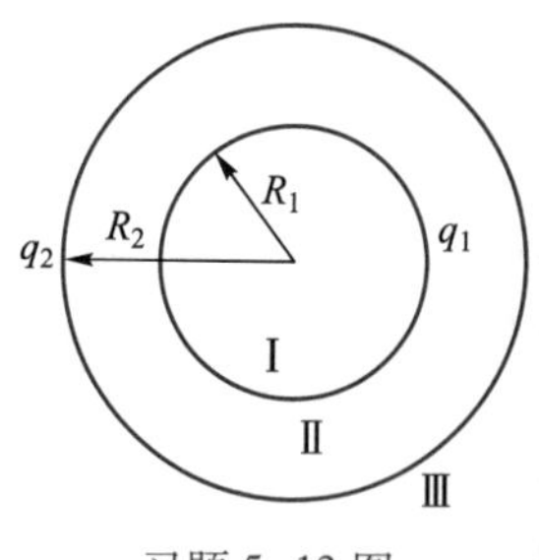

习题 5-13 图

**解法一** 由高斯定理可求得Ⅰ、Ⅱ、Ⅲ区域的电场强度大小为

$$E_1=0$$

$$E_2=\frac{q_1}{4\pi\varepsilon_0 r^2}$$

$$E_3=\frac{q_1+q_2}{4\pi\varepsilon_0 r^2}$$

设 $P_1$、$P_2$、$P_3$ 分别为Ⅰ、Ⅱ、Ⅲ区域内任一点,则有

(1) Ⅰ区域内任一点 $P_1$ 的电势为

$$\begin{aligned}V_1&=\int_{P_1}^{\infty}\boldsymbol{E}\cdot \mathrm{d}\boldsymbol{l}=\int_{P_1}^{R_1}\boldsymbol{E}_1\cdot \mathrm{d}\boldsymbol{l}+\int_{R_1}^{R_2}\boldsymbol{E}_2\cdot \mathrm{d}\boldsymbol{l}+\int_{R_2}^{\infty}\boldsymbol{E}_3\cdot \mathrm{d}\boldsymbol{l}\\&=\frac{q_1}{4\pi\varepsilon_0 r^2}\mathrm{d}r+\int_{R_2}^{\infty}\frac{q_1+q_2}{4\pi\varepsilon_0 r^2}\mathrm{d}r\\&=\frac{1}{4\pi\varepsilon_0}\left(\frac{q_1}{R_1}+\frac{q_2}{R_2}\right)\end{aligned}$$

(2) Ⅱ区域内任一点 $P_2$ 的电势为

$$\begin{aligned}V_2&=\int_{P_2}^{\infty}\boldsymbol{E}\cdot \mathrm{d}\boldsymbol{l}=\int_{r}^{R_2}\boldsymbol{E}_2\cdot \mathrm{d}\boldsymbol{l}+\int_{R_2}^{\infty}\boldsymbol{E}_3\cdot \mathrm{d}\boldsymbol{l}\\&=\int_{r}^{R_2}\frac{q_1}{4\pi\varepsilon_0 r}+\int_{R_2}^{\infty}\frac{q_1+q_2}{4\pi\varepsilon_0 r^2}\mathrm{d}r\\&=\frac{1}{4\pi\varepsilon_0}\left(\frac{q_1}{r}+\frac{q_2}{R_2}\right)\end{aligned}$$

(3) Ⅲ区域内任一点 $P_3$ 的电势为

$$V_3=\int_{P_3}^{\infty}\boldsymbol{E}\cdot \mathrm{d}\boldsymbol{l}=\int_{r}^{\infty}\boldsymbol{E}_3\cdot \mathrm{d}\boldsymbol{l}=\int_{r}^{\infty}\frac{q_1+q_2}{4\pi\varepsilon_0 r^2}\mathrm{d}r=\frac{q_1+q_2}{4\pi\varepsilon_0 r}$$

**解法二**　$P_1$ 在球内,有

$$V_1=\frac{q_1}{4\pi\varepsilon_0 R_1}+\frac{q_2}{4\pi\varepsilon_0 R_2}=\frac{1}{4\pi\varepsilon_0}\left(\frac{q_1}{R_1}+\frac{q_2}{R_2}\right)$$

$P_2$ 对 $R_1$ 球面为球外,对 $R_2$ 球面为球内,则有

$$V_2=\frac{q_1}{4\pi\varepsilon_0 r}+\frac{q_2}{4\pi\varepsilon_0 R_2}=\frac{1}{4\pi\varepsilon_0}\left(\frac{q_1}{r}+\frac{q_2}{R_2}\right)$$

$P_3$ 对 $R_1$ 和 $R_2$ 球面均为球外,则有

$$V_3=\frac{q_1}{4\pi\varepsilon_0 r}+\frac{q_2}{4\pi\varepsilon_0 r}=\frac{q_1+q_2}{4\pi\varepsilon_0 r}$$

**5-14**　两个共轴圆柱面,半径分别为 $R_1=3\times10^{-2}$ m,$R_2=0.10$ m,带有等量异号电荷,两者之间电势差为 450 V. 求圆柱面单位长度上所带电荷量.

**解**　两"无限长"共轴圆柱面的电场强度可由高斯定理求得

$$E=\frac{\lambda}{2\pi\varepsilon_0 r}$$

其中 $\lambda$ 为单位长度上所带电荷量. 根据电势差定义,两圆柱面之间电势差为

$$U_{AB}=\int_A^B \boldsymbol{E}\cdot \mathrm{d}\boldsymbol{l}=\int_{R_1}^{R_2}\frac{\lambda}{2\pi\varepsilon_0 r}\mathrm{d}r=\frac{\lambda}{2\pi\varepsilon_0}\ln\frac{R_2}{R_1}$$

则
$$\lambda=\frac{U_{AB}2\pi\varepsilon_0}{\ln\frac{R_2}{R_1}}=\frac{450}{2\times 9\times 10^9\times\ln\frac{10}{3}}\ \mathrm{C/m}=2.08\times 10^{-8}\ \mathrm{C/m}$$

**5-15** 有两个半径均为 $a$,轴线间相距为 $l$ 的“无限长”直导线($l\gg 2a$),单位长度上所带电荷量分别为$+\lambda$ 和$-\lambda$,如图所示. 假设当 $l$ 相当大时,两导线表面上的电荷仍为均匀分布,试求这两导线的电势差.

**解** 设坐标原点在左边导线轴线上,$x$ 轴通过两导线并与之垂直. 在两导线之间,坐标为 $x$ 的任一点 $P$ 的电场强度为

$$E=\frac{\lambda}{2\pi\varepsilon_0 x}+\frac{\lambda}{2\pi\varepsilon_0(l-x)}$$

所以两导线间电势差为

$$U_{AB}=\int_a^{l-a}\left[\frac{\lambda}{2\pi\varepsilon_0 x}+\frac{\lambda}{2\pi\varepsilon_0(l-x)}\right]\mathrm{d}x$$

$$=\frac{\lambda}{2\pi\varepsilon_0}\left(\ln\frac{x}{l-x}\right)\Bigg|_a^{l-a}=\frac{\lambda}{\pi\varepsilon_0}\ln\frac{l-a}{a}$$

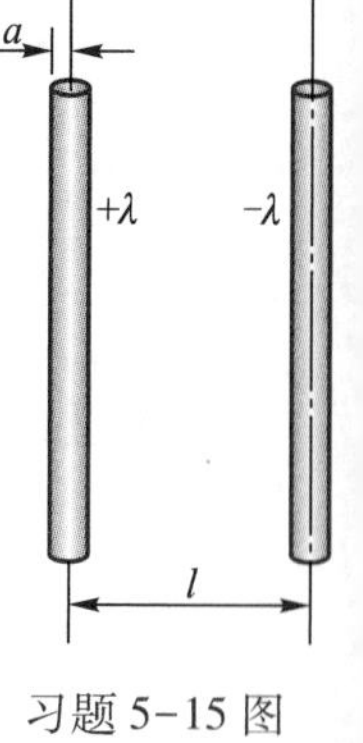

习题 5-15 图

**5-16** 长为 $l$ 的均匀带电直线,电荷线密度为 $\lambda$. 试求:

(1) 在直线延长线上到直线近端点距离为 $r$ 的 $P$ 点的电势;

(2) 由电场强度和电势的微分关系求 $P$ 点的电场强度.

**解** (1) 建立如图所示坐标系,在带电直线上取电荷元 $\mathrm{d}q=\lambda\mathrm{d}x$,它在 $P$ 点的电势为

$$\mathrm{d}V=\frac{\mathrm{d}q}{4\pi\varepsilon_0(r+l-x)}=\frac{\lambda\mathrm{d}x}{4\pi\varepsilon_0(r+l-x)}$$

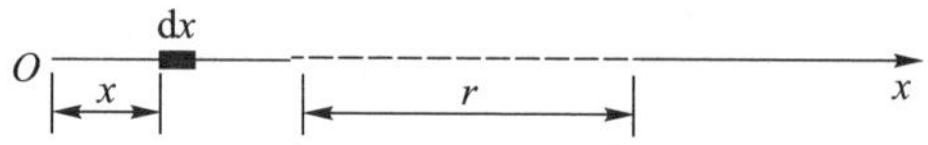

习题 5-16 图

则整个带电直线在 $P$ 点的电势为

$$U_P=\int_0^l\frac{\lambda\mathrm{d}x}{4\pi\varepsilon_0(r+l-x)}=\frac{\lambda}{4\pi\varepsilon_0}\ln\frac{r+l}{r}$$

(2) 电场强度与电势的微分关系为

$$E=-\frac{\mathrm{d}V}{\mathrm{d}r}$$

则
$$E=\frac{\lambda l}{4\pi\varepsilon_0 r(r+l)}$$

**5-17** 一半径为 $R$ 的均匀带电球体,其电荷体密度为 $\rho$. 求:

(1) 球外任一点的电势;

(2) 球表面上的电势;

（3）球内任一点的电势.

**解**　由高斯定理可求得球体内外的电场强度分布为

$$r\leqslant R, E_1=\frac{\rho r}{3\varepsilon_0}$$

$$r>R, E_2=\frac{\rho R^3}{3\varepsilon_0 r^2}$$

（1）$r>R$ 时有

$$V_r=\int_r^{\infty} E_2\mathrm{d}r=\int_r^{\infty}\frac{\rho R^3}{3\varepsilon_0 r^2}\mathrm{d}r=\frac{\rho R^3}{3\varepsilon_0 r}$$

（2）$r=R$ 时有

$$V_R=\frac{\rho R^3}{3\varepsilon_0 R}=\frac{\rho R^2}{3\varepsilon_0}$$

（3）$r<R$ 时有

$$V_r=\int_r^R E_1\mathrm{d}r+\int_R^{\infty} E_2\mathrm{d}r=\int_r^R\frac{\rho r}{3\varepsilon_0}\mathrm{d}r+U_R=\frac{\rho}{6\varepsilon_0}(3R^2-r^2)$$

**5-18**　已知导体球半径为 $R_1$，所带电荷量为 $q$. 有一中性导体球壳与导体球同心，内外半径分别为 $R_2$ 和 $R_3$，如图所示. 求：

（1）球壳上所带的电荷量和球壳电势；

（2）把球壳接地后再重新绝缘，求球壳上所带的电荷量及球壳的电势；

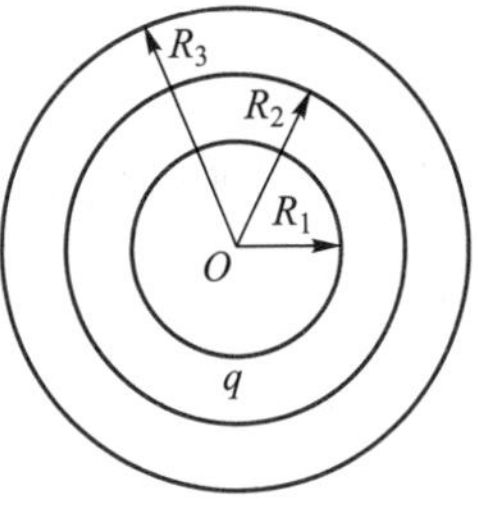

习题 5-18 图

**解**　（1）由于静电感应，球壳内表面所带电荷量为 $-q$，外表面带 $+q$. 球壳电势为

$$V_3=\int_{R_3}^{\infty}\boldsymbol{E}\cdot\mathrm{d}\boldsymbol{l}=\int_{R_3}^{\infty}\frac{q}{4\pi\varepsilon_0 r^2}\mathrm{d}r=\frac{q}{4\pi\varepsilon_0 R_3}$$

（2）内表面所带电荷量为 $-q$，外表面所带电荷量为零，球壳电势为

$$V_3=0$$

**5-19**　如图(a)所示，有三块相互平行的金属板面积均为 200 $\mathrm{cm}^2$. A 板带正电 $Q=3.0\times10^{-7}$ C，B 板和 C 板均接地，A 板和 B 板相距 4 mm，A 板和 C 板相距 2 mm. 求：

（1）B 板和 C 板上感应电荷；

（2）A 板电势.

**解**　（1）设 A 板两表面所带电荷量分别为 $q_1$ 和 $q_2$，如图(b)所示，其电荷面密度分别为

$$\sigma_1=\frac{q_1}{S},\quad \sigma_2=\frac{q_2}{S}$$

由于 B、C 板都接地，故　$$U_{\mathrm{AC}}=U_{\mathrm{AB}}$$

即　$$E_{\mathrm{AC}}d_{\mathrm{AC}}=E_{\mathrm{AB}}d_{\mathrm{AB}}$$

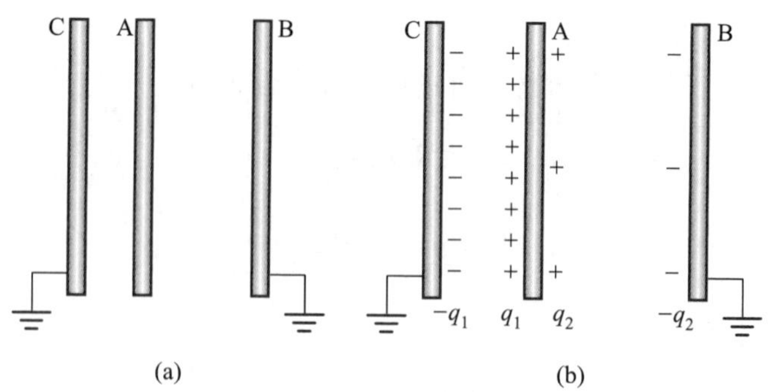


习题 5-19 图

写成 $$\frac{\sigma_1}{\varepsilon_0}d_{AC}=\frac{\sigma_2}{\varepsilon_0}d_{AB}$$

即 $$\frac{q_1}{\varepsilon_0 S}=\frac{2q_2}{\varepsilon_0 S}$$

求得 $$q_1=2q_2$$

又 $$q_1+q_2=Q$$

故 $$q_1=\frac{2}{3}Q$$

$$q_2=\frac{1}{3}Q$$

因此 C 板所带电荷量

$$q_C=-q_1=-\frac{2}{3}Q=-2.0\times10^{-7}\ \text{C}$$

$$q_B=-q_2=-\frac{1}{3}Q=-1.0\times10^{-7}\ \text{C}$$

（2） $$V_A=U_{AB}=E_{AB}d_{AB}=\frac{q_2}{\varepsilon_0 S}d_{AB}=\frac{Q}{3\varepsilon_0 S}d_{AB}=2.26\times10^{3}\ \text{V}$$

**5-20** 有两个半径分别为 $R_1$ 和 $R_2$ 的同心金属球壳，内球壳所带电荷量为 $Q_0$，紧靠其外面包一层半径为 $R$、相对电容率为 $\varepsilon_r$ 的电介质. 外球壳接地，如习题 5-20 图所示. 求：

（1）两球壳间的电场强度分布；

（2）两球壳的电势差；

（3）两球壳构成的电容器的电容.

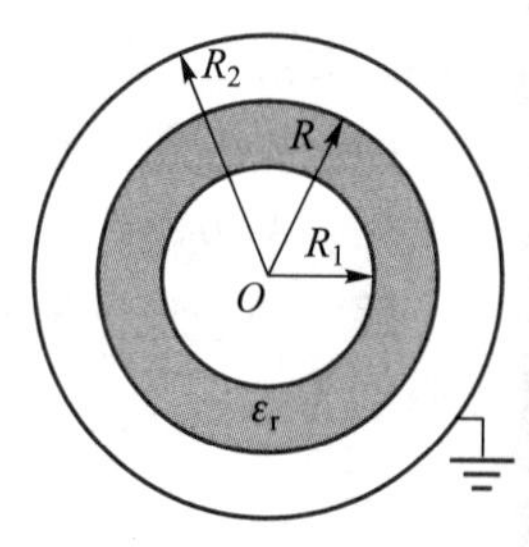


习题 5-20 图

**解** （1）$R_1<r<R$，由有电介质时的高斯定理可得

$$\oint_S \boldsymbol{D}\cdot d\boldsymbol{S}=Q_0$$

即 $$D\cdot 4\pi r^2=Q_0$$

求得

$$D=\frac{Q_0}{4\pi r^2}$$

$$E_1=\frac{D}{\varepsilon_0\varepsilon_r}=\frac{Q_0}{4\pi\varepsilon_0\varepsilon_r r^2}$$

（2）
$$\Delta U=\int \boldsymbol{E}\cdot \mathrm{d}\boldsymbol{l}=\int_{R_1}^{R}E_1\mathrm{d}r+\int_{R}^{R_2}E_2\mathrm{d}r$$

$$=\int_{R_1}^{R}\frac{Q_0}{4\pi\varepsilon_0\varepsilon_r r^2}\mathrm{d}r+\int_{R}^{R_2}\frac{Q_0}{4\pi\varepsilon_0 r^2}\mathrm{d}r$$

$$=\frac{Q_0}{4\pi\varepsilon_0\varepsilon_r}\left(\frac{1}{R_1}+\frac{\varepsilon_r-1}{R}-\frac{\varepsilon_r}{R_2}\right)$$

（3）
$$C=\frac{Q_0}{\Delta U}=\frac{4\pi\varepsilon_0\varepsilon_r RR_1R_2}{R_2(R-R_1)+\varepsilon_r R_1(R_2-R)}$$

**5-21**　如习题 5-21 图所示，两同轴无限长圆柱面，半径分别为 $R_1$ 和 $R_2$，内外圆柱面分别均匀带等量异号电荷，内柱面单位长度上所带电荷量为$+\lambda$，外柱面单位长度上所带电荷量为$-\lambda$，两柱面间充满相对电容率为 $\varepsilon_r$ 的均匀电介质. 求：

（1）离轴线距离为 $r(R_1<r<R_2)$ 处电场强度；

（2）内外柱面电势差.

**解**　（1）以 $r$ 为半径，作一长为 $l$ 的同轴柱面为高斯面，则

$$\oint_S \boldsymbol{D}\cdot \mathrm{d}\boldsymbol{S}=\sum q_i$$

即
$$D\cdot 2\pi rl=\lambda l$$

$$D=\frac{\lambda}{2\pi r}$$

$$E=\frac{D}{\varepsilon_0\varepsilon_r}=\frac{\lambda}{2\pi\varepsilon_0\varepsilon_r r}$$

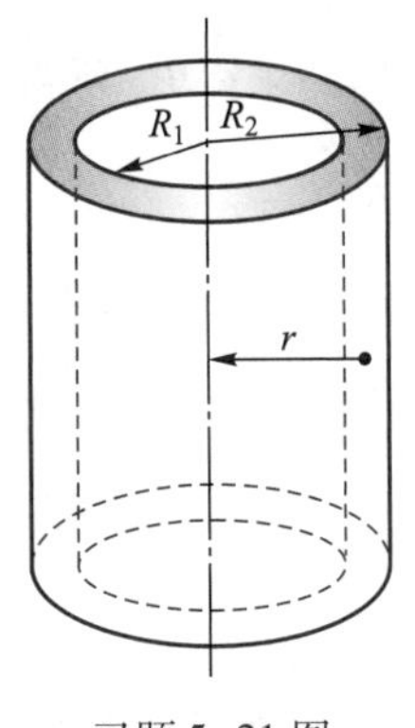

习题 5-21 图

方向沿径向向外.

（2）
$$\Delta U=\int_{R_1}^{R_2}E_1\mathrm{d}r=\int_{R_1}^{R_2}\frac{\lambda}{2\pi\varepsilon_0\varepsilon_r r}\mathrm{d}r=\frac{\lambda}{2\pi\varepsilon_0\varepsilon_r}\ln\frac{R_2}{R_1}$$

**5-22**　两个半径相同的金属球，其中一个是实心的，另一个是空心的，电容是否相同？如果把地球看作半径为 6 400 km 的球形导体，试计算其电容.

**解**　对于半径为 $R$ 的金属球，不论是实心还是空心，当所带电荷量为 $q$ 时，其电势为

$$V=\frac{q}{4\pi\varepsilon_0 R}$$

电容
$$C=\frac{q}{V}=4\pi\varepsilon_0 R$$

所以实心球和空心球的电容是相同的. 对于地球，代入数据得

$$C=712\ \mu\mathrm{F}$$

**5-23** 如图所示,$C_1=10\ \mu F$,$C_2=5.0\ \mu F$,$C_3=5.0\ \mu F$.

(1) 求 $A$、$B$ 间的电容.

(2) 在 $A$、$B$ 间加上 100 V 的电压,试计算 $C_2$ 上的电荷量和电压.

(3) 如果 $C_1$ 被击穿,问 $C_3$ 上的电荷量和电压各为多少?

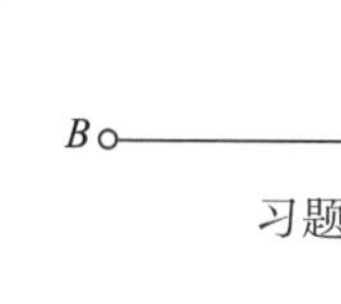

习题 5-23 图

**解** (1)
$$\frac{1}{C_{AB}}=\frac{1}{C_1+C_2}+\frac{1}{C_3}$$

求得
$$C_{AB}=3.75\ \mu F$$

(2) 总电荷量

$$Q=C_{AB}U_{AB}=3.75\times10^{-6}\times100\ C=3.75\times10^{-4}\ C$$

$C_1$ 和 $C_2$ 并联,故

$$\frac{Q_1}{C_1}=\frac{Q_2}{C_2}$$

即
$$Q_1=2Q_2$$

又
$$Q_1+Q_2=Q$$

因此求得 $C_2$ 所带电荷量为

$$Q_2=\frac{1}{3}Q=1.25\times10^{-4}\ C$$

$C_2$ 上的电压为

$$U_2=\frac{Q_2}{C_2}=25\ V$$

(3)
$$U_3=U_{AB}=100\ V$$
$$Q_3=C_3U_3=5\times10^{-6}\times100\ C=5\times10^{-4}\ C$$

**5-24** 某电介质的相对电容率为 2.8,击穿电场强度为 $18\times10^6$ V/m,如果用它来作平行板电容器的电介质,要做电容为 0.047 μF、耐压为 4.0 kV 的电容器,电容器的极板面积至少要多大.

**解** 电容器不被击穿的条件为

$$E\leqslant E_b$$

即
$$E_m=E_b$$

由 $E=\frac{U}{d}$ 可得电容器两极板间的最小距离为

$$d=\frac{U_m}{E_m}=2.22\times10^{-4}\ m$$

由 $C=\frac{\varepsilon_0\varepsilon_r S}{d}$ 可得极板的最小面积为

$$S=\frac{Cd}{\varepsilon_0\varepsilon_r}=0.42\ m^2$$

**5-25**　晴天时地球表面上空的电场强度约为 100 V/m.

（1）此电场的能量密度多大?

（2）假设地球表面以上 10 km 范围内的电场强度大小相同,求此范围内所储存的电场能量.

**解**　（1）

$$w_e=\frac{1}{2}\varepsilon_0E^2=4.4\times10^{-8}\ \mathrm{J/m^3}$$

（2）

$$\begin{aligned}W&=\left[\frac{4}{3}\pi(R+h)^3-\frac{4}{3}\pi R^3\right]w_e\\&=\frac{4}{3}\pi[(R+h)^3-R^3]w_e\\&=7.6\times10^5\ \mathrm{J}\end{aligned}$$

式中 $R=6\ 370$ km,为地球半径.

**5-26**　两个相同的空气电容器,电容都是 $9.0\times10^{-10}$ F,都充电到 900 V,然后断开电源,把其中一个浸入煤油(相对电容率 $\varepsilon_r=2$)中,再把这两个电容器并联. 求:

（1）浸入煤油过程中的能量损失;

（2）并联过程中的能量损失.

**解**　（1）浸入煤油后,电容增加为原来 $\varepsilon_r$ 倍,即 $C=\varepsilon_rC_0=2C_0$,而电荷量不变. 能量损失

$$\begin{aligned}\Delta W&=\frac{Q^2}{2C_0}-\frac{Q^2}{2C}=\frac{Q^2}{2C_0}\left(1-\frac{1}{2}\right)\\&=\frac{Q^2}{4C_0}=\frac{(C_0U_0)^2}{4C_0}=\frac{1}{4}C_0U_0^2\\&=\frac{1}{4}\times9\times10^{-10}\times900^2\ \mathrm{J}\\&=1.82\times10^{-4}\ \mathrm{J}\end{aligned}$$

（2）若将两电容器并联,则要发生电荷转移,但电荷总量不变,仍为 $2Q$,并联后总电容

$$C_{总}=C+C_0=C_0(\varepsilon_r+1)$$

两电容器并联后总能量为

$$W'=\frac{(2Q)^2}{2C_{总}}=\frac{4Q^2}{2(\varepsilon_r+1)C_0}$$

并联后能量损失为

$$\begin{aligned}\Delta W'&=(W+W_0)-W'\\&=\left(\frac{Q^2}{2C}+\frac{Q^2}{2C_0}\right)-\frac{4Q^2}{2(\varepsilon_r+1)C_0}\\&=\frac{Q^2}{C_0}\left(\frac{1}{4}+\frac{1}{2}-\frac{2}{3}\right)\\&=\frac{1}{12}C_0U_0^2\end{aligned}$$

$$=6.1\times10^{-5}\ \text{J}$$

**5-27** 在电容率为 $\varepsilon$ 的无限大的均匀电介质中,有一半径为 $R$ 的导体球,所带电荷量为 $Q$,求电场的能量.

**解** 由有电介质时的高斯定理可知

$$D=\begin{cases}0 & r<R\\ \dfrac{Q}{4\pi r^2} & r>R\end{cases}$$

由 $\boldsymbol{D}=\varepsilon\boldsymbol{E}$ 可得

$$E=\begin{cases}0 & r<R\\ \dfrac{Q}{4\pi\varepsilon r^2} & r>R\end{cases}$$

$$\mathrm{d}W_e=w_e\mathrm{d}V=\frac{1}{2}DE4\pi r^2\mathrm{d}r=\frac{Q^2}{8\pi\varepsilon}\frac{\mathrm{d}r}{r^2}$$

$$W_e=\int_0^\infty \mathrm{d}W_e=\int_R^\infty \frac{Q^2}{8\pi\varepsilon r^2}\mathrm{d}r=\frac{Q^2}{8\pi\varepsilon R}$$

## 五、本章自测

### (一)选择题

**5-1** 半径分别为 $R$ 及 $r$ 的两个球形导体($R>r$),用一根很长的细导线将它们连接起来,使两个导体带电,电势为 $V$,则两球表面电荷面密度比 $\dfrac{\sigma_{大球}}{\sigma_{小球}}$ 为(　　).

(A) $\dfrac{R}{r}$;　　(B) $\dfrac{r}{R}$;　　(C) $\dfrac{R^2}{r^2}$;　　(D) $\dfrac{r^2}{R^2}$

**5-2** 将一带负电的物体 M 靠近一不带电的导体 N,在 N 左端感应出正电荷,右端感应出负电荷. 若将导体 N 的左端接地,如自测题 5-2 图所示,则(　　).

(A) N 上的负电荷入地;　　(B) N 上的正电荷入地;

(C) N 上的所有电荷入地;　　(D) N 上的所有感应电荷入地

**5-3** 如自测题 5-3 图所示,半径为 $R$ 的半球面置于电场强度为 $\boldsymbol{E}$ 的均匀电场中,选半球面的外法线为面法线正方向,则通过该半球面的电场强度通量为(　　).

(A) $\pi R^2E$;　　(B) 0;　　(C) $3\pi R^2E$;　　(D) $-\pi R^2E$

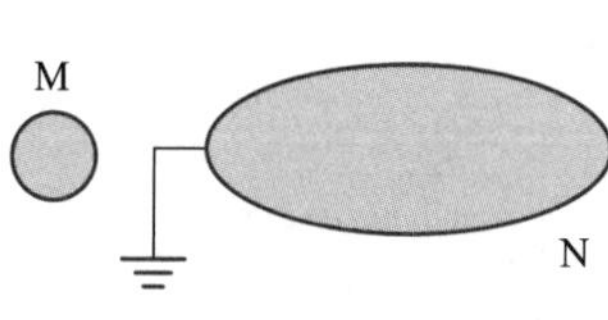

自测题 5-2 图

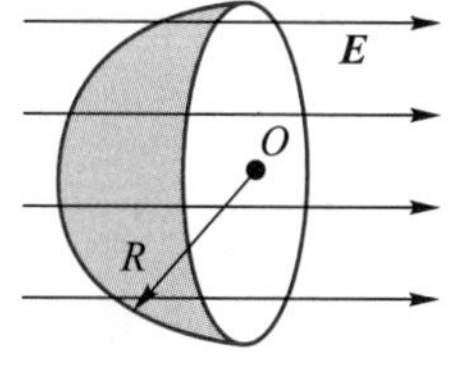

自测题 5-3 图

**5-4**　真空中两平行带电平板相距为 $d$(很小),面积为 $S$,电荷量分别为 $+Q$ 和 $-Q$,则两板间相互作用力大小(忽略边缘效应)为(　　).

(A) $\dfrac{Q^2}{4\pi\varepsilon_0 d^2}$;　(B) $\dfrac{Q^2}{\varepsilon_0 S}$;　(C) $\dfrac{2Q^2}{\varepsilon_0 S}$;　(D) $\dfrac{Q^2}{2\varepsilon_0 S}$

**5-5**　有一半径为 $R$ 的金属球壳,其内部充满相对电容率为 $\varepsilon_r$ 的均匀电介质,球壳外部是真空. 当球壳上均匀带有电荷 $Q$ 时,则此球壳上面的电势为(　　).

(A) $\dfrac{Q}{4\pi\varepsilon_0\varepsilon_r R}$;　(B) $\dfrac{Q}{4\pi\varepsilon_r R}$;　(C) $\dfrac{Q}{4\pi\varepsilon_0 R}$;　(D) $\dfrac{Q}{4\pi R}\left(\dfrac{1}{\varepsilon_0}-\dfrac{1}{\varepsilon_r}\right)$

(二) 填空题

**5-6**　一点电荷 $q=10^{-9}$ C,与 $A$、$B$、$C$ 三点的距离分别为 10 cm、20 cm、30 cm. 若选 $B$ 点为电势零点,则 $A$ 点的电势为________,$C$ 点的电势为________.

**5-7**　在电容为 $C_0$ 的空气平行板电容器中,平行地插入一厚度为两极板间距一半的金属板,则电容器的电容 $C$ 变为________.

**5-8**　将一个均匀带电(电荷量为 $Q$)的球形肥皂泡,半径由 $r_1$ 吹至 $r_2$,则半径为 $R(r_1<R<r_2)$ 的高斯面上任意一点的电场强度大小由 $\dfrac{Q}{4\pi\varepsilon_0 R^2}$ 变为________,电势由 $\dfrac{Q}{4\pi\varepsilon_0 R}$ 变为________;通过这个高斯面的电场强度通量由 $\dfrac{Q}{q_0}$ 变为________.

**5-9**　一平行板电容器,充电后切断电源,然后使两极板间充满相对电容率为 $\varepsilon_r$ 的各向同性均匀电介质. 此时两极板间的电场强度是原来的________倍;电场能量是原来的________倍.

**5-10**　一边长为 $a$ 的等边三角形,其三个顶点分别放置着电荷量为 $q$、$2q$、$3q$ 的三个正点电荷,若将一电荷为 $Q$ 的正点电荷从无限远处移至三角形的中心 $O$ 处,则外力需做功 $A=$________.

(三) 计算题

**5-11**　一段半径为 $a$ 的细圆弧,对圆心的张角为 $\theta_0$,带有均匀分布的正电荷 $q$,求圆心 $O$ 点处的电场强度和电势.

**5-12**　两个同心球面,半径分别为 $R$ 和 $3R$,分别带有均匀的正电荷 $Q$ 和 $1.5Q$,求下列情况下离球心分别为 $2R$ 和 $5R$ 处点的电势和这两点的电势差.

(1) 以无限远处为电势零点;

(2) 以小球表面为电势零点.

**5-13**　一平行板电容器里有两层均匀电介质,其相对电容率分别为 $\varepsilon_{r_1}=4.00$, $\varepsilon_{r_2}=2.00$,其厚度分别为 $d_1=2.00$ mm,$d_2=3.00$ mm,极板面积均为 $S=50\ \text{cm}^2$,极板间电压均为 $U=200$ V,求:

(1) 每层电介质中的电场强度;

(2) 每层电介质中储存的电场能量.

**5-14**　如图所示,两个点电荷 $Q_1$、$Q_2$ 相距为 $a$,$A$ 点距 $Q_1$ 为 $b$,$B$ 点距 $Q_2$ 亦为 $b$.

(1) 将另一点电荷 $q$ 从无穷远处移到 $A$ 点,电场力做功为多少? 电势能增加多少?

(2) 将 $q$ 从 $A$ 点移到 $B$ 点,电场力做功为多少? 电势能增加多少?

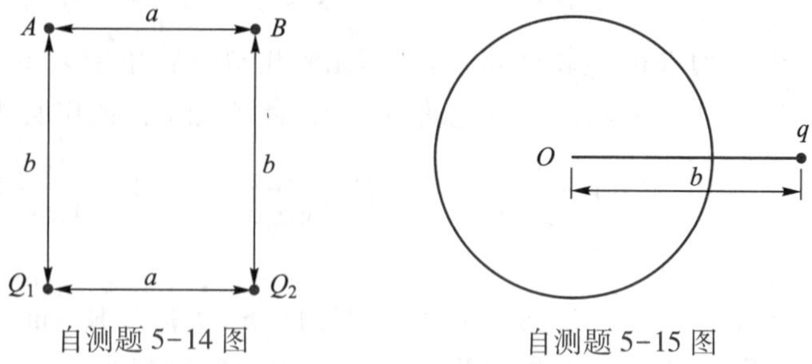

自测题 5-14 图　　　　自测题 5-15 图

第五章本章自测参考答案

**5-15** 点电荷 $q$ 离中性导体球 $A$ 的球心距离为 $b$,如图所示,求导体球 $A$ 的电势.

# 第六章

# 恒定磁场

## 一、本章要点

1. 磁感应强度和磁通量的定义及表达式.
2. 毕奥-萨伐尔定律及其应用.
3. 真空中磁场的高斯定理与磁场的安培环路定理的内容及应用.
4. 磁场对载流导线和运动电荷的表达式,计算安培力和洛伦兹力.

## 二、主要内容

**1. 描述磁场的物理量**

**(1) 磁感应强度 $\boldsymbol{B}$**

大小
$$B=\frac{F_{\max}}{qv}$$

方向沿运动电荷不受力的方向(即小磁针静止在磁场中时 N 极所指的方向).

**(2) 磁通量**

通过磁场中某一给定面的磁感应线的条数

**均匀磁场** $$\Phi=\boldsymbol{B}\cdot\boldsymbol{S}$$

**非均匀磁场** $$\Phi=\int_S\boldsymbol{B}\cdot\mathrm{d}\boldsymbol{S}$$

**2. 两条基本定理**

**(1) 磁场的高斯定理**

$$\oint_S\boldsymbol{B}\cdot\mathrm{d}\boldsymbol{S}=0$$

表明磁场是无源场,磁感应线是无头无尾的闭合曲线.

**(2) 磁场的安培环路定理**

$$\oint_L\boldsymbol{B}\cdot\mathrm{d}\boldsymbol{l}=\mu_0\sum_{i=1}^{n}I_i$$

表明磁场是非保守场,不能引进势能的概念.

**3. 磁感应强度的计算方法**

**(1) 利用毕奥-萨伐尔定律求 $\boldsymbol{B}$**

$$\mathrm{d}\boldsymbol{B}=\frac{\mu_0}{4\pi}\frac{I\mathrm{d}\boldsymbol{l}\times\boldsymbol{e}_r}{r^2}$$

大小:
$$\mathrm{d}B=\frac{\mu_0}{4\pi}\frac{I\mathrm{d}l\sin\theta}{r^2}$$

方向由右手螺旋定则确定.

**(2) 利用磁场的安培环路定理求 $\boldsymbol{B}$**

$$\oint_L\boldsymbol{B}\cdot\mathrm{d}\boldsymbol{l}=\mu_0\sum_{i=1}^{n}I_i$$

这种方法只有在磁场分布具有高度对称性时才适用.

（3）**利用典型载流导线的磁场求 $\boldsymbol{B}$**

**载流直导线**　$B=\dfrac{\mu_0 I}{4\pi a}(\cos\theta_1-\cos\theta_2)$（$a$ 为场点到导线的垂直距离）

**无限长载流直导线**　$B=\dfrac{\mu_0 I}{2\pi a}$（$a$ 为场点到导线的垂直距离）

**载流圆弧的圆心**　$B=\dfrac{\mu_0 I\theta}{4\pi R}$（$\theta$ 为圆弧所对圆周角）

**无限长载流直螺线管**　$B=\mu_0 nI$

磁感应强度 $\boldsymbol{B}$ 的方向均由右手螺旋定则确定.

**注意**:利用以上公式求磁感应强度 $\boldsymbol{B}$ 的大小在实际解题中用得最多.

（4）**运动电荷产生的 $\boldsymbol{B}$**

$$\boldsymbol{B}=\frac{\mu_0}{4\pi}\frac{q\boldsymbol{v}\times\boldsymbol{e}_r}{r^2}$$

大小:
$$B=\frac{\mu_0}{4\pi}\frac{qv\sin\theta}{r^2}$$

方向由右手螺旋定则确定.

4. **磁场对载流导线和运动电荷的作用**

（1）**磁场对载流导线的磁场力称为安培力**

$$\mathrm{d}\boldsymbol{F}=I\mathrm{d}\boldsymbol{l}\times\boldsymbol{B}$$

大小:
$$\mathrm{d}F=I\mathrm{d}lB\sin\theta$$

方向由右手螺旋定则确定.

（2）**磁场对运动电荷的作用力称为洛伦兹力**

$$\boldsymbol{F}=q\boldsymbol{v}\times\boldsymbol{B}$$

大小:
$$F=qvB\sin\theta$$

方向由右手螺旋定则确定.

当 $\boldsymbol{v}/\!/\boldsymbol{B}$ 时,粒子做匀速直线运动;

当 $\boldsymbol{v}\perp\boldsymbol{B}$ 时,粒子做匀速圆周运动,半径及周期分别为

$$R=\frac{mv_0}{qB},\quad T=\frac{2\pi m}{qB}$$

当 $\boldsymbol{v}$ 与 $\boldsymbol{B}$ 成 $\theta$ 角时,粒子做等螺距的螺旋运动,半径、螺距和回转周期分别为

$$R=\frac{mv\sin\theta}{qB},\quad h=\frac{2\pi m}{qB}v\cos\theta,\quad T=\frac{2\pi m}{qB}$$

（3）**磁场对载流线圈作用的力矩称为磁力矩**

$$\boldsymbol{M}=\boldsymbol{m}\times\boldsymbol{B}\quad(\boldsymbol{m}=NI\boldsymbol{S})$$

大小:
$$M=mB\sin\theta$$

方向由右手螺旋定则确定.

（4）**磁场对载流导线(或载流线圈)所做的功为**

$$A=I\Delta\Phi$$

**5. 磁场中的磁介质**

磁介质置于磁场中被磁化,磁介质表面出现磁化电流.

**(1) 磁介质中的磁感应强度**

$$\boldsymbol{B}=\mu_r\boldsymbol{B}_0(\boldsymbol{B}_0 \text{ 为真空中的磁感应强度})$$

$\mu_r>1$ 的材料称为顺磁质,$\mu_r<1$ 的材料称为抗磁质,$\mu_r\gg1$ 的材料称为铁磁质.

**(2) 有磁介质时的高斯定理**

$$\oint_S \boldsymbol{B}\cdot \mathrm{d}\boldsymbol{S}=0$$

上式表明磁介质中的磁场仍然是无源场.

**(3) 有磁介质时的安培环路定理**

$$\oint_L \boldsymbol{H}\cdot \mathrm{d}\boldsymbol{l}=\sum_{i=1}^{n} I_i \quad \left(\boldsymbol{H}=\frac{\boldsymbol{B}}{\mu}=\frac{\boldsymbol{B}}{\mu_0\mu_r}\right)$$

上式表明磁介质中的磁场仍然是非保守场.

## 三、解题方法

本章习题分为 5 种类型.

**1. 组合载流导体的磁感应强度**

求解这一类习题的步骤为:(1) 利用典型载流导线的磁场公式求出不同形状载流导体的磁感应强度;(2) 应用磁感应强度叠加原理求得组合载流导体的磁感应强度.

**例 6-1** 将通有电流的导线弯成如图(a)所示形状,则 $O$ 点的磁感应强度 $B$ 的大小为多少?方向如何?

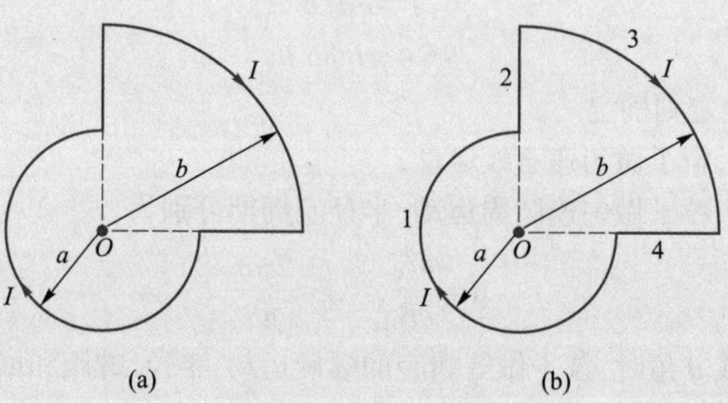


例 6-1 图

**解** 载流线圈可视为由四部分组成,如图(b)所示,两段圆弧和两段载流直导线,根据载流直导线和圆弧导线产生的磁场公式可计算出各段载流导线在 $O$ 点的磁感应强度,然后求矢量和,得到 $O$ 点总的磁感应强度.

载流圆弧 1 在 $O$ 点的磁感应强度为

$$B_1=\frac{3}{4}\,\frac{\mu_0 I}{2\pi a}(\text{方向垂直纸面向里})$$

载流直导线 2 和 4 在 $O$ 点的磁感应强度均为零,即

$$B_2=B_4=0$$

载流圆弧 3 在 $O$ 点的磁感应强度为

$$B_3=\frac{1}{4}\frac{\mu_0 I}{2\pi b}\text{(方向垂直纸面向里)}$$

所以 $O$ 点磁感应强度为

$$B=B_1+B_2+B_3+B_4=\frac{\mu_0 I}{8\pi}\left(\frac{3}{a}+\frac{1}{b}\right)\text{(方向垂直纸面向里)}$$

**2. 分布高度对称的电流的磁感应强度**

求解这一类习题的步骤为:(1) 分析磁场的对称性;(2) 选择适当的闭合回路(所选回路必须通过待求磁感应强度的那一点);回路上各点 $\boldsymbol{B}$ 的大小相等,方向与回路上该点的切线方向一致(或者回路上一部分满足上述条件,而其他部分的 $\boldsymbol{B}$ 与回路垂直);(3) 求出闭合回路的电流;(4) 根据磁场的安培环路定理求解.

**例 6-2**　一同轴电缆的横截面如图所示.两导体的电流均为 $I$,且都均匀分布在横截面上,但电流方向相反.求磁感应强度 $\boldsymbol{B}$ 的大小.

**解**　设电流由外层流入,内层流出. 由对称性分析可知,磁感应线是圆心在电缆轴线上的同心圆,圆上各点的磁感应强度大小相等. 以 $O$ 为圆心,$r$ 为半径取环路,由磁场的安培环路定理得

$$\oint_L \boldsymbol{B}\cdot \mathrm{d}\boldsymbol{l}=\mu_0\sum I_i$$

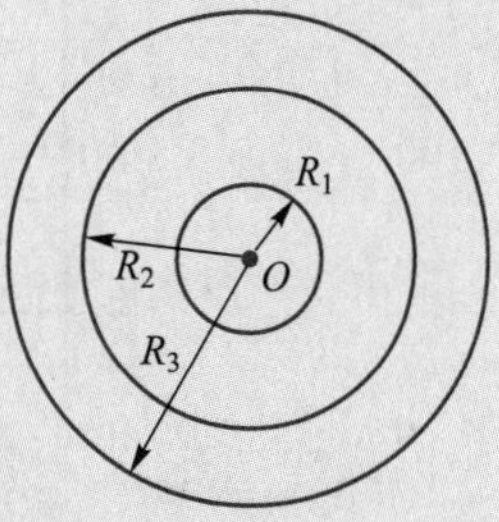

解得

$$B=\frac{\mu_0}{2\pi r}\sum I_i$$

例 6-2 图

当 $r<R_1$ 时,有

$$\sum I_i=\sigma\pi r^2=I\frac{r^2}{R_1^2}$$

故

$$B_1=\frac{\mu_0 I}{2\pi R_1^2}r$$

当 $R_1<r<R_2$ 时,有

$$\sum I_i=I$$

故

$$B_2=\frac{\mu_0 I}{2\pi r}$$

当 $R_2<r<R_3$ 时,有

$$\sum I_i=I-\frac{I\pi(r^2-R_2^2)}{\pi(R_3^2-R_2^2)}=\frac{I(R_3^2-r^2)}{R_3^2-R_2^2}$$

故
$$B_3=\frac{\mu_0 I(R_3^2-r^2)}{2\pi(R_3^2-R_2^2)r}$$

当 $r>R_3$ 时,有
$$\sum I_i=0$$
故
$$B_4=0$$

3. **载流导线在磁场中受力情况的计算**

求解这一类习题的步骤为:(1) 在载流导线上取电流元 $I\mathrm{d}\boldsymbol{l}$,求出 $I\mathrm{d}\boldsymbol{l}$ 在磁场中所受安培力的大小并在图上画出力的方向;(2) 建立合适坐标系,写出电流元受力 $\mathrm{d}\boldsymbol{F}$ 的分量式;(3) 统一变量,确定积分上、下限,求出安培力在各坐标轴上的分量;(4) 求出 $\boldsymbol{F}$ 的大小和方向.

**例 6-3** 在通有电流为 $I_1$ 的长直导线旁,有一段与长直导线共面、长为 $l$ 的导线 $MN$,且通有电流 $I_2$,位置如图(a)所示,求导线 $MN$ 所受安培力的大小和方向.

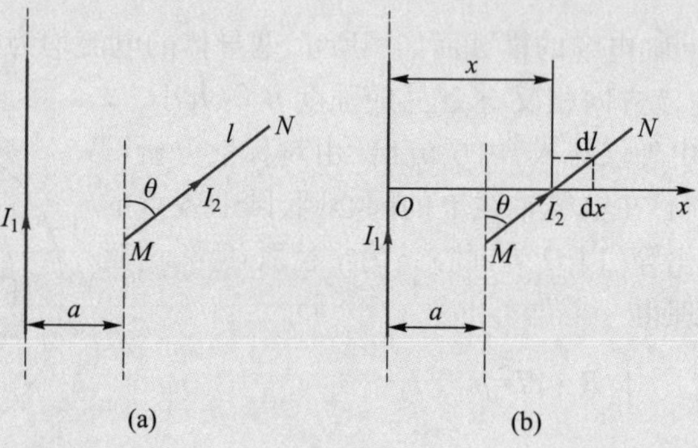


例 6-3 图

**解** 如图(b)所示,在导线 $MN$ 上取电流元 $I_2\mathrm{d}l$,设其距长直导线的垂直距离为 $x$,长直电流 $I_1$ 在该处激发的磁感应强度为
$$B=\frac{\mu_0 I_1}{2\pi x}$$
方向垂直纸面向里.

电流元所受的安培力大小为
$$\mathrm{d}F=I_2B\mathrm{d}l=I_2\frac{\mu_0 I_1}{2\pi x}\mathrm{d}l=\frac{\mu_0 I_1 I_2}{2\pi x}\frac{\mathrm{d}x}{\sin\theta}$$
各电流元 $I\mathrm{d}\boldsymbol{l}$ 受力方向相同,所以整个导线所受的安培力为
$$F=\int_a^{a+l\sin\theta}\frac{\mu_0 I_1 I_2}{2\pi x}\frac{\mathrm{d}x}{\sin\theta}=\frac{\mu_0 I_1 I_2}{2\pi\sin\theta}\int_a^{a+l\sin\theta}\frac{\mathrm{d}x}{x}$$
$$=\frac{\mu_0 I_1 I_2}{2\pi\sin\theta}\ln\frac{a+l\sin\theta}{a}$$
方向垂直导线 $MN$ 向上.

4. **带电粒子在磁场中受力情况的计算**

求解这一类习题只要注意公式 $\boldsymbol{F}=q\boldsymbol{v}\times\boldsymbol{B}$ 中的 $\boldsymbol{v}$ 及 $\boldsymbol{B}$ 均是场点的速度与磁感应强度，然后再代入公式求解.

**例 6-4** 如图所示，两个运动的点电荷在 $t$ 时刻相距为 $r$，$q_1$ 的速度 $\boldsymbol{v}_1$ 与 $r$ 垂直，$q_2$ 的速度 $\boldsymbol{v}_2$ 沿着 $r$，分别求两个点电荷所受的洛伦兹力.

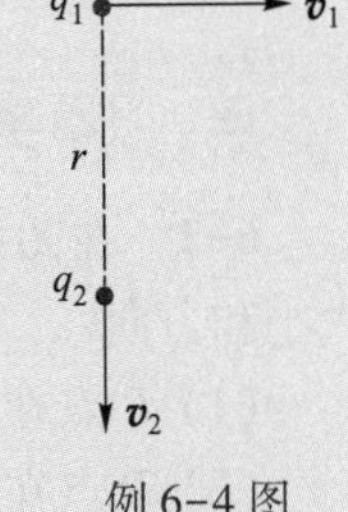

例 6-4 图

**解** 运动电荷产生磁场，磁场对运动电荷有作用力. $q_2$ 在 $q_1$ 处所产生的磁场的大小为

$$B_{12}=\frac{\mu_0 q_2 v_2 \sin 0}{4\pi r^2}=0$$

所以 $q_1$ 所受的洛伦兹力为

$$F_{12}=0$$

$q_1$ 在 $q_2$ 处所产生的磁感应强度大小为

$$B_{21}=\frac{\mu_0 q_1 v_1 \sin \dfrac{\pi}{2}}{4\pi r^2}=\frac{\mu_0 q_1 v_1}{4\pi r^2}$$

其方向垂直纸面向里. 所以 $q_2$ 所受的洛伦兹力

$$F_{21}=B_{21} q_2 v_2 \sin \frac{\pi}{2}=B_{21} q_2 v_2=\frac{\mu_0 q_1 v_1 q_2 v_2}{4\pi r^2}$$

其方向垂直 $r$ 指向右.

5. **磁介质中磁场的计算**

求解这一类习题的方法与真空中磁场的安培环路定理相同，只是直接用有磁介质时的安培环路定理求出的物理量是磁场强度 $\boldsymbol{H}$. 当磁介质为均匀各向同性磁介质时，利用公式 $\boldsymbol{B}=\mu\boldsymbol{H}$ 求 $\boldsymbol{B}$.

**例 6-5** 在以硅钢为材料做成的环形铁芯上密绕有 500 匝的单层线圈. 设铁芯中心周长（即平均周长）为 0.55 m. 当线圈中通以一定电流时，测得铁芯中的磁感应强度为 1 T，磁场强度为 3 A/cm. 求：

（1）线圈中的电流；

（2）硅钢的相对磁导率.

**解** 由于本题螺绕环线圈电流分布具有对称性，因而可用有磁介质时的安培环路定理来求解.

（1）选中心周长为积分回路，根据有磁介质时的安培环路定理有

$$\oint_L \boldsymbol{H}\cdot \mathrm{d}\boldsymbol{l}=H\cdot 2\pi R=NI$$

解之得线圈电流为

$$I=\frac{2\pi RH}{N}=\frac{0.55\times 3\times 100}{500}\ \mathrm{A}=0.33\ \mathrm{A}$$

（2）由 $\boldsymbol{H}$ 的定义式得

$$\mu=\mu_0\mu_r=\frac{B}{H}$$

解得硅钢的相对磁导率为

$$\mu_r=\frac{B}{\mu_0 H}=\frac{1}{4\pi\times10^{-7}\times3\times100}=2.65\times10^3$$

四、习题略解

**6-1** 在图中标出的 $I$、$a$、$r$ 为已知量,求以下几种情况下 $P$ 点的磁感应强度的大小和方向.

（1）$P$ 点在水平导线的延长线上[见图(a)];

（2）$P$ 点在半圆中心处[见图(b)];

（3）$P$ 点在正三角形中心[见图(c)].

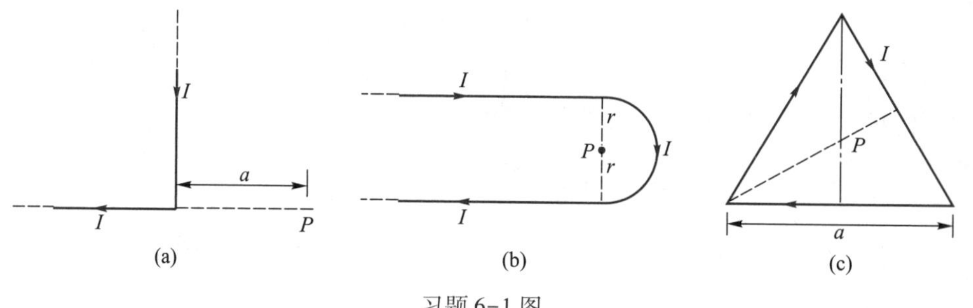


习题 6-1 图

**解** （1）$P$ 点的磁感应强度为

$$B=\frac{\mu_0 I}{4\pi a}(\cos 0°-\cos 90°)=\frac{\mu_0 I}{4\pi a}$$

方向垂直纸面向外.

（2）$P$ 点的磁感应强度为

$$B=\frac{\mu_0 I}{2\pi r}+\frac{\mu_0 I}{4r}$$

方向垂直纸面向里.

（3）$P$ 点的磁感应强度为

$$B=\frac{3\mu_0 I}{4\pi\cdot\dfrac{a}{2}\tan 30°}(\cos 30°-\cos 150°)=\frac{9\mu_0 I}{2\pi a}$$

方向垂直纸面向里.

**6-2** 如图所示,在由圆弧形导线 $ACB$ 和直导线 $BA$ 组成的回路中通有电流 $I$,计算 $O$ 点的磁感应强度(图中标出的 $R$、$\varphi$ 为已知量).

**解** 磁感应强度大小为

$$B=\frac{\mu_0 I(2\pi-\varphi)}{4\pi R}+\frac{\mu_0 I}{4\pi\cdot R\cos\frac{\varphi}{2}}\cdot 2\sin\frac{\varphi}{2}$$

$$=\frac{\mu_0 I}{4\pi R}\left(2\pi-\varphi+2\tan\frac{\varphi}{2}\right)$$

方向垂直纸面向里.

**6-3** 如图所示的纸平面内,一无限长载流直导线弯成两个半径分别为 $R_1$ 和 $R_2$ 的同心半圆,当导线内通有电流 $I$ 时,试求圆心 $O$ 点的磁感应强度 $\boldsymbol{B}$.

**解** 磁感应强度大小为

$$B=\frac{\mu_0 I}{4R_1}+\frac{\mu_0 I}{4R_2}-\frac{\mu_0 I}{4\pi R_2}$$

方向垂直纸面向里.

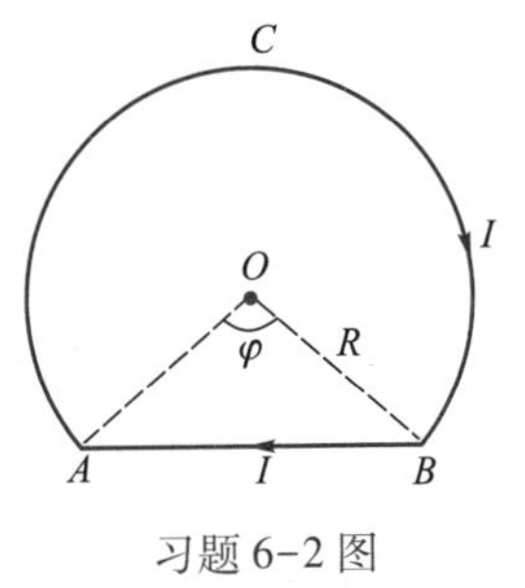

习题 6-2 图

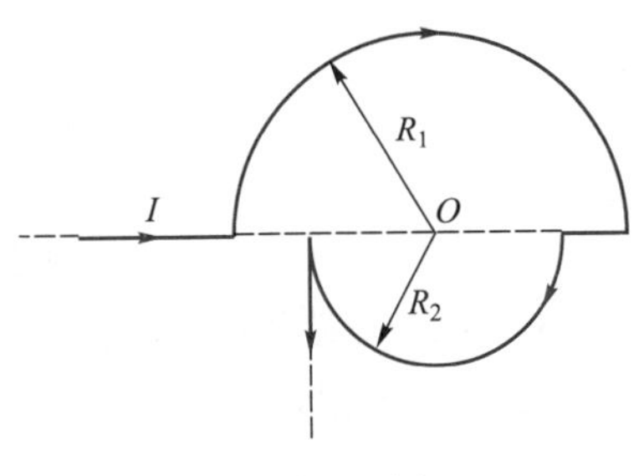

习题 6-3 图

**6-4** 一宽为 $a$ 的无限长金属薄片,均匀地通有电流 $I$,$P$ 点与薄片在同一平面内,离薄片近边的距离为 $b$,如图所示,试求 $P$ 点的磁感应强度.

**解** 建立如图所示坐标系,取薄金属板上宽度为 $\mathrm{d}x$ 的长直电流元 $\mathrm{d}I=\frac{I\mathrm{d}x}{a}$,该电流元在 $P$ 点激发的磁感应强度大小为

$$\mathrm{d}B=\frac{\mu_0 \mathrm{d}I}{2\pi x}$$

方向垂直纸面向外. 因所有长直电流在点 $P$ 激发的磁感应强度方向均相同,故点 $P$ 的磁感应强度为

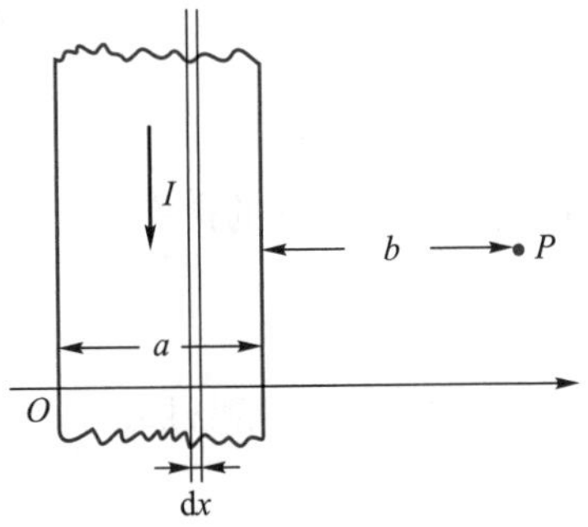

习题 6-4 图

$$B=\int \mathrm{d}B=\int_b^{b+a}\frac{\mu_0 I}{2\pi a x}\mathrm{d}x=\frac{\mu_0 I}{2\pi a}\ln\frac{a+b}{b}$$

方向垂直纸面向外.

**6-5** 两根通有电流为 $I$ 的导线沿半径方向引到半径为 $r$ 的金属圆环上的 $a$、$b$ 两点,电流方向如图所示. 求环心 $O$ 处的磁感应强度.

**解** 环心 $O$ 在两根通电直导线的延长线上,故它们在 $O$ 点的磁场为零. 长为 $l$ 的载流圆弧在其圆心处的磁感应强度为

$$B=\frac{\mu_0 I}{2r}\frac{l}{2\pi r}=\frac{\mu_0 Il}{4\pi r^2}$$

设左、右两段圆弧的弧长分别为 $l_1$、$l_2$，则两者在 $O$ 点的磁感应强度分别为

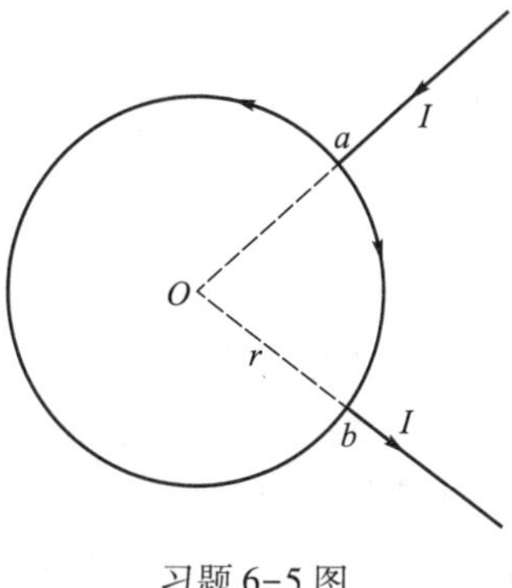

习题 6-5 图

$$B_1=\frac{\mu_0 I_1 l_1}{4\pi r^2}$$

方向垂直纸面向外；

$$B_2=\frac{\mu_0 I_2 l_2}{4\pi r^2}$$

方向垂直纸面向里.

考虑到两段圆弧在电路中是并联关系，而在并联电路中，电流大小与电阻成反比，电阻又与导线长度成正比，所以

$$\frac{I_1}{I_2}=\frac{R_2}{R_1}=\frac{l_2}{l_1}$$

因此可得

$$I_1 l_1=I_2 l_2$$

由此可知，两段圆弧在 $O$ 点的磁感应强度 $B_1$ 和 $B_2$ 的大小相等、方向相反，所以圆心处的总磁感应强度为零，即

$$B_0=B_1-B_2=0$$

**6-6** 在氢原子中，设电子以轨道角动量 $L=\frac{h}{2\pi}$ 绕质子做圆周运动，其半径为 $a_0$. 求质子所在处的磁感应强度.（$h$ 为普朗克常量）

**解** 根据电子绕核运动的角动量关系为

$$L=mva_0=\frac{h}{2\pi}$$

得电子绕核运动的速率为

$$v=\frac{h}{2\pi ma_0}$$

电子绕核运动的等效圆电流为

$$i=\frac{e}{T}=\frac{e}{\frac{2\pi a_0}{v}}=\frac{he}{4\pi^2 ma_0^2}$$

则该电流在圆心处（即质子处）产生的磁感应强度为

$$B=\frac{\mu_0 i}{2a_0}=\frac{\mu_0 he}{8\pi^2 ma_0^3}$$

**6-7** 半径为 $R$ 的均匀带电细圆环，电荷线密度为 $\lambda$. 现以每秒 $n$ 圈的速度绕通过环心且与环面垂直的轴做匀速转动. 试求在环中心的磁感应强度.

**解** 旋转的带电圆环可以等效为一圆电流，等效电流为

$$I=\frac{q}{T}=\frac{\lambda\cdot 2\pi R}{\frac{2\pi}{w}}=\frac{\lambda\cdot 2\pi R}{\frac{2\pi}{2\pi n}}=\frac{\lambda\cdot 2\pi R}{\frac{1}{n}}=2\pi nR\lambda$$

根据圆电流磁感应强度分布的规律,在环中心的磁感应强度为

$$B=\frac{\mu_0 I}{2R}=\frac{\mu_0\cdot 2\pi Rn\lambda}{2R}=\mu_0\pi n\lambda$$

**6-8** 如图所示,有一无限长同轴电缆,由一圆柱导体和一与其同轴的导体圆筒构成. 使用时电流 $I$ 从一导体流出,从另一导体流回,电流均匀分布在横截面上. 设圆柱体半径为 $r_1$,圆筒的内外半径分别为 $r_2$ 和 $r_3$. 求:

(1) 空间磁场的分布;

(2) 通过两柱面间长度为 $L$ 的径向纵截面的磁通量.

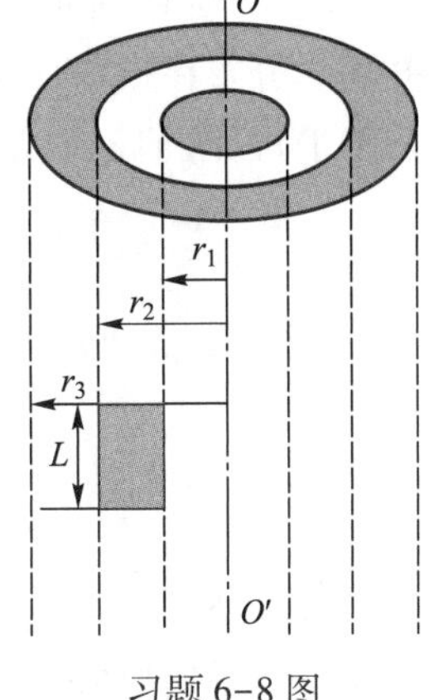

习题 6-8 图

**解** (1) 当 $0<r<r_1$ 时,取轴上一点 $O$ 为圆心,半径为 $r$ 的圆周为积分路径 $L$,使其绕向与电流成右手螺旋关系,由磁场的安培环路定理可知

$$\oint_L \boldsymbol{B}\cdot \mathrm{d}\boldsymbol{l}=\mu_0 I'$$

因为

$$I'=\frac{I}{\pi r_1^2}\pi r^2=\frac{Ir^2}{r_1^2}$$

所以

$$B\cdot 2\pi r=\mu_0\frac{Ir^2}{r_1^2}$$

即

$$B=\frac{\mu_0 Ir}{2\pi r_1^2}$$

当 $r_1<r<r_2$ 时,对半径为 $r$ 的圆周上的 $\boldsymbol{B}$,同理有

$$\oint_L \boldsymbol{B}\cdot \mathrm{d}\boldsymbol{l}=\mu_0 I$$

求得

$$B=\frac{\mu_0 I}{2\pi r}$$

当 $r_2<r<r_3$ 时,对半径为 $r$ 的圆周上的 $\boldsymbol{B}$,同理有

$$\oint_L \boldsymbol{B}\cdot \mathrm{d}\boldsymbol{l}=\mu_0(I-I'')$$

$$I''=\frac{I}{\pi(r_3^2-r_2^2)}\pi(r^2-r_2^2)=\frac{r^2-r_2^2}{r_3^2-r_2^2}I$$

则

$$B\cdot 2\pi r=\mu_0\left[I-\frac{r^2-r_2^2}{r_3^2-r_2^2}I\right]$$

得

$$B=\frac{\mu_0 I}{2\pi r}\left[\frac{r_3^2-r^2}{r_3^2-r_2^2}\right]$$

当 $r\geqslant r_3$ 时,同理取圆周 $L$,因为在 $L$ 内 $\sum I=0$,故

$$\oint_L \boldsymbol{B} \cdot \mathrm{d}\boldsymbol{l}=0$$

即
$$B \cdot 2\pi r=0$$

则
$$B=0$$

（2）
$$\Phi=\int \boldsymbol{B} \cdot \mathrm{d}\boldsymbol{S}=\int_{r_1}^{r_2} BL\mathrm{d}r=\int_{r_1}^{r_2} \frac{\mu_0 I}{2\pi r}L\mathrm{d}r=\frac{\mu_0 IL}{2\pi}\ln \frac{r_2}{r_1}$$

**6-9** 如图所示，一根半径为 $R$ 的无限长载流直导体，其中电流 $I$ 沿轴向流过，并均匀分布在横截面上. 现在导体上挖有一半径为 $a$ 的圆柱形空腔，其轴与直导体的轴平行，两轴相距为 $b$. 求圆柱形导体轴线上任一点的磁感应强度.

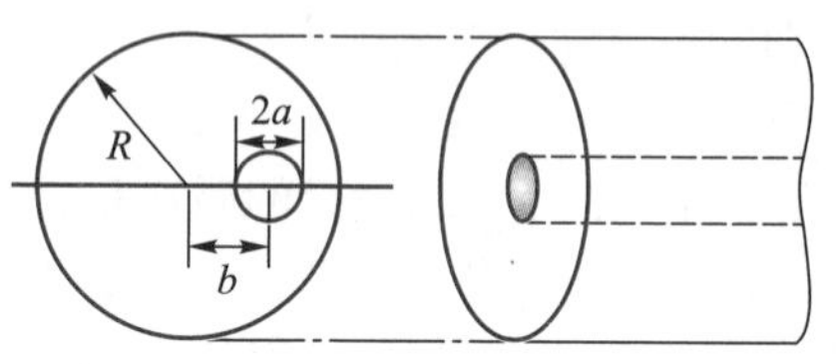


习题 6-9 图

**解** 挖后的载流圆柱体在某点产生的磁感应强度，等效于未挖时载流圆柱体（即完整的圆柱体）和载流反向的空心部分圆柱体在该点产生的磁感应强度的矢量和，前者在轴线上产生的磁感应强度为零，后者在圆柱体轴线上产生的磁感应强度可由磁场的安培环路定理求出

$$\oint_L \boldsymbol{B} \cdot \mathrm{d}\boldsymbol{l}=\mu_0 \sum I$$

即
$$B \cdot 2\pi b=\mu_0 \frac{I}{\pi(R^2-a^2)}\pi a^2$$

求得
$$B=\frac{\mu_0 I a^2}{2\pi b(R^2-a^2)}$$

**6-10** 图示为测定粒子质量所用的装置，粒子源 S 为发生气体放电的气室. 一质量为 $m$、电荷为 $+q$ 的粒子在此处释放出来时可认为是静止的. 粒子经电势差 $U$ 加速后进入磁感应强度为 $\boldsymbol{B}$ 的均匀磁场中，粒子沿一半圆周运动而射到离入口缝隙为 $x$ 的感光底片上，并予以记录，试证明粒子的质量为：

$$m=\frac{B^2 q}{8U}x^2$$

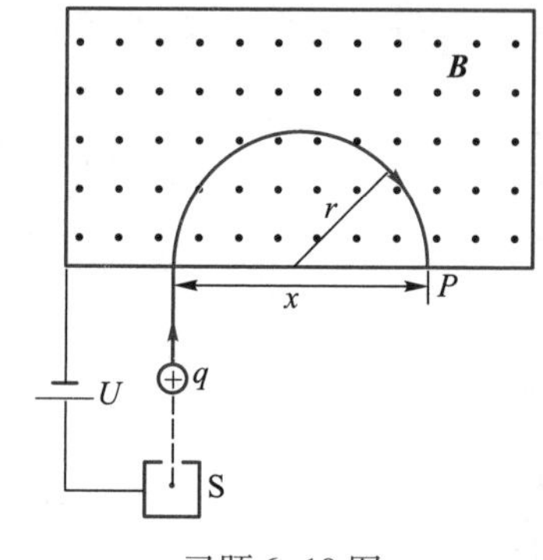


习题 6-10 图

**解** 由粒子源产生的粒子在电势差为 $U$ 的电场中加速，根据动能定理，有

$$qU=\frac{1}{2}mv^2$$

粒子以速率 $v$ 进入磁场后，在洛伦兹力的作用下做圆周运动，其动力学方程为

$$qvB = m\frac{v^2}{\dfrac{x}{2}}$$

由上述两式可得

$$m = \frac{B^2 q}{8U}x^2$$

**6-11** 一电子在磁感应强度为 $\boldsymbol{B}$ 的磁场中做半径为 $R$、螺距为 $h$ 的螺旋运动，如习题 6-11 图所示，试求：(1) 电子速度的大小；(2) 磁感应强度的方向.

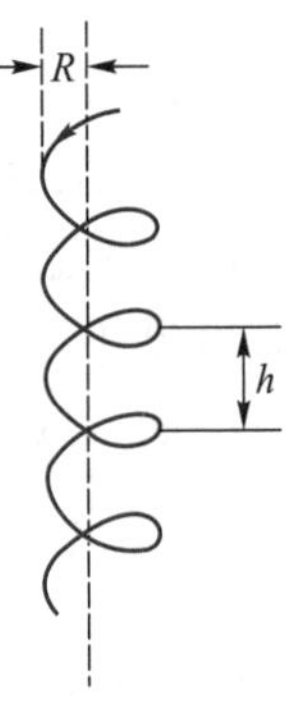


习题 6-11 图

**解** (1) 电子的螺旋运动可分解成匀速直线运动和匀速圆周运动，即

$$\boldsymbol{v} = \boldsymbol{v}_{\perp} + \boldsymbol{v}_{/\!/}$$

由 $R = \dfrac{mv_{\perp}}{eB}$，可求得

$$v_{\perp} = \frac{e}{m}RB$$

由 $h = v_{/\!/}T = \dfrac{2\pi m}{eB}v_{/\!/}$，可求得

$$v_{/\!/} = \frac{ehB}{2\pi m}$$

所以电子速度的大小为

$$v = \sqrt{v_{\perp}^2 + v_{/\!/}^2} = \frac{eB}{2\pi m}\sqrt{(2\pi R)^2 + h^2}$$

电子速度的方向沿螺旋线各点的切向方向.

(2) 由题设可知磁感应强度方向平行轴线向上.

**6-12** 试证明通有电流为 $I$ 的任意形状的平面导线在均匀磁场 $\boldsymbol{B}$ 中所受的安培力均为 $F = IB|ab|$，$|ab|$是导线两端的直线距离.

**解** 如习题6-12 图所示，在导线 $ab$ 上任选电流元 $I\mathrm{d}\boldsymbol{l}$，它所受到的安培力大小为

$$\mathrm{d}F = BI\mathrm{d}l$$

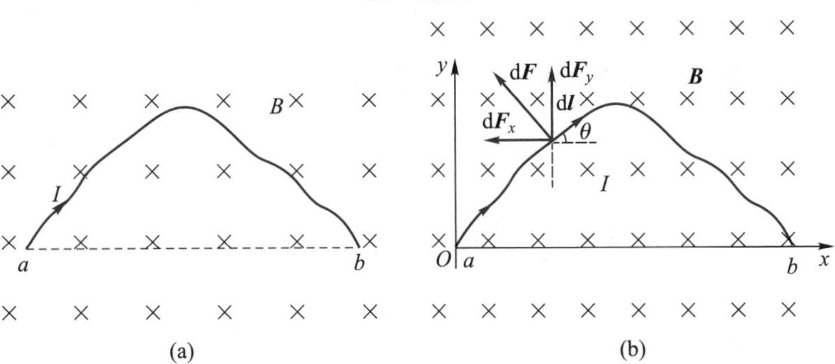


习题 6-12 图

受力方向如图所示，其在 $x$ 方向和 $y$ 方向上的分量分别为

$$\mathrm{d}F_x = BI\mathrm{d}l\sin\theta = BI\mathrm{d}y, \quad \mathrm{d}F_y = BI\mathrm{d}l\cos\theta = BI\mathrm{d}x$$

则整个导线所受到的安培力为

$$F_x = \int_0^0 BI\mathrm{d}y = 0, \quad F_y = \int_0^{|ab|} BI\mathrm{d}x = BI|ab|$$

而 $BI|ab|$ 正好是长度为 $|ab|$ 的直电流 $I$ 在磁感应强度为 $\boldsymbol{B}$ 的垂直磁场中所受到的安培力大小.

**6-13** 如图所示，在载流长直导线旁放一矩形线圈，线圈与长直导线共面，线圈各边分别平行或垂直于长直导线. 线圈长为 $l$，宽为 $b$，近边距长直导线距离为 $a$，长直导线中通有电流 $I$. 当矩形线圈中通有电流 $I_1$ 时，线圈所受安培力的大小和方向各如何?

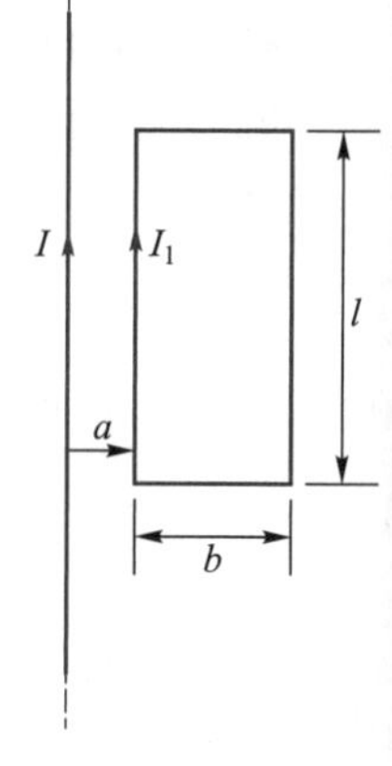

习题 6-13 图

**解** 线圈左边受力为

$$F_1 = B_1 I_1 l = \frac{\mu_0 I I_1}{2\pi a} l$$

方向向左.

线圈右边受力为

$$F_2 = B_2 I_1 l = \frac{\mu_0 I I_1}{2\pi(a+b)} l$$

方向向右.

线圈上下两边所受的安培力大小相等方向相反. 因此线圈所受的安培力的合力为

$$F = F_1 - F_2 = \frac{\mu_0 I I_1 lb}{2\pi a(a+b)}$$

方向向左，即指向长直导线.

**6-14** 在垂直于通有 $I_1$ 的无限长直导线平面内有一扇形载流线圈 $abcd$，电流为 $I_2$，半径分别为 $R_1$ 和 $R_2$，张角为 $\alpha_0$，如图所示，求线圈各边所受的力.

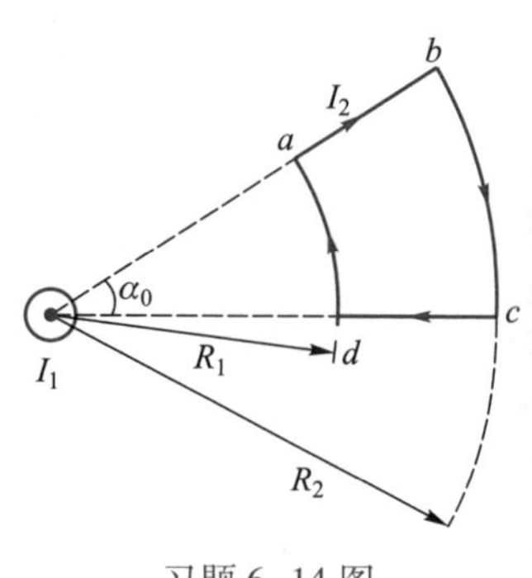

习题 6-14 图

**解** 无限长直导线产生的磁感应强度为

$$B = \frac{\mu_0 I_1}{2\pi r}$$

因 $da$、$bc$ 电流方向与该处 $\boldsymbol{B}$ 的方向相同，故 $da$、$bc$ 受力为零.

$ab$ 边受力

$$F_{ab} = \int_{R_1}^{R_2} BI_2\mathrm{d}r = \int_{R_1}^{R_2} \frac{\mu_0 I_1}{2\pi r} I_2 \mathrm{d}r = \frac{\mu_0 I_1 I_2}{2\pi} \ln\frac{R_2}{R_1}$$

方向垂直纸面向外;

同理得 $cd$ 边受力为

$$F_{cd}=\frac{\mu_0 I_1 I_2}{2\pi}\ln\frac{R_2}{R_1}$$

方向垂直纸面向里.

**6-15**　如图所示,有一圆柱形无限长载流导体,其相对磁导率为 $\mu_r$,半径为 $R$,今有电流 $I$ 沿轴线方向均匀分布,试求:

(1) 导体内任一点 $P$ 的磁感应强度;

(2) 导体外任一点 $P$ 的磁感应强度;

(3) 通过长为 $L$ 的圆柱体的纵截面的一半的磁通量.

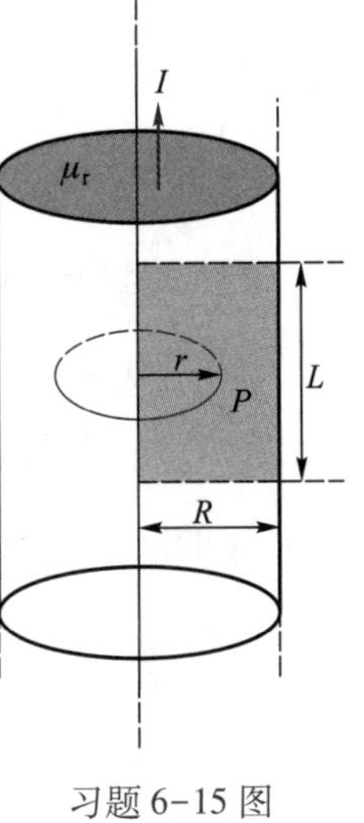


习题 6-15 图

**解**　(1) $r\leqslant R$ 时有

$$\oint_L \boldsymbol{H}\cdot d\boldsymbol{l}=\sum I_i$$

即

$$H\cdot 2\pi r=\frac{\pi r^2}{\pi R^2}I$$

求得

$$H=\frac{Ir}{2\pi R^2}$$

$$B=\mu_0\mu_r H=\frac{\mu_0\mu_r Ir}{2\pi R^2}$$

(2) $r>R$ 时有

$$\oint_L \boldsymbol{H}\cdot d\boldsymbol{l}=\sum I_i$$

即

$$H\cdot 2\pi r=I$$

$$H=\frac{I}{2\pi r}$$

$$B=\mu_0\mu_r H=\frac{\mu_0\mu_r I}{2\pi r}$$

(3)

$$\Phi=\int_S \boldsymbol{B}\cdot d\boldsymbol{S}=\int_0^R BL\,dr=\int_0^R\frac{\mu_0\mu_r Ir}{2\pi R^2}L\,dr=\frac{\mu_0\mu_r IL}{4\pi}$$

**6-16**　一铁环中心线周长为 0.6 m,横截面积为 $6\times10^{-4}$ m²,在环上均匀密绕有 200 匝线圈. (1) 当导线内通入 0.6 A 电流时,铁环中的磁通量为 $3.0\times10^{-4}$ Wb; (2) 当电流增大为 4.5 A 时,磁通量为 $6.0\times10^{-4}$ Wb,试求两种情况下铁环的相对磁导率.

**解**　由有磁介质时的安培环路定理得磁介质内部的磁场强度为

$$H=nI=\frac{NI}{L}$$

由题意可知,环内部的磁感应强度为

$$B=\frac{\Phi}{S}$$

而

$$B=\mu_0\mu_r H$$

故有

$$\mu_r=\frac{B}{\mu_0 H}=\frac{\Phi L}{\mu_0 NIS}$$

代入相应数据得

(1) $$\mu_{r_1}=\frac{3\times10^{-4}\times0.6}{4\pi\times10^{-7}\times200\times0.6\times6\times10^{-4}}=2\times10^3$$

(2) $$\mu_{r_2}=\frac{6\times10^{-4}\times0.6}{4\pi\times10^{-7}\times200\times4.5\times6\times10^{-4}}=530$$

## 五、本章自测

### (一) 选择题

**6-1** 一带电粒子以速度 $\boldsymbol{v}$ 垂直于均匀磁场 $\boldsymbol{B}$ 射入,在磁场中的运动轨道是半径为 $R$ 的圆.若要使运动半径变为$\frac{R}{2}$,则磁感应强度应变为(　　).

(A) $\frac{\boldsymbol{B}}{2}$;　(B) $\sqrt{2}\boldsymbol{B}$;　(C) $2\boldsymbol{B}$;　(D) $\frac{\sqrt{2}}{2}\boldsymbol{B}$

**6-2** 有一个圆形回路 1 及一个正方形回路 2,圆形回路的直径和正方形的边长相等,两者中通有大小相等的电流,它们在各自中心产生的磁感应强度的大小之比$\frac{B_1}{B_2}$为(　　).

(A) 0.90;　(B) 1.00;　(C) 1.11;　(D) 1.22

**6-3** 通有电流 $I$、磁矩为 $\boldsymbol{m}$ 的线圈,置于磁感应强度为 $\boldsymbol{B}$ 的均匀磁场中. 若 $\boldsymbol{m}$ 与 $\boldsymbol{B}$ 的方向相同,则通过线圈的磁通量 $\Phi$ 与线圈所受的磁力矩 $M$ 的大小为(　　).

(A) $\Phi=IBm, M=0$;　(B) $\Phi=\frac{Bm}{I}, M=0$;

(C) $\Phi=IBm, M=Bm$;　(D) $\Phi=\frac{Bm}{I}, M=Bm$

**6-4** 用细导线均匀密绕成长为 $l$、半径为 $a$ ($l>>a$)、总匝数为 $N$ 的螺线管,通以恒定电流 $I$,当管内充满相对磁导率为 $\mu_r$ 的均匀磁介质后,管中任意一点的磁感应强度大小为(　　).

(A) $\frac{\mu_0\mu_r NI}{l}$;　(B) $\frac{\mu_r NI}{l}$;

(C) $\frac{\mu_0 NI}{l}$;　(D) $\frac{NI}{l}$

**6-5** 均匀电场 $\boldsymbol{E}$ 与均匀磁场 $\boldsymbol{B}$ 相互垂直,如图所示,若使电子在该区中做匀速直线运动,则电子的速度方向应沿着(　　).

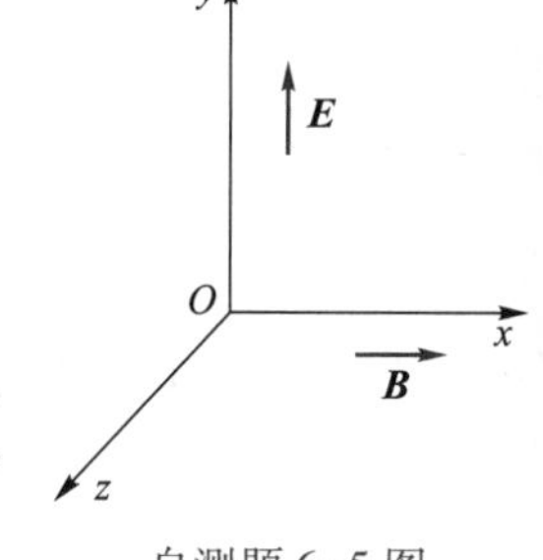

自测题 6-5 图

(A) $y$ 轴正方向；　　　　(B) $z$ 轴正方向；

(C) $z$ 轴负方向；　　　　(D) $x$ 轴负方向

(二) 填空题

**6-6**　电子以速率 $10^5$ m/s 飞入均匀磁场，电子速度的方向与磁感应线的夹角为 30°，磁场的磁感应强度为 0.2 T，则作用在电子上的洛伦兹力为________.

**6-7**　如图所示，在均匀磁场 $B$ 中放入一铜片，其内部电子的运动方向竖直向上，则铜片两侧 $a$、$b$ 两点电势的高低比较为________.

**6-8**　一半径为 $R$ 的 $\frac{1}{4}$ 圆周回路 $abca$，通有电流 $I$，置于磁感应强度为 $B$ 的均匀磁场中，磁感应线与回路平面平行，如图所示，则圆弧 $ab$ 段导线所受的安培力大小为________，回路所受的磁力矩大小为________，方向为________.

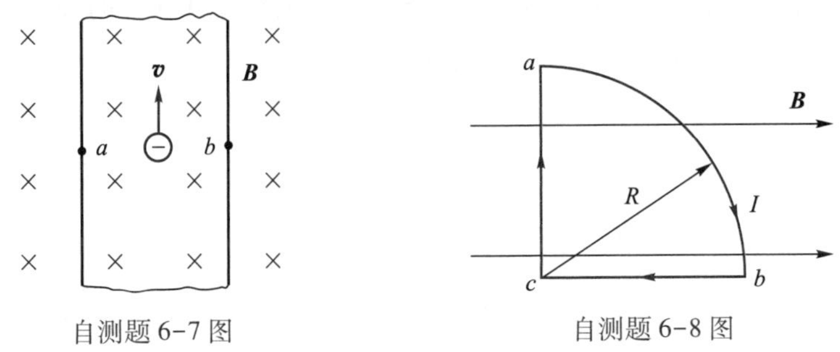


自测题 6-7 图　　　　自测题 6-8 图

**6-9**　一无限长载流直导线，沿空间直角坐标系的 $y$ 轴放置，电流沿 $y$ 轴正方向. 在原点 $O$ 处取一电流元 $I\mathrm{d}\boldsymbol{l}$，则该电流元在 $(a,0,0)$ 点处的磁感应强度大小为________，方向为________.

**6-10**　设地球上某处的磁感应强度水平分量为 $1.7\times10^7$ T，则该处沿水平方向的磁场强度为________.

(三) 计算题

**6-11**　如图所示，长直电流 $I_2$ 与圆电流 $I_1$ 共面，且长直电流与圆电流直径重合，两者相互绝缘. 设长直电流固定，求圆电流受的安培力的大小和方向.

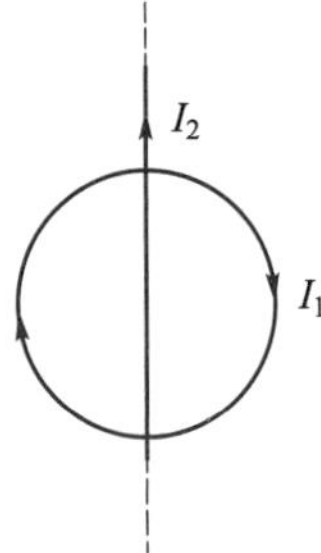


自测题 6-11 图

**6-12**　一根导线长为 $L$，通有电流 $I$. 试求证，如果把这根导线弯成一个圆线圈，则当线圈只有一匝时，它在给定均匀磁场 $\boldsymbol{B}$ 中所受的最大磁力矩的大小为

$$M=\frac{1}{4\pi}L^2IB$$

**6-13**　已知横截面积为 $1.0\times10^{-6}$ m$^2$ 的裸铜线，半径为 $R$，允许通过的电流为 50 A. 设电流在导线横截面上均匀分布，求：

(1) 导线内、外的磁感应强度的分布；

(2) 导线表面的磁感应强度大小.

**6-14**　如图所示，两根分别载有 $I$ 及 $\sqrt{3}I$ 电流的长直导线相互绝缘，且互相垂直. 在 $Oxy$ 平面内求磁感应强度为零的点的轨道方程.

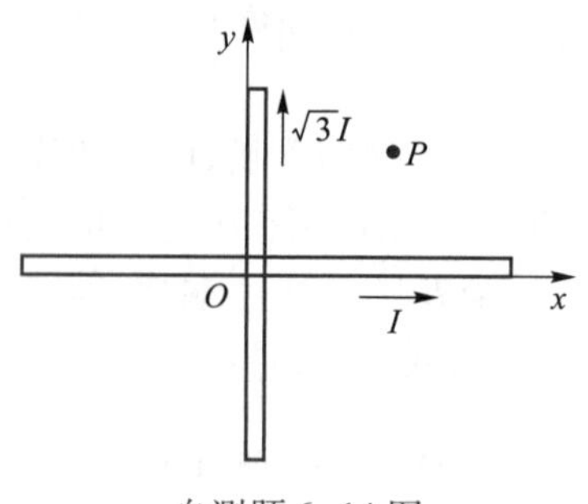


自测题 6-14 图

第六章本章自测参考答案

**6-15** 一密绕螺绕环的平均周长上的线圈密度 $n=1\ 000$ 匝/m. 环内充满了均匀磁介质,其磁导率 $\mu=4.0\times10^{-4}$ H/m. 当线圈中通有电流 1.0 A 时,求螺绕环内磁感应强度的大小.

# 第七章

# 变化的电磁场

## 一、本章要点

1. 法拉第电磁感应定律和楞次定律的内容，应用它们计算感应电动势的大小并判定感应电动势方向.

2. 动生电动势与感生电动势的区别及各自的计算方法.

3. 自感和互感现象，计算简单情况下的自感和互感.

4. 磁场能量及能量密度的求解方法.

5. 感生电场和位移电流的概念以及麦克斯韦方程组积分形式的物理意义.

## 二、主要内容

### 1. 电磁感应的基本规律

**(1) 电动势**

$$\mathscr{E}=\oint_L \boldsymbol{E}_{\mathrm{k}}\cdot \mathrm{d}\boldsymbol{l}\ (\boldsymbol{E}_{\mathrm{k}}\text{ 为非静电场})$$

即电动势的大小等于单位正电荷绕闭合回路一周时，非静电力所做的功.

若非静力只集中于电源内部，则有

$$\mathscr{E}=\int_-^+ \boldsymbol{E}_{\mathrm{k}}\cdot \mathrm{d}\boldsymbol{l}$$

即电动势的大小等于将单位正电荷从电源负极经由电源内部运送到电源正极时，非静电力所做的功.

**注意**：电动势的方向规定为自负极沿电源内部指向正极.

**(2) 法拉第电磁感应定律**

当闭合回路面积中的磁通量 $\boldsymbol{\Psi}$ 随时间变化时，回路产生的感应电动势为

$$\mathscr{E}_{\mathrm{i}}=-\frac{\mathrm{d}\boldsymbol{\Psi}}{\mathrm{d}t}=-N\frac{\mathrm{d}\boldsymbol{\Phi}}{\mathrm{d}t}$$

式中负号为 $\mathscr{E}_{\mathrm{i}}$ 的方向，可由楞次定律确定.

**(3) 楞次定律**

闭合回路中感应电流的方向总是使得它所激发的磁场来反抗引起感应电流的原来磁通量的变化.

### 2. 感应电动势的类型

**(1) 动生电动势**

磁场不变，由于导体在磁场中运动而产生的感应电动势，其非静电力是洛伦兹力.

$$\mathscr{E}_{\mathrm{v}}=\int_L (\boldsymbol{v}\times\boldsymbol{B})\cdot \mathrm{d}\boldsymbol{l}$$

方向由 $\boldsymbol{v}\times\boldsymbol{B}$ 决定.

**(2) 感生电动势**

导体不动，由于磁场的变化而产生的感应电动势，其非静电力是感生电场力.

$$\mathscr{E}_{\mathrm{r}}=\int_L \boldsymbol{E}_{\mathrm{r}}\cdot \mathrm{d}\boldsymbol{l}=-\frac{\mathrm{d}\Phi}{\mathrm{d}t}\text{（}\boldsymbol{E}_{\mathrm{r}}\text{ 为感生电场）}$$

方向由楞次定律确定.

（3）**自感电动势**

由于线圈中的电流变化导致线圈本身产生的感应电动势为

$$\mathscr{E}_L=-L\frac{\mathrm{d}I}{\mathrm{d}t}$$

式中 $L$ 为自感，可由下式求出

$$L=\frac{\Psi}{I}$$

（4）**互感电动势**

相邻两个线圈，其中一个线圈中电流变化，会在另一个线圈中产生的感应电动势

$$\mathscr{E}_{21}=-M\frac{\mathrm{d}I_1}{\mathrm{d}t}\quad\text{或}\quad\mathscr{E}_{12}=-M\frac{\mathrm{d}I_2}{\mathrm{d}t}$$

式中 $M$ 为互感，可由下式求出

$$M=\frac{\Psi_{21}}{I_1}=\frac{\Psi_{12}}{I_2}$$

3. **磁场的能量**

（1）**自感储存的能量**

$$W_{\mathrm{m}}=\frac{1}{2}LI^2$$

（2）**磁场能量密度**

$$w_{\mathrm{m}}=\frac{1}{2}\frac{B^2}{\mu}=\frac{1}{2}BH$$

（3）**磁场能量**

$$W_{\mathrm{m}}=\int_V w_{\mathrm{m}}\mathrm{d}V=\int_V\frac{1}{2}BH\mathrm{d}V$$

4. **电磁场理论**

（1）**麦克斯韦两个基本假设**

**感生电场假设**　变化的磁场产生感生电场，即

$$\frac{\mathrm{d}\boldsymbol{B}}{\mathrm{d}t}\rightarrow\boldsymbol{E}_{\mathrm{r}}$$

**位移电流假设**　变化的电场产生感生磁场，即

$$\frac{\mathrm{d}\boldsymbol{D}}{\mathrm{d}t}\rightarrow\boldsymbol{B}_{\mathrm{r}}$$

（2）**位移电流**

$$I_{\mathrm{d}}=\frac{\mathrm{d}\Psi}{\mathrm{d}t}$$

（3）麦克斯韦方程组

$$\oint_S \boldsymbol{D} \cdot \mathrm{d}\boldsymbol{S} = \sum_{i=1}^{n} q_i$$

$$\oint_S \boldsymbol{B} \cdot \mathrm{d}\boldsymbol{S} = 0$$

$$\oint_L \boldsymbol{E} \cdot \mathrm{d}\boldsymbol{l} = -\int_S \frac{\partial \boldsymbol{B}}{\partial t} \cdot \mathrm{d}\boldsymbol{S}$$

$$\oint_L \boldsymbol{H} \cdot \mathrm{d}\boldsymbol{l} = \sum_{i=1}^{n} I_i + \int_S \frac{\partial \boldsymbol{D}}{\partial t} \cdot \mathrm{d}\boldsymbol{S}$$

## 三、解题方法

本章习题分为 4 种类型.

**1. 动生电动势的计算**

对于这一类习题的方法有 2 种. 一是利用法拉第电磁感应定律求解,其步骤为:(1) 根据 $\mathscr{E}_{\mathrm{i}} = \left| -\frac{\mathrm{d}\Phi}{\mathrm{d}t} \right|$ 求 $\mathscr{E}_{\mathrm{i}}$ 的大小;(2) 用楞次定律判定 $\mathscr{E}_{\mathrm{i}}$ 的方向. 二是用 $\mathscr{E}_{\mathrm{v}} = \int_a^b (\boldsymbol{v}\times\boldsymbol{B}) \cdot \mathrm{d}\boldsymbol{l}$ 求解,其步骤为:(1) 建立合适的坐标系;(2) 在磁场中的运动导线上任取 $\mathrm{d}\boldsymbol{l}$($\mathrm{d}\boldsymbol{l}$ 方向与积分路径的正方向一致);(3) 统一变量,确定积分上、下限,可求得整个导体的 $\mathscr{E}_{\mathrm{v}}$(若结果中出现负号,说明 $\mathscr{E}_{\mathrm{v}}$ 指向与原来选取的积分方向相反);(4) 用 $\boldsymbol{v}\times\boldsymbol{B}$ 判断 $\mathscr{E}_{\mathrm{v}}$ 方向.

**例 7-1** 如图(a)所示,通有电流 $I$ 的长直导线旁边有一个与它共面的矩形线圈,线圈与导线平行的边长为 $l$,开始时线圈左、右两边离导线距离分别为 $a$、$b$. 若线圈在图示位置开始以速率 $v$ 在纸面内水平向右运动,试求任意时刻线圈中的感应电动势.

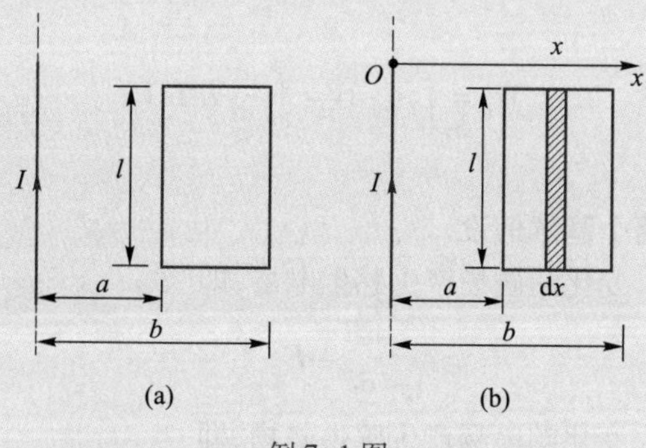


例 7-1 图

**解法一** 用动生电动势公式求解.

载流长直导线周围磁场的磁感应强度大小为 $B = \frac{\mu_0 I}{2\pi r}$. 在长直导线右侧,磁感应强度方向垂直于纸面向里. 线圈运动时,两条竖直边因切割磁感应线而产生动生电动势，两水平边不切割磁感应线从而不产生动生电动势. 线圈运动到任意位置时，根据直导线产生的动生电动势公式 $\mathscr{E}_{\mathrm{v}}=vBl$ ，可得两竖直边产生的动生电动势大小分别为

$$\mathscr{E}_{\mathrm{v1}}=B_1lv=\frac{\mu_0 I}{2\pi(a+vt)}lv$$

$$\mathscr{E}_{\mathrm{v2}}=B_2lv=\frac{\mu_0 I}{2\pi(b+vt)}lv$$

根据 $\boldsymbol{v}\times\boldsymbol{B}$ 可知，两动生电动势方向相同，均为由下至上. 故整个线圈中的感应电动势为

$$\mathscr{E}_{\mathrm{v}}=\mathscr{E}_{\mathrm{v1}}-\mathscr{E}_{\mathrm{v2}}=\frac{\mu_0 I}{2\pi}lv\left(\frac{1}{a+vt}-\frac{1}{b+vt}\right)$$

因 $a+vt<b+vt$，故总的动生电动势方向为顺时针方向.

**解法二**　用法拉第电磁感应定律求解.

在线圈中取与长直导线平行的细长形的长方形面积元，如图(b)所示. 面积元中的磁通量为

$$\mathrm{d}\Phi=B\mathrm{d}S=Bl\mathrm{d}x$$

把 $t$ 时刻面积元所在处磁感应强度 $B=\dfrac{\mu_0 I}{2\pi x}$代入上式，有

$$\mathrm{d}\Phi=\frac{\mu_0 Il\mathrm{d}x}{2\pi x}$$

整个线圈的磁通量为

$$\Phi=\int_{a+vt}^{b+vt}\mathrm{d}\Phi=\int_{a+vt}^{b+vt}\frac{\mu_0 Il\mathrm{d}x}{2\pi x}=\frac{\mu_0 Il}{2\pi}\ln\frac{b+vt}{a+vt}$$

根据法拉第电磁感应定律 $\mathscr{E}_{\mathrm{i}}=-\dfrac{\mathrm{d}\Phi}{\mathrm{d}t}$，可得线圈中感应电动势的大小为

$$\mathscr{E}_{\mathrm{i}}=\left|-\frac{\mathrm{d}\Phi}{\mathrm{d}t}\right|=\left|\frac{\mathrm{d}}{\mathrm{d}t}\left(\frac{\mu_0 Il}{2\pi}\ln\frac{b+vt}{a+vt}\right)\right|=\frac{\mu_0 Ilv}{2\pi}\left(\frac{1}{a+vt}-\frac{1}{b+vt}\right)$$

感应电动势的方向由楞次定律判定：原磁场方向垂直纸面向里，线圈向右运动，磁通减小，感应电流磁场方向应与原磁场方向相同，即垂直纸面向里，根据右手螺旋定则可知，感应电流应为顺时针方向，则感应电动势方向也为顺时针方向.

2. **感生电动势的计算**

求解这一类习题的方法也有 2 种. 一是由法拉第电磁感应定律求解，对于非闭合的导体，需要添加辅助线构成闭合回路，再计算 $\mathscr{E}_{\mathrm{i}}$（所添加辅助线的回路中的感应电动势最好为零或者是比较容易算出的）. 二是当磁场被限制在圆柱形体积内时，可取以圆柱中心轴线为中心的圆形环路，根据 $\oint_L \boldsymbol{E}_{\mathrm{r}}\cdot\mathrm{d}\boldsymbol{l}=-\dfrac{\mathrm{d}\Phi}{\mathrm{d}t}$求出感生电场，然

后再根据 $\mathscr{E}_{ab}=\int_a^b \boldsymbol{E}_{\mathrm{r}}\cdot \mathrm{d}\boldsymbol{l}$ 求出导体 $ab$ 中的感生电动势.

两种方法计算得出的感生电动势的方向均可由楞次定律判断.

**注意**:由于用 $\mathscr{E}_{ab}=\int_a^b \boldsymbol{E}_{\mathrm{r}}\cdot \mathrm{d}\boldsymbol{l}$ 公式求解需先知道感生电场,故而对这一类习题一般采用法拉第电磁感应定律求解.

**例 7-2** 如图(a)所示,在半径为 $R$ 的圆柱形空间有垂直于纸面向内的变化的均匀磁场$\left(\frac{\mathrm{d}B}{\mathrm{d}t}>0\right)$,直导线 $ab=bc=R$. 求导线 $ac$ 上的感应电动势.

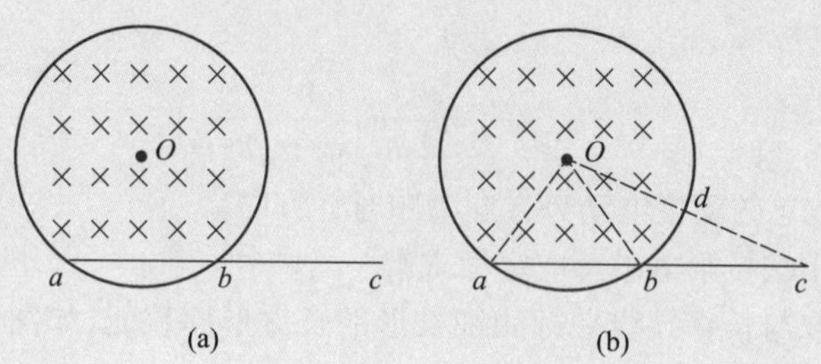


例 7-2 图

**解** 由于磁场分布具有对称性. 因此,感生电场线都是以圆柱轴线上某点为圆心的同心圆环,如图(b)所示,取闭合回路 $OabcdO$,其中 $Oa$、$Oc$ 均沿半径方向,与感生电场的方向始终垂直,所以 $\mathscr{E}_{Oa}=\mathscr{E}_{Oc}=0$. 由法拉第电磁感应定律可知

$$\mathscr{E}_{OabcdO}=\mathscr{E}_{ac}=\left|-\frac{\mathrm{d}\Phi}{\mathrm{d}t}\right|=\frac{\mathrm{d}B}{\mathrm{d}t}(S_{Oab}+S_{Obd})$$

$$=\frac{\mathrm{d}B}{\mathrm{d}t}\left(\frac{\sqrt{3}R^2}{4}+\frac{\pi R^2}{12}\right)=\frac{(3\sqrt{3}+\pi)R^2}{12}\frac{\mathrm{d}B}{\mathrm{d}t}$$

由楞次定律可知,感生电动势方向由 $a$ 指向 $b$.

3. **自感和互感的计算**

求解这一类习题的步骤为:(1) 先假设线圈中通有电流 $I$;(2) 求出线圈磁感应强度及穿过线圈的磁通量(求互感时,磁通量是指没有通电流的另一线圈的磁通量);(3) 利用定义式 $L=\frac{\Phi}{I}$或 $M=\frac{\Phi_{I_1}}{I_1}$求得结果.

在有些情况下,也可用磁场能量公式 $W_{\mathrm{m}}=\frac{1}{2}LI^2$ 求自感 $L$.

**例 7-3** 如图所示,两根半径为 $a$ 的平行长直导线,轴线间距为$d(\gg a)$,求两导线单位长度上的自感(不计导线内磁通量). 已知 $a=2$ mm,$d=4$ cm.

**解** 两根长直载流导线,由于电流反向,可视为无穷远处连通的闭合回路. 本题用自感定义求解.

建立如图所示的坐标系,并设导线中电流为 $I$,两导线中电流流向相反,在 $a\leqslant x\leqslant(d-a)$中任一点 $x$ 处的磁感应强度 $\boldsymbol{B}$ 的大小为

$$B=\frac{\mu_0 I}{2\pi x}+\frac{\mu_0 I}{2\pi(d-x)}$$

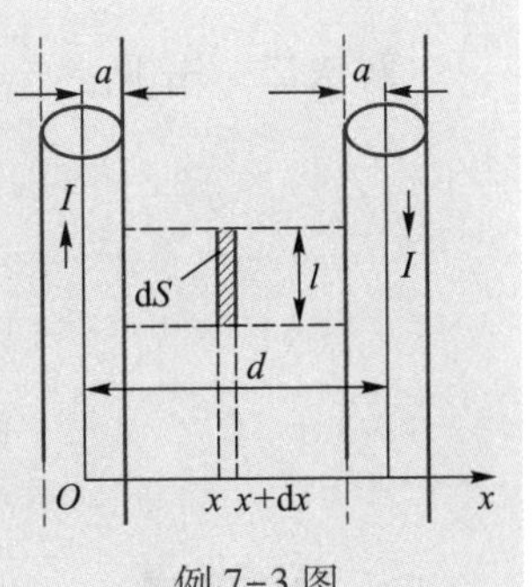

例 7-3 图

若取长为 $l$、宽为 $d-2a$ 的矩形面积，则通过面积元 $\mathrm{d}S=l\mathrm{d}x$ 的磁通量为

$$\mathrm{d}\Phi=\boldsymbol{B}\cdot\mathrm{d}\boldsymbol{S}=\left[\frac{\mu_0 I}{2\pi x}+\frac{\mu_0 I}{2\pi(d-x)}\right]l\mathrm{d}x$$

则通过整个矩形面积 $S$ 的总磁通量为

$$\Phi=\int\mathrm{d}\Phi=\int_a^{d-a}\left[\frac{\mu_0 I}{2\pi x}+\frac{\mu_0 I}{2\pi(d-x)}\right]l\mathrm{d}x=\frac{\mu_0 Il}{\pi}\ln\frac{d-a}{a}$$

则长度为 $l$ 的导线的自感为

$$L=\frac{\Phi}{I}=\frac{\mu_0 l}{\pi}\ln\frac{d-a}{a}$$

考虑 $d\gg a$，则单位长度的自感为

$$L_0=\frac{L}{l}=\frac{\mu_0}{\pi}\ln\frac{d-a}{a}\approx\frac{\mu_0}{\pi}\ln\frac{d}{a}$$

统一单位，代入数据，可得

$$L_0=\frac{4\pi\times10^{-7}}{\pi}\ln\frac{4\times10^{-2}-2\times10^{-3}}{2\times10^{-3}}\ \mathrm{H/m}\approx1.2\times10^{-6}\ \mathrm{H/m}$$

### 4. 磁场能量的计算

求解这一类习题有 2 种方法. 一是利用 $W_m=\int_V\frac{1}{2}\frac{B^2}{\mu}\mathrm{d}V$ 求解，其步骤为：(1) 由给定的电流算出磁场分布（在磁场对称分布时可由磁场的安培环路定理求得）；(2) 利用 $W_m=\int_V\frac{1}{2}\frac{B^2}{\mu}\mathrm{d}V$ 求出磁场能量. 二是利用 $W_m=\frac{1}{2}LI^2$ 求解，其步骤为：(1) 算出 $L$；(2) 利用 $W_m=\frac{1}{2}LI^2$ 求出磁场能量.

**例 7-4**　一长直螺线管，长为 $l$，截面积为 $S$，线圈总匝数为 $N$，管内充满磁导率为 $\mu$ 的磁介质. 试求螺线管通以电流 $I$ 时，螺线管所储存的磁场能量.

**解法一**　用 $W_m=\int_V\frac{1}{2}\frac{B^2}{\mu}\mathrm{d}V$ 求解

由有磁介质时的安培环路定理可得长直螺线管内磁场强度为

$$H=nI$$

$$B=\mu H=\mu nI=\mu\frac{N}{l}I$$

螺线管内磁场的能量为

$$W_m=\frac{1}{2}\frac{B^2}{\mu}V=\frac{1}{2}\frac{\mu^2N^2I^2}{\mu l^2}Sl=\frac{1}{2}\frac{\mu N^2I^2S}{l}$$

**解法二** 用 $W_m=\frac{1}{2}LI^2$ 求解

$$L=\frac{N\Phi}{I}=\frac{NBS}{I}=\frac{N\mu\frac{N}{l}IS}{I}=\frac{\mu N^2S}{l}$$

$$W_m=\frac{1}{2}LI^2=\frac{1}{2}\frac{\mu N^2S}{l}I^2=\frac{1}{2}\frac{\mu N^2I^2S}{l}$$

## 四、习题略解

**7-1** 如图所示，一半径 $a=0.10$ m，电阻 $R=1.0\times10^{-3}$ Ω 的圆形导体回路置于均匀磁场中，磁感应强度 $\boldsymbol{B}$ 与回路面积的法线 $\boldsymbol{e}_n$ 之间夹角为$\frac{\pi}{3}$. 若磁场变化的规律为

$$B(t)=(3t^2+8t+5)\times10^{-4}$$

式中 $B(t)$ 以 T 计，$t$ 以 s 计. 求：(1) $t=2$ s 时回路的感生电动势和感应电流. (2) 在最初 2 s 内通过回路截面的电荷量.

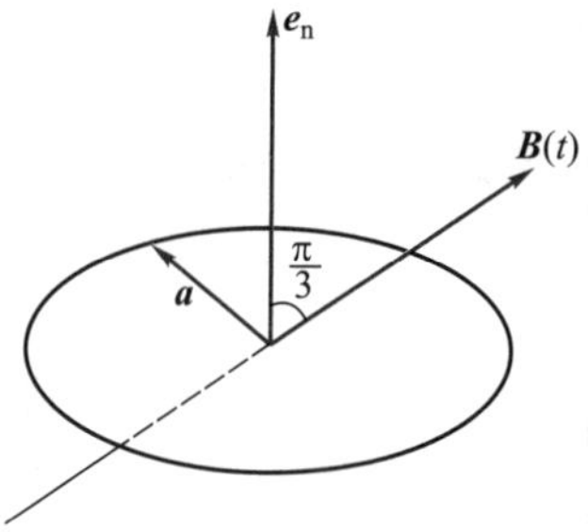

习题 7-1 图

**解** $\Phi=\boldsymbol{B}\cdot\boldsymbol{S}=\pi a^2(3t^2+8t+5)\times10^{-4}\cos\frac{\pi}{3}$

$$\mathscr{E}=\left|-\frac{\mathrm{d}\Phi}{\mathrm{d}t}\right|=\pi a^2(6t+8)\times10^{-4}\cos\frac{\pi}{3}$$

(1) $t=2$ s 时

$$\mathscr{E}=3.14\times10^{-5}\ \mathrm{V}$$

$$I_i=\frac{\mathscr{E}}{R}=3.14\times10^{-2}\ \mathrm{A}$$

(2) $\Delta q=\int_{I_i}\mathrm{d}t=\int\frac{\mathscr{E}}{R}\mathrm{d}t=\frac{1}{R}\int\frac{\mathrm{d}\Phi}{\mathrm{d}t}\cdot\mathrm{d}t=\frac{1}{R}(\Phi_{t=2}-\Phi_{t=0})$

$=14\pi\times10^{-3}\ \mathrm{C}=4.4\times10^{-2}\ \mathrm{C}$

**7-2** 两相互平行无限长的直导线载有大小相等方向相反的电流，长度为 $b$ 的金属杆 $CD$ 与两导线共面且垂直，相对位置如图所示，$CD$ 杆以速度 $\boldsymbol{v}$ 平行直导线运动，求 $CD$ 杆中的感应电动势，并判断 $CD$ 两端哪端电势较高？

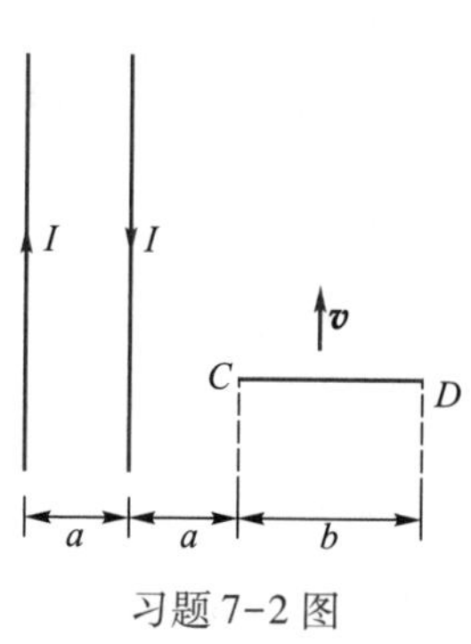


习题 7-2 图

**解** $\mathscr{E}=\int_a^{a+b}B_1v\mathrm{d}r-\int_{2a}^{2a+b}B_2v\mathrm{d}r$

$$=\int_a^{a+b}\frac{\mu_0I}{2\pi r}v\mathrm{d}r-\int_{2a}^{2a+b}\frac{\mu_0I}{2\pi r}v\mathrm{d}r$$

$$=\frac{\mu_0Iv}{2\pi}\ln\frac{2(a+b)}{2a+b}$$

方向从 $C$ 到 $D$,$D$ 端的电势高.

**7-3** 一通有交变电流 $i=I_0\sin\omega t$ 的长直导线旁有一共面的矩形线圈 $ABCD$,相对位置如图所示. 试求:

(1) 穿过线圈回路的磁通量;

(2) 回路中感应电动势大小.

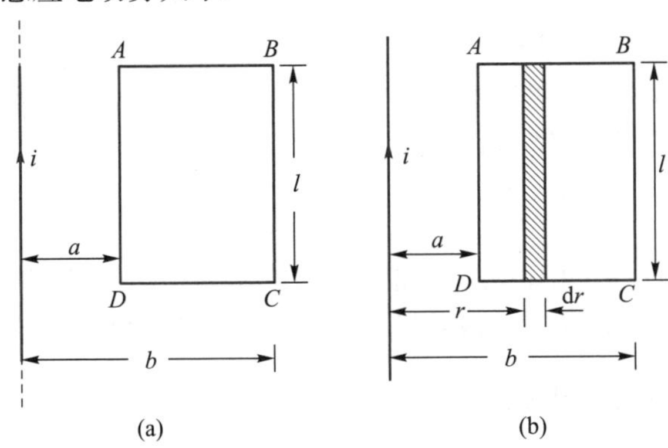


习题 7-3 图

**解** (1)
$$\Phi=\int_S \boldsymbol{B}\cdot\mathrm{d}\boldsymbol{S}=\int_a^b\frac{\mu_0 i}{2\pi r}l\mathrm{d}r=\frac{\mu_0 I_0 l\sin\omega t}{2\pi}\ln\frac{b}{a}$$

(2)
$$\mathscr{E}=\left|-\frac{\mathrm{d}\Phi}{\mathrm{d}t}\right|=\frac{\mu_0 I_0 l\omega\cos\omega t}{2\pi}\ln\frac{b}{a}$$

**7-4** 一个半径为 $a$ 的小圆线圈,其电阻为 $R$,开始时与另一个半径为 $b(b\gg a)$ 的大圆线圈共面并同心. 固定大线圈,在其中维持恒定电流 $I$,使小线圈绕其直径以匀角速度 $\omega$ 转动(小线圈的自感可以忽略),如图所示,求小线圈中的电流;

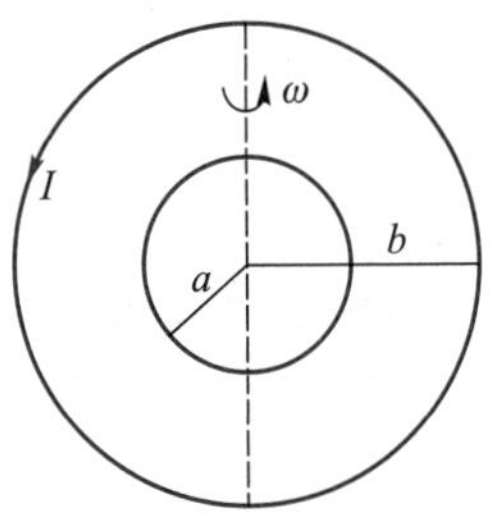


习题 7-4 图

**解** 大线圈电流 $I$ 在小线圈处产生的磁场 $B=\frac{\mu_0 I}{2b}$,$t$ 时刻通过小线圈的磁通量为
$$\Phi=\boldsymbol{B}\cdot\boldsymbol{S}_{小}=B\pi a^2\cos\omega t$$
小线圈中产生的电流为
$$i=\frac{\mathscr{E}}{R}=\frac{1}{R}\left|-\frac{\mathrm{d}\Phi}{\mathrm{d}t}\right|=\frac{B\pi a^2\omega}{R}\sin\omega t=\frac{\mu_0 I\pi a^2\omega}{2bR}\sin\omega t$$

**7-5** 如图所示,$AB$ 和 $CD$ 为两根金属棒,长均为 1 m,电阻均为 $R=4\ \Omega$,放置在均匀磁场中,已知 $B=2$ T,方向垂直纸面向里. 当两根金属棒在导轨上分别以 $v_1=4$ m/s 和 $v_2=2$ m/s 的速度向左运动时,忽略导轨的电阻. 试求:(1) 在两棒中动生电动势的大小和方向;(2) 金属棒两端的电势差 $U_{AB}$ 和 $U_{CD}$;(3) 两金属棒中点 $O_1$ 和 $O_2$ 之间的电势差.

**解** (1)
$$\mathscr{E}_{AB}=Blv_1=2\times1\times4\ \mathrm{V}=8\ \mathrm{V}$$
方向由 $A$ 指向 $B$.

$$\mathscr{E}_{CD}=Blv_2=2\times1\times2\ \text{V}=4\ \text{V}$$

方向由 $C$ 指向 $D$.

（2）回路中电流

$$I=\frac{\mathscr{E}_{AB}-\mathscr{E}_{CD}}{2R}=\frac{8-4}{2\times4}\ \text{A}=0.5\ \text{A}$$

电流方向为 $A\to B\to D\to C\to A$.

$$U_{AB}=IR-\mathscr{E}_{AB}=(0.5\times4-8)\ \text{V}=-6\ \text{V}$$

$$U_{CD}=-(\mathscr{E}_{CD}+IR)=-(4+0.5\times4)\ \text{V}=-6\ \text{V}$$

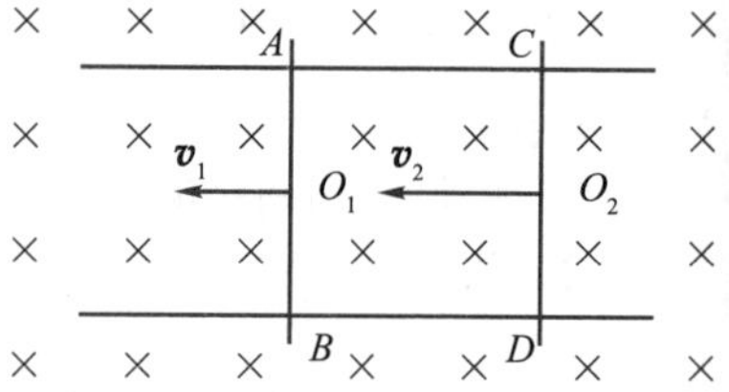

习题 7-5 图

（3）
$$U_{O_1O_2}=\frac{1}{2}U_{AB}+\frac{1}{2}U_{DC}=-3\ \text{V}+3\ \text{V}=0$$

**7-6** 在半径为 $R$ 的圆柱形空间中存在着均匀磁场，$\boldsymbol{B}$ 的方向与柱的轴线平行. 如图所示，有一金属棒 $AB$ 放在磁场外，$AB$ 两端与圆中心的连线的夹角为 $\theta_0$，设 $\boldsymbol{B}$ 的变化率为 $\frac{\mathrm{d}B}{\mathrm{d}t}>0$，求棒上感应电动势的大小和方向.

**解** 连接 $OA$ 和 $OB$，由于磁场变化而产生的 $\boldsymbol{E}_{\mathrm{r}}$ 的方向与 $OA$ 及 $OB$ 是垂直的，因此在半径方向上不产生感应电动势，即

$$\mathscr{E}_{OA}=\mathscr{E}_{OB}=0$$

在回路 $OAB$ 中产生的感应电动势就是金属棒 $AB$ 产生的，由法拉第电磁感应定律可知

$$\mathscr{E}=\left|-\frac{\mathrm{d}\Phi}{\mathrm{d}t}\right|=\frac{\mathrm{d}(BS)}{\mathrm{d}t}=\frac{\mathrm{d}B}{\mathrm{d}t}S$$

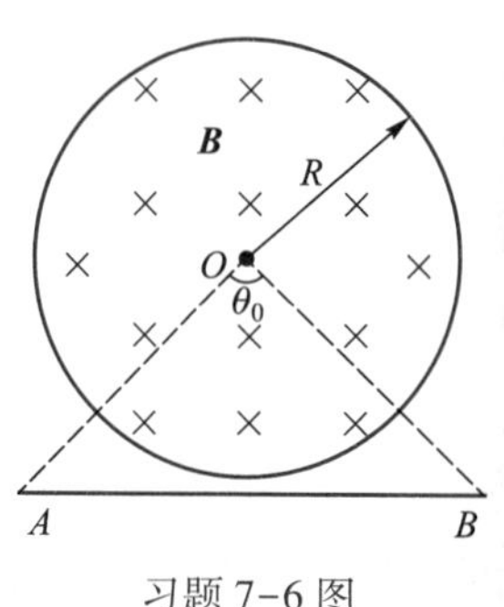

习题 7-6 图

$S=\frac{1}{2}R^2\theta_0$ 为扇形的面积，所以有

$$\mathscr{E}=\frac{1}{2}R^2\theta_0\ \frac{\mathrm{d}B}{\mathrm{d}t}$$

由楞次定律可知感应电动势方向为由 $A$ 指向 $B$.

**7-7** $AB$ 和 $BC$ 两段导线，其长均为 10 cm，在 $B$ 处相接成 30°角，若使导线在均匀磁场中以速度 $v=1.5$ m/s 运动，方向如图所示，磁场方向垂直纸面向里，磁感应强度 $B=2.5\times10^{-2}$ T. 问 $A$，$C$ 两端之间的电势差为多少？哪一端电势高？

**解**
$$\begin{aligned}U_{AC}&=U_{AB}+U_{BC}\\&=Blv+Bl\cos30^\circ v\\&=\left(1+\frac{\sqrt{3}}{2}\right)Blv\\&=\left(1+\frac{\sqrt{3}}{2}\right)\times2.5\times10^{-2}\times0.1\times1.5\ \text{V}\\&=7\times10^{-3}\ \text{V}\end{aligned}$$

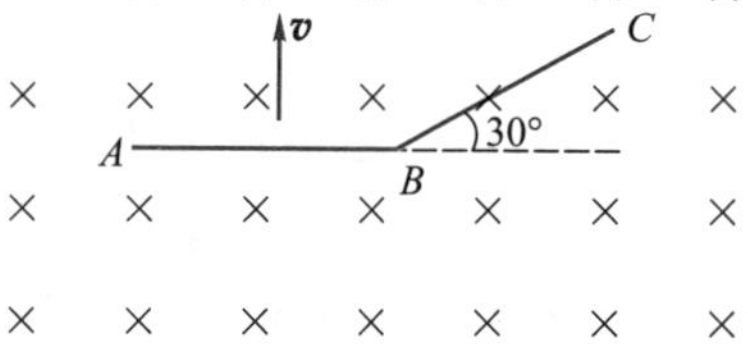

习题 7-7 图

由 $\boldsymbol{v}\times\boldsymbol{B}$ 可知 $A$ 端电势高.

**7-8** 如图所示，一面积为 4 $\mathrm{cm}^2$ 共 50 匝的小圆形线圈 A 放在半径为 20 cm 共 100 匝的大圆形线圈 B 的正中央，此两线圈同心且同平面. 设线圈 A 内各点的磁感应强度可看作是相同的. 求：

（1）两线圈的互感；

（2）当线圈 B 中电流的变化率为 −50 A/s时，线圈 A 中感应电动势的大小和方向.

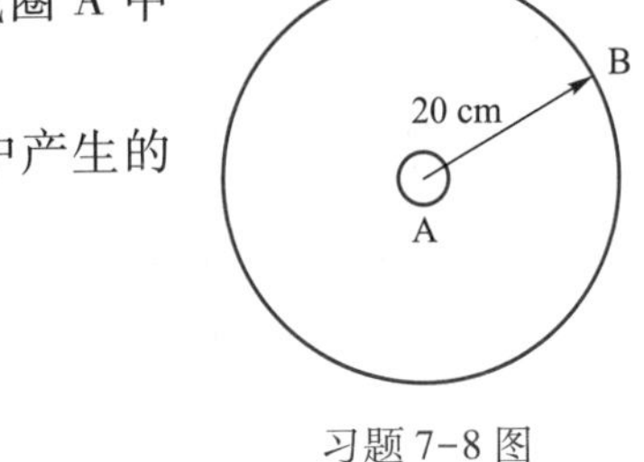


习题 7-8 图

**解** （1）设线圈 $B$ 中通有电流 $I$，则在线圈 A 中产生的磁通量为

$$\Phi = BS_{\mathrm{A}} = \frac{\mu_0 I N_{\mathrm{B}}}{2R_{\mathrm{B}}} S_{\mathrm{A}}$$

$$\Psi = N_{\mathrm{A}} \Phi = \frac{\mu_0 N_{\mathrm{A}} N_{\mathrm{B}} I}{2R_{\mathrm{B}}} S_{\mathrm{A}} = MI$$

求得

$$M = \frac{\mu_0 N_{\mathrm{A}} N_{\mathrm{B}} S_{\mathrm{A}}}{2R_{\mathrm{B}}} = 6.28\times10^{-6}\ \mathrm{H}$$

（2）$\mathscr{E}_{\mathrm{A}} = \left| -\frac{\mathrm{d}\Psi}{\mathrm{d}t} \right| = \left| -M\frac{\mathrm{d}I}{\mathrm{d}t} \right| = 6.28\times10^{-6}\times(-50)\ \mathrm{V} = 3.14\times10^{-4}\ \mathrm{V}$

$\mathscr{E}_{\mathrm{A}}$ 的方向与线圈 B 中的电流旋转方向相同.

**7-9** 已知一个空心密绕的螺绕环，其平均半径为 0.10 m，横截面积为 6 $\mathrm{cm}^2$，环上共有线圈 250 匝，求螺绕环的自感. 若线圈中通有电流 3 A 时，求线圈中的磁通量及磁链数.

**解**

$$\begin{aligned} L &= \mu_0 n^2 V \\ &= 4\pi\times10^{-7}\times\left(\frac{250}{2\pi\times0.1}\right)^2\times2\pi\times0.1\times6\times10^{-4}\ \mathrm{H} \\ &= 7.5\times10^{-5}\ \mathrm{H} \end{aligned}$$

磁通链数

$$\Psi = LI = 7.5\times10^{-5}\times3\ \mathrm{Wb} = 2.25\times10^{-4}\ \mathrm{Wb}$$

磁通量

$$\Phi = \frac{\Psi}{N} = \frac{\Psi}{250} = 9\times10^{-7}\ \mathrm{Wb}$$

**7-10** 一截面积为 8 $\mathrm{cm}^2$，长为 0.5 m，总匝数为 $N$ = 1 000 匝的空心螺线管，其线圈中的电流均匀地增大，每隔 1 s 增加 0.10 A. 现把一个铜丝做的环套在螺线管上，求互感和铜环内感应电动势的大小.

**解** 设螺线管通有电流 $I$，则管内

$$B = \mu_0 I n = \mu_0 I\frac{N}{l}$$

通过环的磁通量为

$$\Phi = BS = \mu_0 I\frac{N}{l}S$$

则互感为

$$M=\frac{\Phi}{I}=\mu_0\frac{N}{l}S=4\pi\times10^{-7}\times\frac{1\ 000}{0.5}\times8\times10^{-4}\ \text{H}=2.01\times10^{-6}\ \text{H}$$

$$\mathscr{E}=\left|-M\frac{\mathrm{d}I}{\mathrm{d}t}\right|=2.01\times10^{-6}\times0.1\ \text{V}=2.01\times10^{-7}\ \text{V}$$

**7-11** 有一段10号铜线,直径为2.54 mm,单位长度的电阻为$3.28\times10^{-3}$ Ω/m,铜线上通有10 A的电流,试问:

(1) 铜线表面处的磁能密度有多大?

(2) 该处的电能密度是多少?

**解** (1) 表面处有

$$B=\frac{\mu_0 I}{2\pi R}=\frac{\mu_0 I}{\pi d}$$

磁能密度为

$$w_{\mathrm{m}}=\frac{1}{2}\frac{B^2}{\mu_0}=\frac{\mu_0 I^2}{2\pi^2 d^2}=0.99\ \text{J/m}^3$$

(2) 导线表面电场强度为

$$E=\frac{U}{l}=\frac{IR}{l}=10\times3.28\times10^{-3}\ \text{V/m}=3.28\times10^{-2}\ \text{V/m}$$

表面处电能密度为

$$w_{\mathrm{e}}=\frac{1}{2}\varepsilon_0 E^2=4.8\times10^{-15}\ \text{J/m}^3$$

**7-12** 一平行板电容器,极板是半径为$R$的圆形金属板,两极板与一交变电源相接,极板上所带电荷量随时间的变化规律为$q=q_0\sin\omega t$,忽略边缘效应. 求:

(1) 两极板间位移电流密度的大小;

(2) 在两极板间,离中心轴线距离为$r(r<R)$处磁场强度$H$的大小.

**解** (1) 对平行板电容器,两极板间的电位移为

$$D=\sigma_0=\frac{q}{S}=\frac{q_0}{\pi R^2}\sin\omega t$$

所以,位移电流密度的大小为

$$j_{\mathrm{d}}=\frac{\mathrm{d}D}{\mathrm{d}t}=\frac{q_0\omega}{\pi R^2}\cos\omega t$$

(2) 由于在电容器内无传导电流,即$j=0$,由有磁介质时的安培环路定理知

$$\oint_L \boldsymbol{H}\cdot\mathrm{d}\boldsymbol{l}=\int_S(\boldsymbol{j}+\boldsymbol{j}_{\mathrm{d}})\cdot\mathrm{d}\boldsymbol{S}=\int_S\boldsymbol{j}_{\mathrm{d}}\cdot\mathrm{d}\boldsymbol{S}$$

以两极板中心线为对称轴,在平行于极板的平面内,以该平面与中心线交点为圆心,以$r$为半径做圆,由对称性知,其上$\boldsymbol{H}$大小相等,选积分方向与$\boldsymbol{H}$方向一致,则

$$\oint_L \boldsymbol{H}\cdot\mathrm{d}\boldsymbol{l}=H\cdot2\pi r$$

而 $$I_d=\int \boldsymbol{j}_d\cdot d\boldsymbol{S}=\int j_d\,dS=j_d\pi r^2$$

则有 $$H\cdot 2\pi r=j_d\pi r^2$$

$$H=\frac{j_d r}{2}=\frac{q_0\omega r}{2\pi R^2}\cos\omega t$$

**7-13**　一根长直导线，其 $\mu\approx\mu_0$，载有电流 $I$，已知电流均匀分布在导线的横截面上. 试证单位长度导线内所储存的磁场能量为$\frac{\mu_0 I^2}{16\pi}$.

**证**　$r<R$ 时 $$\oint_L \boldsymbol{B}\cdot d\boldsymbol{l}=\mu_0\Sigma I$$

即 $$B\cdot 2\pi r=\mu_0\cdot\frac{\pi r^2}{\pi R^2}I$$

求得 $$B=\frac{\mu_0 I}{2\pi R^2}r$$

单位长度上导线内磁能为

$$W_m=\int_V\frac{B^2}{2\mu_0}dV=\int_0^R\frac{B^2}{2\mu_0}\cdot 2\pi r dr=\frac{\mu_0 I^2}{16\pi}$$

**7-14**　试证明平行板电容器中的位移电流可写为

$$I_d=C\frac{dU}{dt}$$

式中 $C$ 是电容器的电容，$U$ 是两极板间的电势差.

**证** $$I_d=\frac{d\Psi}{dt}=\frac{d(DS)}{dt}=\frac{d(\sigma S)}{dt}=\frac{dq}{dt}=\frac{d(CU)}{dt}=C\frac{dU}{dt}$$

## 五、本章自测

### （一）选择题

**7-1**　一根无限长直导线载有电流 $I$，一矩形线圈位于导线平面内沿垂直载流导线方向以恒定速度 $\boldsymbol{v}$ 运动，如图所示，则（　　）

（A）线圈中无感应电流；　　（B）线圈中感应电流为顺时针方向；

（C）线圈中感应电流为逆时针方向；　　（D）线圈中感应电流方向无法确定

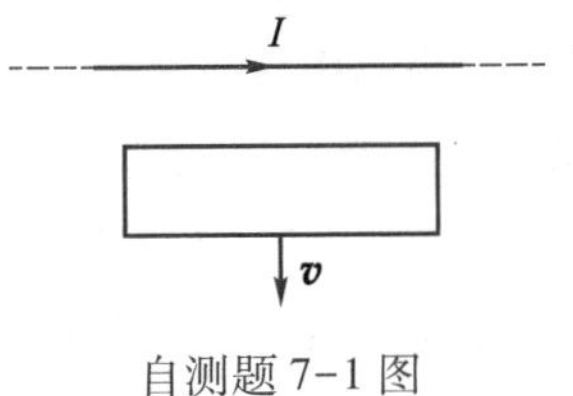

自测题 7-1 图

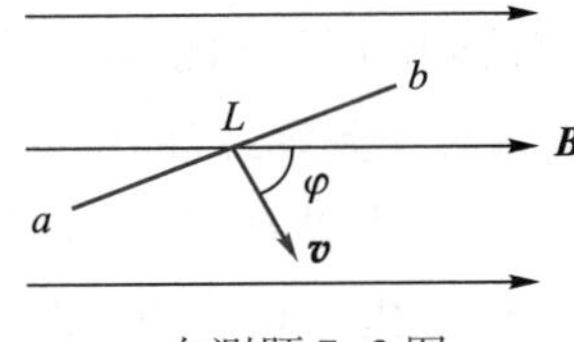

自测题 7-2 图

**7-2**　如图所示，长度为 $L$ 的直导线 $ab$ 在均匀磁场 $\boldsymbol{B}$ 中以速度 $\boldsymbol{v}$ 移动，直导线 $ab$ 中的感应电动势为（　　）.

（A）$BLv$；　　（B）$BLv\sin\varphi$；

(C) $BLv\cos\varphi$;　　　　(D) 0

**7-3** 有两个长直密绕螺线管,长度及线圈匝数均相同,半径分别为 $r_1$ 和 $r_2$. 管内充满均匀磁介质,其磁导率分别为 $\mu_1$ 和 $\mu_2$,设 $r_1:r_2=1:2$,$\mu_1:\mu_2=2:1$,当将两只螺线管串联在电路中通电稳定后,其自感之比 $L_1:L_2$ 与磁能之比 $W_{m_1}:W_{m_2}$ 分别为(　　).

(A) $L_1:L_2=1:1$,$W_{m_1}:W_{m_2}=1:1$;

(B) $L_1:L_2=1:2$,$W_{m_1}:W_{m_2}=1:1$;

(C) $L_1:L_2=1:2$,$W_{m_1}:W_{m_2}=1:2$;

(D) $L_1:L_2=2:1$,$W_{m_1}:W_{m_2}=2:1$

**7-4** 在以下矢量场中,属保守力场的是(　　).

(A) 静电场;　　　　(B) 涡旋电场;

(C) 恒定磁场;　　　　(D) 变化磁场

**7-5** 一平行板空气电容器的两极板都是半径为 $r$ 的圆导体片,在充电时,极板间电场强度的变化率为 $\frac{\mathrm{d}E}{\mathrm{d}t}$,若略去边缘效应,则两板间的位移电流为(　　).

(A) $\frac{r^2}{4\varepsilon_0}\frac{\mathrm{d}E}{\mathrm{d}t}$;　　　　(B) $\frac{\mathrm{d}E}{\mathrm{d}t}$;

(C) $2\pi\varepsilon_0 r\frac{\mathrm{d}E}{\mathrm{d}t}$;　　　　(D) $\varepsilon_0\pi r^2\frac{\mathrm{d}E}{\mathrm{d}t}$

(二) 填空题

**7-6** 用导线制成一半径 $r=10$ cm 的闭合圆形线圈,其电阻 $R=10\ \Omega$,均匀磁场垂直于线圈平面. 欲使电路有一稳定的感应电流 $i=0.01$ A,磁感应强度 $B$ 的变化率 $\frac{\mathrm{d}B}{\mathrm{d}t}=$ ______.

**7-7** 一金属棒 $ab$ 长为 $L$,沿 $OO'$ 轴在水平面内旋转,外磁场方向与轴平行,如图所示,已知 $|bc|=2|ac|$,则金属棒 $ab$ 两端的电势 $V_a$______$V_b$.



自测题 7-7 图

**7-8** 半径为 $a$ 的无限长密绕螺线管,单位长度上的匝数为 $n$,通以交变电流 $i=I_m\sin\omega t$,则围在管外的同轴圆形回路(半径为 $r$)上的感应电动势为______.

**7-9** 一自感为 0.25 H 的线圈,当线圈中的电流在 0.01 s 内由 2 A 均匀地减小到零,线圈中的自感电动势的大小为______.

**7-10** 产生动生电动势的非静电力是______,其相应的非静电性电场强度 $\boldsymbol{E}_k=$______;产生感生电动势的非静电力是______,激发感生电场的场源是______.

(三) 计算题

**7-11** 如图所示,半径为 $a$ 的细长螺线管内有 $\frac{\mathrm{d}B}{\mathrm{d}t}>0$ 的均匀磁场,一直导线弯成等腰梯形闭合回路如图放置.已知梯形上底长 $a$,下底长 $2a$,求各边产生的感生电动势和回路的总电动势______.

**7-12**　如图所示,一段很长的长方形导体回路,电阻为 $R$,质量为 $m$,宽度为 $l$,若回路受恒力 $\boldsymbol{F}$ 的作用,由图示位置从静止开始向均匀磁场 $\boldsymbol{B}$ 中运动,试求回路运动速度与时间的函数关系.

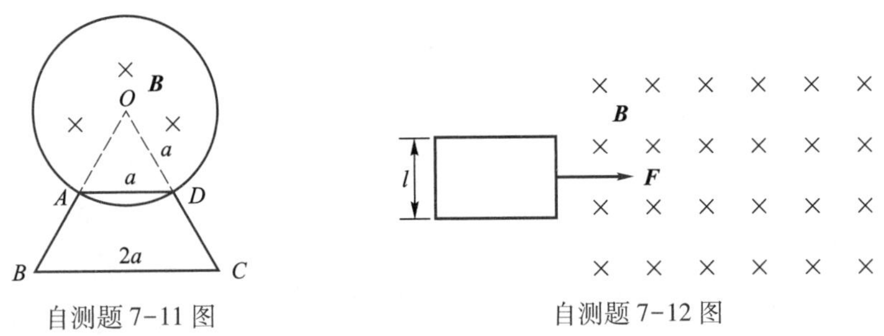


自测题 7-11 图　　自测题 7-12 图

**7-13**　一个直径为 0.01 m、长为 0.10 m 的长直螺线管,共绕有 1 000 匝线圈,长直螺线管总电阻为 7.76 Ω,如果把线圈接到电动势为 2 V 的电池上,电流稳定后,线圈中所储存的磁能有多少? 磁能密度又是多少?

**7-14**　如图所示,一宽为 $a$ 的薄金属板中通有电流 $I$,电流沿薄板宽度方向均匀分布,求在薄板所在平面内距板的一边也为 $a$ 的 $P$ 点的磁感应强度.

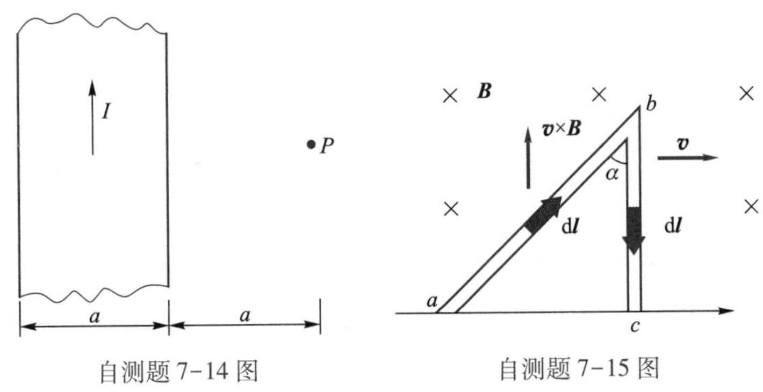


自测题 7-14 图　　自测题 7-15 图

第七章本章自测参考答案

**7-15**　如图所示,将一夹角为 $\alpha$ 的刚性折叠杆 $abc$ 置于均匀磁场 $\boldsymbol{B}$ 中. 设金属杆的边角关系为 $|bc|=|ab|\cos\alpha$. 当金属杆以速度 $\boldsymbol{v}$ 垂直于 $|bc|$ 方向运动时,求金属杆的感应电动势 $\mathscr{E}_{abc}$.

# 第八章

# 气体动理论

## 一、本章要点

1. 理想气体物态方程及其应用.
2. 理想气体压强和温度的概念及其统计意义.
3. 能量均分定理的内容,计算气体的内能及其变化.
4. 麦克斯韦速率分布律及三种统计速率的计算.
5. 气体分子的平均碰撞频率和平均自由程公式及应用.

## 二、主要内容

**1. 一个物态方程**

**(1) 理想气体**

**宏观模型** 凡符合气体实验定律(玻意耳定律、盖吕萨克定律、查理定律)的气体.

**微观模型** 分子没有大小,分子之间没有作用力,由遵守经典力学规律的弹性质点组成.

理想气体是一理想化模型,许多气体在压强不太大、温度不太低时皆可作为理想气体处理.

**(2) 平衡态**

在不受外界条件影响下,系统的宏观性质不随时间改变的状态,在 $p-V$ 图上用一点表示.

**(3) 气体的状态参量**

对一定的气体,其宏观状态可用气体的体积 $V$、压强 $p$ 和温度 $T$ 来描述,这三个物理量称为气体的状态参量.

**(4) 理想气体物态方程**

$$pV=\frac{m}{M}RT \quad 或 \quad p=nkT$$

即理想气体处于平衡态时,描写各个状态参量之间的关系式. 式中 $m$ 是气体的质量,$M$ 是气体的摩尔质量,$n$ 是单位体积内的分子数(即分子数密度),$k$ 为玻耳兹曼常量,$R$ 为摩尔气体常量.

$$k=1.38\times10^{-23}\ \text{J/K},\quad R=8.31\ \text{J/(mol}\cdot\text{K)}$$

**2. 两个基本公式**

**(1) 压强公式**

$$p=\frac{1}{3}nm_0\overline{v^2}=\frac{2}{3}n\overline{\varepsilon}_k$$

式中$\overline{\varepsilon}_k=\frac{1}{2}m_0\overline{v^2}$,称为理想气体分子的平均平动动能,即理想气体的压强是大量分子对器壁碰撞的结果.

**(2) 温度公式**

$$\overline{\varepsilon}_k=\frac{3}{2}kT$$

即理解气体的温度是分子热运动的平均平动动能的量度.

3. 三个统计规律

(1) 理想气体能量的统计规律

**能量按自由度均分定理**

在温度为 $T$ 的平衡状态下,气体分子的每个自由度都具有相同的平均动能,其大小都等于$\frac{1}{2}kT$.

**一个分子总的平均动能**

$$\bar{\varepsilon}=\frac{i}{2}kT$$

式中 $i$ 为分子的自由度,对单原子分子 $i=3$,对刚性双原子分子 $i=5$,对刚性多原子分子 $i=6$.

**理想气体的内能**

$$E=\frac{m}{M}\frac{i}{2}RT$$

(2) 气体分子速率分布的统计规律

**速率分布函数**

$$\frac{\mathrm{d}N}{N}=f(v)\,\mathrm{d}v$$

表示速率在 $v\sim v+\mathrm{d}v$ 区间内的分子数占总分子数的百分比(或分子速率处在 $v\sim v+\mathrm{d}v$ 区间内的概率).

**麦克斯韦速率分布律**

$$f(v)=4\pi\left(\frac{m_0}{2\pi kT}\right)^{\frac{3}{2}}\mathrm{e}^{-\frac{m_0v^2}{2kT}}v^2$$

表示速率分布在 $v$ 附近单位速率区间的分子数占总分子数的百分比.(或分子速率处在 $v$ 附近单位速率区间内的概率)

**三种速率**

**最概然速率** $$v_{\mathrm{p}}=\sqrt{\frac{2kT}{m_0}}=\sqrt{\frac{2RT}{M}}$$

**平均速率** $$\bar{v}=\sqrt{\frac{8kT}{\pi m_0}}=\sqrt{\frac{8RT}{\pi M}}$$

**方均根速率** $$\sqrt{\overline{v^2}}=\sqrt{\frac{3kT}{m_0}}=\sqrt{\frac{3RT}{M}}$$

**注意**:在讨论速率分布时,用最概然速率;讨论分子碰撞时,用平均速率;计算分子平均平动动能时,用方均根速率.

(3) 气体分子碰撞的统计规律

**平均碰撞频率**

$$\bar{Z}=\sqrt{2}\,\pi d^2\bar{v}n$$

平均自由程

$$\overline{\lambda}=\frac{1}{\sqrt{2}\pi d^2 n}=\frac{kT}{\sqrt{2}\pi d^2 p}$$

## 三、解题方法

本章习题分为 4 种类型.

**1. 理想气体物态方程的应用**

求解这一类习题的步骤为:(1) 选取研究对象(即某种理想气体系统);(2) 确定宏观状态参量 $p$、$V$、$T$ 的值并统一单位制;(3) 列方程,代入已知数据求解.

**例 8-1** 长方形绝热容器中间有一无摩擦的活塞,把容器分成相等的两部分,先把活塞固定,左边充入氢气,右边充入氧气,它们的质量、温度都相同,然后松开活塞,活塞将如何运动?

**解** 由理想气体物态方程可知

$$pV=\frac{m}{M}RT$$

可得

$$p=\frac{m}{MV}RT$$

对氢气有

$$p_1=\frac{m_1}{M_1V_1}RT_1$$

对氧气有

$$p_2=\frac{m_2}{M_2V_2}RT_2$$

已知

$$m_1=m_2,T_1=T_2,V_1=V_2,\quad M_1<M_2$$

所以

$$p_1>p_2$$

即左边气体(氢气)的压强大于右边气体(氧气)的压强,因此活塞将向右运动.

**2. 宏观量与微观量关系式的应用**

求解这一类习题的步骤为:(1) 根据习题所给的条件,分清哪些是宏观量,哪些是微观量;(2) 选用合适的计算公式求解.

**例 8-2** 一容器内储有氧气,在压强为 $1.00\times10^5$ Pa 和温度为 27 ℃的条件下,试求:

(1) 1 $mm^3$ 体积中氧的分子数;

(2) 氧分子的质量;

(3) 氧分子的平均平动动能;

(4) 氧分子的平均速率;

(5) 氧分子间的平均距离;

(6) 氧分子的平均碰撞频率;

(7) 氧分子的平均自由程.

已知氧气的摩尔质量 $M=32\times10^{-3}$ kg/mol，氧分子的有效直径 $d=3.56\times10^{-10}$ m.

**解**　(1) 由 $p=nkT$，得

$$n=\frac{p}{kT}=\frac{1.00\times10^{5}}{1.38\times10^{-23}\times(27+273)}\ \mathrm{m^{-3}}=2.42\times10^{25}\ \mathrm{m^{-3}}$$

(2) 氧分子的质量为

$$m_0=\frac{M}{N_\mathrm{A}}=\frac{32\times10^{-3}}{6.02\times10^{23}}\ \mathrm{kg}=5.3\times10^{-26}\ \mathrm{kg}$$

(3) 氧分子的平均平动动能为

$$\frac{1}{2}m_0\overline{v^2}=\frac{3}{2}kT=\frac{3}{2}\times1.38\times10^{-23}\times(27+273)\ \mathrm{J}=6.21\times10^{-21}\ \mathrm{J}$$

(4) 氧分子的平均速率为

$$\bar{v}=1.60\sqrt{\frac{RT}{M}}=1.60\times\sqrt{\frac{8.31\times(27+273)}{32\times10^{-3}}}\ \mathrm{m/s}=446.59\ \mathrm{m/s}$$

(5) 氧分子间的平均距离：平均每个分子占据的空间为 $\frac{1}{n}$，将此空间视为立方体，则分子间的平均距离等于该立方体的边长，即

$$l=\frac{1}{\sqrt[3]{n}}=\frac{1}{\sqrt[3]{2.42\times10^{16}}}\ \mathrm{mm}=3.46\times10^{-6}\ \mathrm{mm}=3.46\times10^{-9}\ \mathrm{m}$$

由此可知，分子间平均距离($3.46\times10^{-9}$ m)为氧分子自身线度($3.56\times10^{-10}$ m)的 10 倍，即分子间存在很大的活动空间.

(6) 氧分子的平均碰撞频率为

$$\overline{Z}=\sqrt{2}\pi d^2n\bar{v}=\sqrt{2}\times3.14\times(3.56\times10^{-10})^2\times(2.42\times10^{25})\times446.59\ \mathrm{s^{-1}}=6.07\times10^{9}\ \mathrm{s^{-1}}$$

(7) 氧分子的平均自由程为

$$\bar{\lambda}=\frac{1}{\sqrt{2}\pi d^2n}=\frac{1}{\sqrt{2}\times3.14\times(3.56\times10^{-10})^2\times2.42\times10^{25}}\ \mathrm{m}=7.34\times10^{-8}\ \mathrm{m}$$

### 3. 理想气体内能的计算

求解这一类习题时必须分清：(1) $\frac{1}{2}kT,\frac{3}{2}kT,\frac{i}{2}kT,\frac{i}{2}RT,\frac{m}{M}\ \frac{i}{2}RT$ 各式的物理意义；(2) 对于不同的气体，是单原子分子、刚性双原子分子还是刚性多原子分子组成的气体.

**例 8-3** 容器内某理想气体的温度 $T=273\ \mathrm{K}$，压强 $p=101.3\ \mathrm{Pa}$，密度 $\rho=1.25\ \mathrm{g/m^3}$，求：

(1) 气体的摩尔质量，判断是何种气体；

(2) 气体分子运动的方均根速率；

(3) 气体分子的平均平动动能和转动动能；

(4) 单位体积内气体分子的总平动动能；

(5) 0.3 mol 该气体的内能.

**解** (1) 由 $pV=\frac{m}{M}RT$ 和 $\rho=\frac{m}{V}$ 可知

$$M=\frac{\rho RT}{p}=\frac{1.25\times10^{-3}\times8.31\times273}{101.3}\ \mathrm{kg/mol}\approx0.028\ \mathrm{kg/mol}$$

可以判定该气体是 $N_2$ 或 CO.

(2)
$$\sqrt{\overline{v^2}}=\sqrt{\frac{3RT}{M}}=\sqrt{\frac{3p}{\rho}}=\sqrt{\frac{3\times101.3}{1.25\times10^{-3}}}\ \mathrm{m/s}\approx493\ \mathrm{m/s}$$

(3)
$$\bar{\varepsilon}_{\mathrm{k}}=\frac{3}{2}kT=\frac{3}{2}\times1.38\times10^{-23}\times273\ \mathrm{J}\approx5.65\times10^{-21}\ \mathrm{J}$$

$$\bar{\varepsilon}_{\mathrm{r}}=kT=1.38\times10^{-23}\times273\ \mathrm{J}\approx3.77\times10^{-21}\ \mathrm{J}$$

（刚性双原子分子有 3 个平动自由度，2 个转动自由度）

(4) 由
$$E_{\mathrm{k}}=n\cdot\bar{\varepsilon}_{\mathrm{k}},n=\frac{p}{kT}$$

可知

$$E_{\mathrm{k}}=\frac{p}{kT}\cdot\bar{\varepsilon}_{\mathrm{k}}=\frac{101.3}{1.38\times10^{-23}\times273}\times5.65\times10^{-21}\ \mathrm{J/m^3}\approx1.52\times10^{2}\ \mathrm{J/m^3}$$

(5)
$$E=\frac{m}{M}\ \frac{i}{2}RT=0.3\times\frac{5}{2}\times8.31\times273\ \mathrm{J}\approx1.70\times10^{3}\ \mathrm{J}$$

### 4. 气体分子速率分布函数的应用

求解这一类习题的关键是要理解分子速率分布函数的物理意义，熟练掌握三种特征速率的应用场合.

**例 8-4** 试说明下列各式的物理意义：

(1) $f(v)\mathrm{d}v$； (2) $Nf(v)\mathrm{d}v$； (3) $\int_{v_1}^{v_2}f(v)\mathrm{d}v$； (4) $\int_{v_1}^{v_2}Nf(v)\mathrm{d}v$；

(5) $\int_{v_1}^{v_2} vNf(v)\,\mathrm{d}v$.

**解**　根据分布函数$f(v)$的定义

$$f(v)\,\mathrm{d}v=\frac{\mathrm{d}N}{N}$$

式中$N$为系统总分子数，$\mathrm{d}N$为速率在$v\sim v+\mathrm{d}v$区间内的分子数，则可得到以上各式的物理意义.

(1) $f(v)\,\mathrm{d}v=\dfrac{\mathrm{d}N}{N}$

表示速率在$v\sim v+\mathrm{d}v$区间内的分子数占总分子数的百分比（或分子速率处在$v\sim v+\mathrm{d}v$区间内的概率）.

(2) $Nf(v)\,\mathrm{d}v=\mathrm{d}N$

表示速率在$v\sim v+\mathrm{d}v$区间内的分子数.

(3) $\int_{v_1}^{v_2} f(v)\,\mathrm{d}v=\int_{N_1}^{N_2}\dfrac{\mathrm{d}N}{N}$

表示速率在$v_1\sim v_2$区间内的分子数占总分子数的百分比（或分子速率处在$v_1\sim v_2$区间内的概率）.

(4) $\int_{v_1}^{v_2} Nf(v)\,\mathrm{d}v=\int_{N_1}^{N_2}\mathrm{d}N$

表示速率在$v_1\sim v_2$区间内的分子数.

(5) $\int_{v_1}^{v_2} vNf(v)\,\mathrm{d}v=\int_{N_1}^{N_2} v\,\mathrm{d}N$

表示速率在$v_1\sim v_2$区间内的分子速率之和.

四、习题略解

**8-1**　有一打气筒，每一次可将压强$p_0=1.01\times10^5$ Pa、温度$t_0=3.0$ ℃、体积$V_0=4.0$ L的空气压缩到容积$V=1.5\times10^3$ L容器内（初始状态为真空），问需要打几次气，才能使容器内的空气温度$t=45$ ℃，压强$p=2.02\times10^5$ Pa.

**解**　每打一次气，注入容器内质量为$\Delta m=\dfrac{p_0V_0M}{RT_0}$，终了时，气体的质量为

$$m=\frac{pVM}{RT}$$

所以打气的次数为

$$n=\frac{m}{\Delta m}=\frac{pVT_0}{p_0V_0T}\approx651（次）$$

**8-2**　求温度为127 ℃时，1 mol氧气具有的平动动能和转动动能.

**解** $$E_k=\frac{3}{2}RT=\frac{3}{2}\times 8.31\times 400\ \text{J}=4\ 986\ \text{J}$$

$$E_r=\frac{2}{2}RT=\frac{2}{2}\times 8.31\times 400\ \text{J}=3\ 324\ \text{J}$$

**8-3** 一容积为 $V=1.0\ \text{m}^3$ 的容器内装有 $N_1=1.0\times 10^{24}$ 个氧分子和 $N_2=3.0\times 10^{24}$ 个氮分子的混合气体,混合气体的压强 $p=2.58\times 10^4$ Pa. 试求:

(1) 分子的平均平动动能;

(2) 混合气体的温度.

**解** (1) 由压强公式 $p=\frac{2}{3}n\bar{\varepsilon}_k$ 及 $n=\frac{N_1+N_2}{V}$ 可得

$$\begin{aligned}\bar{\varepsilon}_k&=\frac{3}{2}\frac{p}{n}\\&=\frac{3pV}{2(N_1+N_2)}\\&=\frac{3\times 2.58\times 10^4\times 1.0}{2\times(1.0\times 10^{24}+3.0\times 10^{24})}\ \text{J}\\&=9.68\times 10^{-21}\ \text{J}\end{aligned}$$

(2) 由理想气体物态方程 $p=nkT$ 可知

$$T=\frac{p}{nk}=\frac{pV}{(N_1+N_2)k}=\frac{2.58\times 10^4}{1.38\times 10^{-23}(1.0\times 10^{24}+3.0\times 10^{24})}\text{K}=467\ \text{K}$$

**8-4** 两个容器中分别储有氦气和氧气,已知氦气的压强是氧气压强的$\frac{1}{2}$,氦气的容积是氧气的 2 倍. 求氦气的内能与氧气内能之比.

**解** 由 $E=\frac{m}{M}\cdot\frac{i}{2}RT$ 及 $pV=\frac{m}{M}RT$ 得

$$\frac{E_{\text{He}}}{E_{O_2}}=\frac{i_{\text{He}}}{i_{O_2}}=\frac{3}{5}$$

**8-5** 一容器内储有一定质量的双原子理想气体,设容器以速度 $u$ 运动,现使容器突然停止,试求容器内气体分子速率平方平均值的增量.

**解** 气体定向运动机械能转化为气体的内能. 设气体的质量为 $m$,摩尔质量为 $M$,则气体内能增量为

$$\Delta E=\frac{1}{2}mu^2$$

又内能增量为

$$\Delta E=\frac{m}{M}\cdot\frac{i}{2}R\Delta T$$

故有
$$\frac{1}{2}mu^2=\frac{m}{M}\cdot\frac{i}{2}R\Delta T$$

求得
$$\Delta T=\frac{Mu^2}{iR} \tag{1}$$
设每个分子质量为 $m_0$，则
$$\frac{1}{2}m_0\overline{v^2}=\frac{3}{2}kT$$
求得
$$\overline{v^2}=\frac{3kT}{m_0}$$
$$\Delta(\overline{v^2})=\frac{3k}{m_0}\Delta T=\frac{3R}{N_A m_0}\Delta T=\frac{3R}{M}\Delta T \tag{2}$$
将(1)式代入(2)式得
$$\Delta(\overline{v^2})=\frac{3R}{M}\frac{mu^2}{iR}=\frac{3u^2}{i}=\frac{3}{5}u^2（双原子\ i=5）$$

**8-6**　20 个质点的速率如下：2 个具有速率 $v_0$，3 个具有速率 $2v_0$，5 个具有速率 $3v_0$，4 个具有速率 $4v_0$，3 个具有速率 $5v_0$，2 个具有速率 $6v_0$，1 个具有速率 $7v_0$，试计算：(1) 平均速率；(2) 方均根速率；(3) 最概然速率.

**解**　(1)
$$\begin{aligned}\bar{v}&=\frac{\sum_i N_i v_i}{\sum_i N_i}\\&=\frac{2\times v_0+3\times 2v_0+5\times 3v_0+4\times 4v_0+3\times 5v_0+2\times 6v_0+1\times 7v_0}{2+3+5+4+3+2+1}\\&=\frac{73v_0}{20}\\&=3.65v_0\end{aligned}$$
(2)
$$\overline{v^2}=\frac{\sum_i N_i v_i^2}{\sum_i N_i}=\frac{2\times v_0^2+3\times(2v_0)^2+\cdots}{20}=15.95v_0^2$$
$$\sqrt{\overline{v^2}}=\sqrt{15.95v_0^2}=3.99v_0$$
(3) 具有 $3v_0$ 的分子个数最多，故最概然速率
$$v_p=3v_0$$

**8-7**　容器中储有氧气，$p=1.013\times10^5$ Pa，$t=27$ ℃，求：
(1) 单位体积内的分子数 $n$；
(2) 分子的质量 $m_0$；
(3) 气体的密度 $\rho$.

**解**　(1)
$$n=\frac{p}{kT}=\frac{1.013\times10^5}{1.38\times10^{-23}\times300}\ \text{m}^{-3}=2.45\times10^{25}\ \text{m}^{-3}$$
(2)
$$m_0=\frac{m}{N_A}=\frac{32\times10^{-3}}{6.02\times10^{23}}\ \text{kg}=5.32\times10^{-26}\ \text{kg}$$
(3)
$$\rho=nm_0=2.45\times10^{25}\times5.32\times10^{-26}\ \text{kg/m}^3=1.30\ \text{kg/m}^3$$

**8-8** 计算气体分子热运动速率介于最概然速率 $v_p$ 与 $v_p+\frac{v_p}{100}$之间的分子数所占总分子数的百分比.

**解** 根据麦克斯韦速率分布律,速率介于 $v_p$ 与 $v_p+\frac{v_p}{100}$之间的分子数所占的百分比,在 $\Delta v$ 较小时可近似地表示为$\frac{\Delta N}{N}=4\pi\left(\frac{m_0}{2\pi kT}\right)^{\frac{3}{2}}v^2e^{-\frac{m_0v^2}{2kT}}\Delta v$. 按题意可知

$$v=v_p,\Delta v=\frac{v_p}{100}$$

将 $v_p=\sqrt{\frac{2kT}{m_0}}$代入上式得

$$\begin{aligned}\frac{\Delta N}{N}&=\frac{4}{\sqrt{\pi}}\left(\frac{1}{v_p}\right)^3e^{-1}v_p^2(0.01v_p)\\&=\frac{4}{\sqrt{\pi}}\ \frac{1}{v_p^3}e^{-1}(0.01v_p^3)\\&=0.83\%\end{aligned}$$

**8-9** 体积为 $10^{-3}$ m$^3$ 的容器中,储有一定的理想气体,其分子总数为 $10^{23}$ 个,每个分子的质量为 $5\times10^{-26}$ kg,分子的方均根速率为 400 m/s,试求该理想气体的压强、温度以及气体分子的总平动动能.

**解**
$$p=\frac{2}{3}n\left(\frac{1}{2}m_0\ \overline{v^2}\right)=\frac{2}{3}\ \frac{N}{V}\left(\frac{1}{2}m_0\ \overline{v^2}\right)=2.67\times10^5\ \text{Pa}$$

$$pV=\frac{m}{M}RT=\frac{Nm_0}{N_Am_0}RT$$

$$T=\frac{pVN_A}{NR}=193\ \text{K}$$

$$E_k=N\bar{\varepsilon}_k=N\cdot\frac{1}{2}m_0\ \overline{v^2}=400\ \text{J}$$

**8-10** 设 $N$ 个分子的速率分布如图所示. (1) 由 $N$ 和 $v_0$,求 $a$ 值;(2) 在速率$\frac{1}{2}v_0$ 到$\frac{3}{2}v_0$ 间隔内的分子数;(3) 分子的平均速率.

**解** (1) 由图可知,速率分布函数为

$$f(v)=\begin{cases}\frac{a}{Nv_0}v & (0\leqslant v\leqslant v_0)\\ a/N & (v_0\leqslant v\leqslant 2v_0)\\ 0 & (v>2v_0)\end{cases}$$

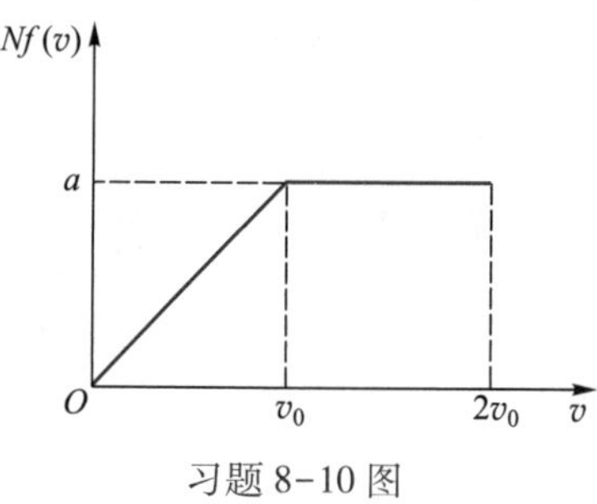

习题 8-10 图

由归一化条件可知 $\int_0^{\infty}f(v)\,dv=1$,即

$$\int_0^{v_0}\frac{av}{v_0N}\mathrm{d}v+\int_{v_0}^{2v_0}\frac{a}{N}\mathrm{d}v+\int_{2v_0}^{\infty}0\cdot\mathrm{d}v=\frac{3av_0}{2N}=1$$

求得

$$a=\frac{2N}{3v_0}$$

（2）
$$\Delta N=\int_{\frac{1}{2}v_0}^{\frac{3}{2}v_0}Nf(v)\mathrm{d}v=\int_{\frac{1}{2}v_0}^{v_0}\frac{av}{v_0}\mathrm{d}v+\int_{v_0}^{\frac{3}{2}v_0}a\mathrm{d}v=\frac{7av_0}{8}=\frac{7}{8}\times\frac{2}{3}N=\frac{7}{12}N$$

（3）
$$\bar{v}=\int_0^{\infty}vf(v)\mathrm{d}v=\int_0^{v_0}\frac{av^2}{Nv_0}\mathrm{d}v+\int_{v_0}^{2v_0}\frac{av}{N}\mathrm{d}v=\frac{11}{6}\frac{av_0^2}{N}=\frac{11}{9}v_0$$

**8-11**　对温度为 30 ℃的氧气分子，试求：

（1）平均平动动能；

（2）平均动能；

（3）$4.0\times10^{-3}$ kg 氧气的内能.

**解**　（1）对于氧气（双原子分子），平动自由度 $t=3$，转动自由度 $r=2$，忽略氧气的振动，则氧分子自由度 $i=t+r=5$. 因此，氧分子的平均平动动能为

$$\bar{\varepsilon}_{\mathrm{k}}=\frac{t}{2}kT=\frac{3}{2}\times1.38\times10^{-23}\times(273+30)\ \mathrm{J}=6.3\times10^{-21}\ \mathrm{J}$$

（2）
$$\bar{\varepsilon}=\frac{i}{2}kT=\frac{5}{2}\times1.38\times10^{-23}\times(273+30)\ \mathrm{J}=1.05\times10^{-20}\ \mathrm{J}$$

（3）内能

$$\begin{aligned}E&=\frac{m}{M}\cdot\frac{i}{2}RT\\&=\frac{4.0\times10^{-3}}{32\times10^{-3}}\times\frac{5}{2}\times8.31\times303\ \mathrm{J}\\&=7.87\times10^{2}\ \mathrm{J}\end{aligned}$$

**8-12**　在一容积为 $V$ 的容器内，盛有质量分别为 $m_1$ 和 $m_2$ 的两种不同的单原子分子气体. 此混合气体处于平衡状态时，其中的两种成分气体的内能相等，均为 $E$，求两种气体分子的平均速率之比$\dfrac{\overline{v_1}}{\overline{v_2}}$.

**解**　由 $\bar{v}=\sqrt{\dfrac{8RT}{\pi M}}$得

$$\frac{\overline{v_1}}{\overline{v_2}}=\sqrt{\frac{M_2}{M_1}}$$

两种气体的内能相同，即

$$E=\frac{m_1}{M_1}\frac{3}{2}RT=\frac{m_2}{M_2}\frac{3}{2}RT$$

由此得

$$\frac{M_1}{M_2}=\frac{m_1}{m_2}$$

因此
$$\frac{\overline{v_1}}{\overline{v_2}}=\sqrt{\frac{m_2}{m_1}}$$

**8-13** 今测得温度 $t_1=15\ ℃$,压强 $p_1=1.013\times10^5$ Pa 时,氩分子和氖分子的平均自由程分别为 $\overline{\lambda}_{Ar}=6.7\times10^{-8}$ m 和 $\overline{\lambda}_{Ne}=13.2\times10^{-8}$ m. 求:

(1) 氖分子和氩分子的有效直径之比 $d_{Ne}:d_{Ar}$.

(2) 温度 $t_2=20\ ℃$,压强 $p_2=1.999\times10^4$ Pa 时,氩分子的平均自由程 $\overline{\lambda}_{Ar}$.

**解** (1) 氩气和氖气可视为理想气体,因此有

$$\overline{\lambda}=\frac{kT}{\sqrt{2}\pi d^2p}$$

故
$$\frac{\overline{\lambda}_{Ne}}{\overline{\lambda}_{Ar}}=\frac{kT}{\sqrt{2}\pi d_{Ne}^2p}\frac{\sqrt{2}\pi d_{Ar}^2p}{kT}=\frac{d_{Ar}^2}{d_{Ne}^2}$$

则
$$\frac{d_{Ne}}{d_{Ar}}=\sqrt{\frac{\overline{\lambda}_{Ar}}{\overline{\lambda}_{Ne}}}=\sqrt{\frac{6.7\times10^{-8}}{13.2\times10^{-8}}}=0.71$$

(2) 设在温度为 $t_2$,压强为 $p_2$ 时平均自由程为 $\overline{\lambda}'_{Ar}$,则

$$\frac{\overline{\lambda}'_{Ar}}{\overline{\lambda}_{Ar}}=\frac{kT_2}{\sqrt{2}\pi d_{Ar}^2p_2}\frac{\sqrt{2}\pi d_{Ar}^2p_1}{kT_1}=\frac{T_2p_1}{T_1p_2}$$

由此得

$$\overline{\lambda}'_{Ar}=\frac{T_2p_1}{T_1p_2}\overline{\lambda}_{Ar}=\frac{(273+20)\times1.013\times10^5}{(273+15)\times1.999\times10^4}\times6.7\times10^{-8}\ \text{m}=3.5\times10^{-7}\ \text{m}$$

**8-14** 求氢分子在标准状态下的平均碰撞频率,已知氢分子的有效直径为$2\times10^{-10}$ m.

**解**
$$\overline{\lambda}=\frac{1}{\sqrt{2}\pi d^2n}=\frac{kT}{\sqrt{2}\pi d^2p}$$
$$=\frac{1.38\times10^{-23}\times273}{\sqrt{2}\pi\times(2\times10^{-10})^2\times1.013\times10^5}\ \text{m}=2.09\times10^{-7}\ \text{m}$$

$$\overline{Z}=\frac{\overline{v}}{\overline{\lambda}}=\frac{1.60\sqrt{\frac{RT}{M}}}{\lambda}=\frac{1.60\sqrt{\frac{8.31\times273}{2\times10^{-3}}}}{2.09\times10^{-7}}\ \text{s}^{-1}$$
$$=8.15\times10^9\ \text{s}^{-1}$$

**8-15** 已知某理想气体分子的方均根速率为 400 m/s,当压强为 $1.01\times10^5$ Pa 时,求气体的密度 $\rho$.

**解** 由 $pV=\frac{m}{M}RT$ 和$\sqrt{\overline{v^2}}=\sqrt{\frac{3RT}{M}}$得

$$\rho=\frac{m}{v}=\frac{pM}{RT}=\frac{3p}{\overline{v^2}}=\frac{3\times1.01\times10^5}{400^2}\ \text{kg/m}^3=1.89\ \text{kg/m}^3$$

## 五、本章自测

### （一）选择题

**8-1**　4 mol 的多原子分子理想气体，当温度为 $T$ 时，其内能为（　　）.

（A）$12kT$；　（B）$10kT$；　（C）$12RT$；　（D）$10RT$

**8-2**　两种理想气体的温度相等，则它们（　　）.

（A）内能相等；　（B）分子的平均动能相等；

（C）分子的平均转动动能相等；　（D）分子的平均平动动能相等

**8-3**　在标准状态下，若氧气和氦气的体积比 $V_1 : V_2 = 1 : 2$，则其内能之比 $E_1 : E_2$ 为（　　）.

（A）3∶10；　（B）1∶2；　（C）5∶6；　（D）5∶3

**8-4**　三个容器 A、B、C 中装有同种理想气体，其分子数密度 $n$ 相同，而方均根速率之比为 $\sqrt{\overline{v_A^2}} : \sqrt{\overline{v_B^2}} : \sqrt{\overline{v_C^2}} = 1 : 2 : 4$，则其压强之比 $p_A : p_B : p_C$ 为（　　）.

（A）1∶2∶4；　（B）1∶4∶8；　（C）1∶4∶16；　（D）4∶2∶1

**8-5**　在恒定不变的压力下，气体分子的平均碰撞频率 $\overline{Z}$ 与气体温度 $T$ 的关系为（　　）.

（A）与 $\sqrt{T}$ 成反比；　（B）与 $T$ 无关；

（C）与 $\sqrt{T}$ 成正比；　（D）与 $T$ 成反比

### （二）填空题

**8-6**　一氧气瓶的容积为 $V$，充入氧气后压强为 $p_1$，用了一段时间后压强降为 $p_2$，则瓶中剩下的氧气的内能与未用前氧气的内能之比为______.

**8-7**　温度为 27 ℃时，1 mol 氧气具有的平动动能为________，转动动能为________.

**8-8**　对于单原子分子理想气体，下面各式分别代表什么物理意义？

（1）$\frac{3}{2}RT$：________________________________________；

（2）$\frac{3}{2}R$：________________________________________；

（3）$\frac{5}{2}R$：________________________________________.

**8-9**　已知 $f(v)$ 为麦克斯韦速率分布函数，$N$ 为总分子数，则速率 $v>100$ m/s 的分子数占总分子数的百分比表达式为__________，速率 $v<100$ m/s 的分子数表达式为__________.

**8-10**　一容器内储有某种气体，若已知气体的压强为 $3\times10^5$ Pa，温度为 27 ℃，密度为 0.24 kg/m$^3$，则可确定此种气体是______.

### （三）计算题

**8-11**　试用气体动理论证明：在某一容器中，当储有不发生化学反应的气体处

于平衡态时,气体的总压强等于各气体分压强之和,即

$$p = p_1 + p_2 + \cdots + p_n$$

**8-12** 有 $2.0\times10^3$ m 刚性双原子分子理想气体,其内能为 $7.0\times10^2$ J. 求:

(1) 气体的压强;

(2) 设分子总数为 $5.0\times10^{22}$ 个,刚性双原子分子的平均动能与平均平动动能各为多少?

(3) 气体的温度为多少?

**8-13** 若大量粒子的速率分布曲线如图所示(当 $v>v_0$ 时,粒子数为零).

(1) 由 $v_0$ 确定常数 $C$;

(2) 求粒子的平均速率和方均根速率.

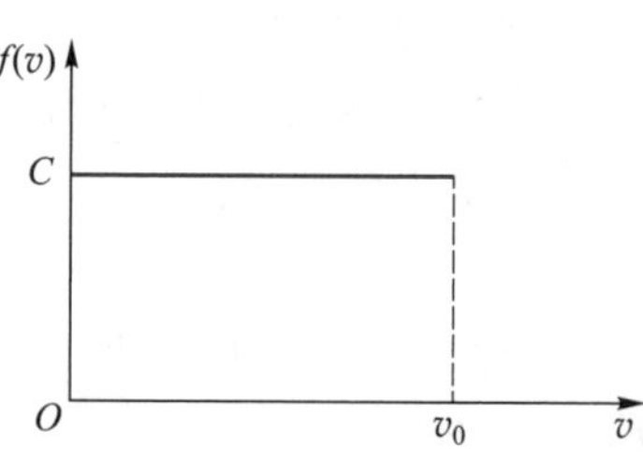


自测题 8-13 图

**8-14** 为了提高容器的真空度,通常可将容器预抽成一定的真空状态,然后将容器放置于一定温度的烘箱进行烘烤,使器壁释放出所吸附的部分气体分子后,再将其抽走,以提高真空度. 若容器的初始(预抽而成)压强为 $1.33\times10^{-3}$ Pa,经升温可至 500 K 的烘箱烘烤后,容器内压强升至 1.33 Pa. 求器壁释放出的分子数(设容器容积为 $1.26\times10^{-3}$ m$^3$).

**8-15** 同一温度下的氢分子和氧分子的速率分布曲线如图所示,求氢分子和氧分子的最概然速率.

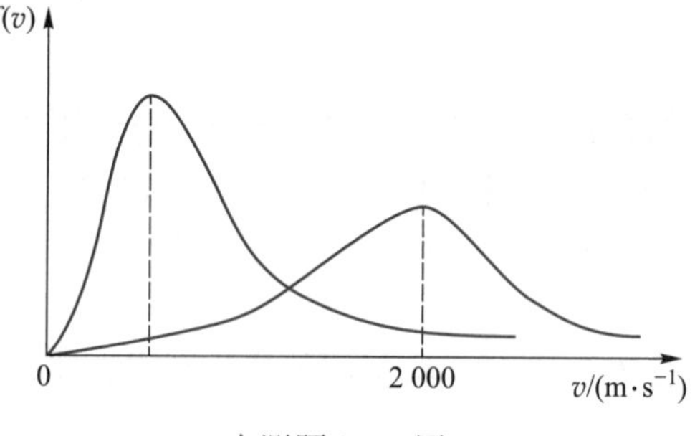


自测题 8-15 图

第八章本章自测参考答案

# 第九章

# 热力学基础

## 一、本章要点

1. 热力学第一定律在理想气体各种过程中的应用.
2. 循环及卡诺循环的效率计算.
3. 热力学第二定律的两种表述.
4. 熵的概念及熵增加原理.

## 二、主要内容

**1. 准静态过程**

过程进行得无限缓慢,过程中的每一中间态都非常接近平衡态,则此过程称为准静态过程. 它是一个理想过程,在 $p-V$ 图上,准静态过程可用一曲线表示.

**2. 功、热量和内能**

**(1) 准静态过程中系统对外做功**

$$A=\int_{V_1}^{V_2} p\mathrm{d}V$$

它在数值上等于 $p-V$ 图上过程曲线与 $x$ 轴围成的面积.

**(2) 热量**

$$Q=\frac{m}{M}C\Delta T$$

式中 $C_{\mathrm{m}}$ 为摩尔热容,其值与过程有关. 若为等体过程,则 $C_{\mathrm{m}}=C_{V,\mathrm{m}}=\frac{i}{2}R$ 称为定体摩尔热容;若为等压过程,则 $C_{\mathrm{m}}=C_{p,\mathrm{m}}=C_{V,\mathrm{m}}+R$ 称为定压摩尔热容,$\gamma=\frac{C_{p,\mathrm{m}}}{C_{V,\mathrm{m}}}$称为摩尔热容比. 对理想气体的绝热过程有

$$pV^{\gamma}=\text{常量},\quad V^{\gamma-1}T=\text{常量},\quad p^{\gamma-1}T^{-\gamma}=\text{常量}$$

**(3) 内能**

$$E=\frac{m}{M}\frac{i}{2}RT$$

即理想气体的内能是温度的单值函数.

**注意:**功和热量都是过程量,与具体的过程有关,而内能是状态量,与过程无关. 因此,系统经历一个过程,其内能的变化,只与系统起始和终止时的状态有关,与中间过程无关. 对理想气体而言,内能变化只取决于起始和终止状态的温度. 即

$$\Delta E=\frac{m}{M}\frac{i}{2}R\Delta T$$

**3. 热力学第一定律**

**(1) 热力学第一定律的数学表达式**

$$Q=\Delta E+A$$

$$\mathrm{d}Q=\mathrm{d}E+\mathrm{d}A$$

即系统从外界吸收的热量 $Q$,一部分用来使系统的内能 $\Delta E$ 增加,另一部分用于对外界做功.

**注意**:式中的 $Q$、$\Delta E$ 和 $A$ 单位统一用 J,均为标量,$Q>0$ 表示系统从外界吸热,$Q<0$ 表示系统向外界放热,$\Delta E>0$ 表示系统内能增加,$\Delta E<0$ 表示系统内能减少. $A>0$ 表示系统对外界做功,$A<0$ 表示外界对系统做功.

(2) **热力学第一定律在四个过程中的应用**

把热力学第一定律应用到理想气体三个等值(等体、等压和等温)过程和绝热过程,可以得到表 9-1 所示的基本公式.

**表 9-1　热力学第一定律在四个过程中的基本公式**

| 过程 | 特征 | 过程方程 | $\Delta E$ | $A$ | $Q$ |
|---|---|---|---|---|---|
| 等体 | $V=$常量 | $\frac{p_1}{T_1}=\frac{p_2}{T_2}$ | $\frac{m}{M}C_{V,\mathrm{m}}\Delta T$ | 0 | $\frac{m}{M}C_{V,\mathrm{m}}\Delta T$ |
| 等压 | $p=$常量 | $\frac{V_1}{T_1}=\frac{V_2}{T_2}$ | $\frac{m}{M}C_{V,\mathrm{m}}\Delta T$ | $p\Delta V$ | $\frac{m}{M}C_{p,\mathrm{m}}\Delta T$ |
| 等温 | $T=$常温 | $p_1V_1=p_2V_2$ | 0 | $\frac{m}{M}RT\ln\frac{V_2}{V_1}$ | $\frac{m}{M}RT\ln\frac{V_2}{V_1}$ |
| 绝热 | $Q=0$ | $p_1V_1^{\gamma}=p_2V_2^{\gamma}$<br>$T_1V_1^{\gamma-1}=T_2V_2^{\gamma-1}$<br>$p_1^{\gamma-1}T_1^{-\gamma}=p_2^{\gamma-1}T_2^{-\gamma}$ | $\frac{m}{M}C_{V,\mathrm{m}}\Delta T$ | $-\frac{m}{M}C_{V,\mathrm{m}}\Delta T$ | 0 |

4. **循环过程**

(1) **循环过程**:系统从某一状态出发,经过一系列中间状态变化后又回到了初始状态的整个变化过程,其特点是内能变化为零,即

$$\Delta E=0$$

(2) **热机效率**(热机在 $p-V$ 图上表示为正循环的闭合曲线)

$$\eta=\frac{A}{Q_1}=1-\frac{Q_2}{Q_1}$$

式中 $A$ 为净功,它等于循环曲线所包围的面积,$Q_1$ 为系统吸热的总和;$Q_2$ 为系统放热的总和,因此

$$A=Q_1-Q_2$$

(3) **制冷机的制冷系数**(制冷机在 $p-V$ 图上表示为逆循环的闭合曲线)

$$\omega=\frac{Q_2}{A}=\frac{Q_2}{Q_1-Q_2}$$

式中 $A$ 是外界对系统做的净功,它等于逆循环曲线所包围的面积,$Q_1$ 是向高温热源放出的热量,$Q_2$ 是从低温热源吸收的热量.

5. 卡诺循环

卡诺循环是效率最高的理想循环过程,它以理想气体为工质,由两个准静态绝热过程和两个准静态等温过程构成.

(1) 卡诺热机的效率

$$\eta_{卡}=1-\frac{T_2}{T_1}$$

(2) 卡诺制冷机的制冷系数

$$\omega_{卡}=\frac{T_2}{T_1-T_2}$$

式中 $T_1$、$T_2$ 为高温热源和低温热源的温度.

6. 热力学第二定律

(1) 开尔文表述

不可能制成一种循环工作的热机,只从单一热源吸取热量使之全部变为有用功而对外界不产生其他影响.

(2) 克劳修斯表述

热量不能自发地从低温物体传到高温物体.

注意:两种表述的关键字,前者是"循环",后者是"自发地".

7. 熵

(1) 熵变的计算

$$\Delta S=\int\frac{\mathrm{d}Q}{T}$$

熵是态函数,与过程无关.

(2) 熵增加原理

$$\Delta S\geqslant 0$$

即孤立系统中发生的任何实际过程,其熵必定增加,只有在可逆过程中熵才是不变的.

## 三、解题方法

本章习题分为 3 种类型

1. 热力学第一定律的应用

求解这一类习题的步骤为:(1) 明确理想气体准静态过程的过程特征;(2) 在 $p-V$ 图上画出所经历的过程曲线;(3) 利用 $A=\int p\mathrm{d}V$, $\Delta E=\frac{m}{M}C_{V,\mathrm{m}}\Delta T$, $Q=\frac{m}{M}C_{\mathrm{m}}\Delta T$(等体过程 $C_{\mathrm{m}}=C_{V,\mathrm{m}}$,等压过程 $C_{\mathrm{m}}=C_{p,\mathrm{m}}$)求出功、内能和热量;(4) 应用热力学第一定律求解.

**例 9-1** 如图所示,一个系统在状态 $a$ 沿 $acb$ 到达 $b$ 的过程中,吸收了 350 J 的热量,同时系统对外做功 126 J.

(1) 若系统沿 $adb$ 时做功 42 J,问这时系统吸收了多少热量?

(2) 若系统由状态 $b$ 沿 $ba$ 返回状态 $a$ 时，外界对系统做功 84 J，试问系统是吸热还是放热？热量传递是多少？

(3) 若 $E_d-E_a=170$ J，试求沿 $ad$ 及 $db$ 过程各吸收的热量.

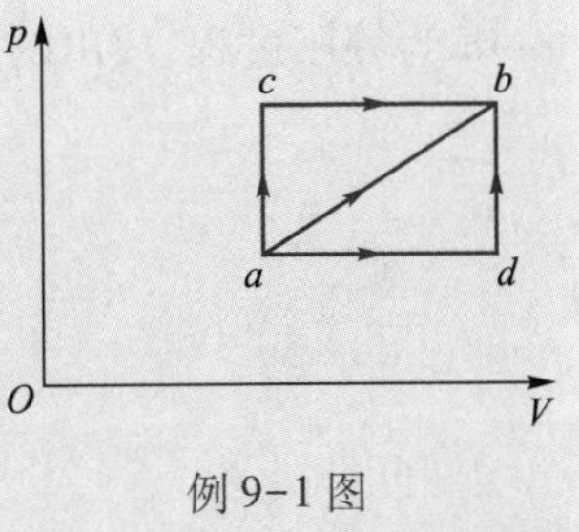


例 9-1 图

**解**　对每一个过程应用热力学第一定律，有

$$Q_{acb}=A_{acb}+(E_b-E_a)$$

所以

$$E_b-E_a=Q_{acb}-A_{acb}=350\ \text{J}-126\ \text{J}=224\ \text{J}$$

(1) 对 $adb$ 过程应用热力学第一定律，有

$$Q_{adb}=A_{adb}+(E_b-E_a)=42\ \text{J}+224\ \text{J}=266\ \text{J}$$

(2) 对 $ba$ 过程应用热力学第一定律，有

$$Q_{ba}=A_{ba}+(E_a-E_b)=-84\ \text{J}-224\ \text{J}=-308\ \text{J}<0$$

即系统对外放热.

(3) 分别对 $ad$、$db$ 过程应用热力学第一定律，有

$$Q_{ad}=A_{ad}+(E_d-E_a)=A_{adb}+(E_d-E_a)=42\ \text{J}+170\ \text{J}=212\ \text{J}$$

$$\begin{aligned}Q_{db}&=A_{db}+(E_b-E_d)=E_b-E_d\\&=(E_b-E_a)-(E_d-E_a)\\&=224\ \text{J}-170\ \text{J}=54\ \text{J}\end{aligned}$$

2. **循环效率的计算**

求解这一类习题的步骤为：(1) 分析循环过程由哪几个单一过程组成；(2) 在 $p-V$ 图上画出过程曲线；(3) 搞清楚哪个过程吸热，哪个过程放热；(4) 用循环效率公式进行计算.

**例 9-2**　一定量的双原子分子理想气体，经历如图所示的循环过程，其中 $a\to b$ 为等体过程，$b\to c$ 为绝热过程，$c\to a$ 为等压过程. 状态参量 $p_1$、$p_2$、$V_1$、$V_2$ 为已知，求此循环的效率.

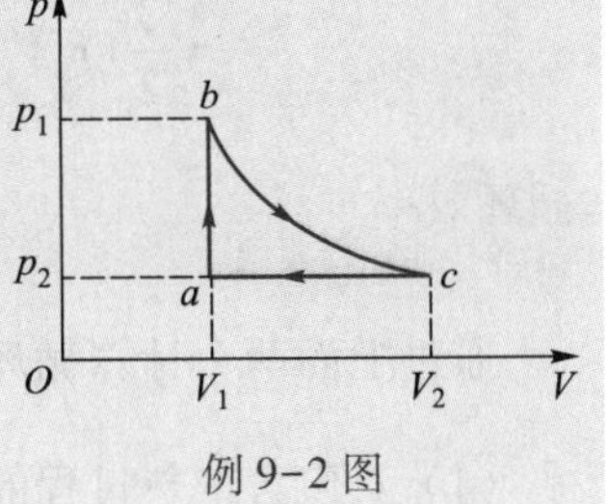


例 9-2 图

**解**　因为循环过程中，只有 $ab$ 过程为吸热过程，$ca$ 为放热过程，所以用公式 $\eta=1-\dfrac{Q_2}{Q_1}$ 求效率较方便.

$a\to b$ 为等体过程，吸收的热量为

$$\begin{aligned}Q_1&=\frac{m}{M}C_{V,\text{m}}(T_b-T_a)\\&=\frac{m}{M}\frac{5}{2}R(T_b-T_a)\\&=\frac{5}{2}(p_1-p_2)V_2\end{aligned}$$

$c \to a$ 为等压过程,放出的热量为

$$Q_2 = \frac{m}{M} C_{p,\mathrm{m}} (T_c - T_a)$$

$$= \frac{m}{M} \frac{7}{2} R (T_c - T_a)$$

$$= \frac{7}{2} p_2 (V_2 - V_1)$$

所以,得到循环过程的效率为

$$\eta = 1 - \frac{Q_2}{Q_1} = 1 - \frac{7}{5} \frac{p_2 (V_2 - V_1)}{V_1 (p_1 - p_2)}$$

**例 9-3** 一定量的单原子理想气体,从初始状态 $a$ 出发经一循环过程又回到状态 $a$,如例 9-3 图所示. 其中,过程 $ab$ 是直线,$b \to c$ 为等体过程,$c \to a$ 为等压过程. 求此循环过程的效率.

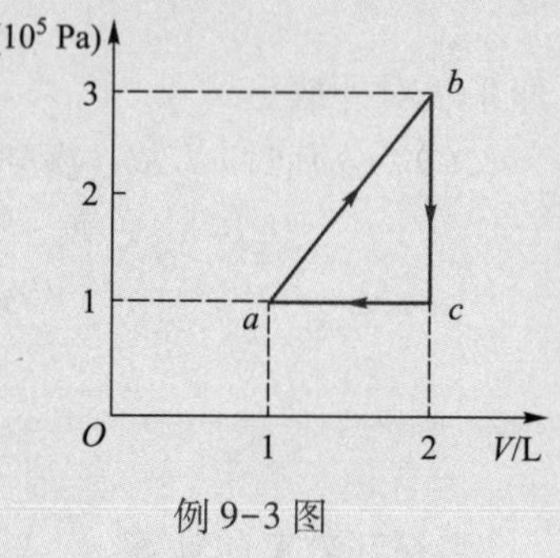


例 9-3 图

**解** 因为循环过程中,只有 $ab$ 过程为吸热过程,循环过程的净功可通过三角形的面积计算. 所以用公式 $\eta = \dfrac{A}{Q_1}$ 求效率比较方便,由图可知,循环过程的净功为

$$A = \frac{1}{2}(p_b - p_c)(V_c - V_a)$$

$$= \frac{1}{2} \times 2 \times 10^5 \times 10^{-3}\ \mathrm{J} = 10^2\ \mathrm{J}.$$

循环过程总吸热

$$Q_1 = Q_{ab} = \Delta E + A_{ab} = \frac{m}{M} C_{V,\mathrm{m}} (T_b - T_a) + \frac{1}{2}(p_a + p_b)(V_b - V_a)$$

$$= \frac{3}{2}(p_b V_b - p_a V_a) + \frac{1}{2}(p_a + p_b)(V_b - V_a) = 9.5 \times 10^2\ \mathrm{J}$$

循环效率

$$\eta = \frac{A}{Q_1} = \frac{100}{950} = 10.5\%$$

通过上面两个计算循环效率的例子,可得出如下结论:

(1) 对包含绝热过程的循环过程,用公式 $\eta = 1 - \dfrac{Q_2}{Q_1}$ 求循环效率是比较方便的. 用该公式时,应注意 $Q_2$ 是系统放出的热量的总和,$Q_1$ 是系统吸收热量的总和. 在计算时,$Q_2$ 必须取正值.

(2) 对于 $p-V$ 图上表示为三角形、矩形或其他容易计算面积的形状的循环过程,用公式 $\eta = \dfrac{A}{Q_1}$ 求循环效率时是比较方便的. 用该公式时,应注意,$A$ 是循环过程

对外所做的净功，$Q_1$ 是系统吸收热量的总和.

3. **熵的计算**

求解这一类习题的步骤为：(1) 利用熵是态函数的性质，在过程的初、末态之间任意设计一可逆过程；(2) 根据熵变公式，沿可逆过程路径对$\frac{dQ}{T}$进行积分.

**例 9-4**　将 1 kg、0 ℃的水极缓慢地加热到 60 ℃. 求过程中熵的变化(设水的比热容为 $4.18\times10^3$ J/(kg·K).

**解**　由于熵是态函数，其值变化与过程无关，因此我们可在 0~60 ℃之间设计一可逆循环，其熵变即为待求的熵变.

由于
$$Q=cm\Delta T$$
由克劳修斯熵变公式可得过程的熵变
$$\Delta S=\int\frac{dQ}{T}=\int_{273}^{333}\frac{cm\,dT}{T}=\int_{273}^{333}4.18\times10^3\frac{dT}{T}$$
$$=4.18\times10^3\times\ln\frac{333}{273}=830\ (\text{J/K})$$

四、习题略解

**9-1**　1 mol 单原子理想气体从 300 K 加热至 350 K，求下面两过程中吸收的热量、内能的增量以及气体对外做功.

(1) 体积保持不变；(2) 压强保持不变.

**解**　(1)
$$A=0$$
$$Q=\Delta E=C_{V,m}(T_2-T_1)$$
$$=\frac{3}{2}R(T_2-T_1)$$
$$=\frac{3}{2}\times8.31\times50\ \text{J}$$
$$=623.3\ \text{J}$$

(2)
$$\Delta E=C_{V,m}(T_2-T_1)=623.3\ \text{J}$$
$$Q=C_{p,m}(T_2-T_1)$$
$$=\frac{5}{2}R(T_2-T_1)$$
$$=\frac{5}{2}\times8.31\times(350-300)\ \text{J}$$
$$=1\ 038.8\ \text{J}$$
$$A=Q-\Delta E$$
$$=1\ 038.8\ \text{J}-623.3\ \text{J}$$
$$=415.5\ \text{J}$$

**9-2**　4 mol 的理想气体在 300 K 时，从 4 L 等温压缩到 1 L，求气体做的功和吸收的热量.

**解**

$$\Delta E=0$$

因此

$$Q=A=\frac{m}{M}RT\ln\frac{V_2}{V_1}$$

$$=4\times 8.31\times 300\times\ln\frac{1}{4}\ \text{J}$$

$$=-1.38\times 10^4\ \text{J}$$

**9-3** 2 kg 的氧气(视为理想气体),其温度由 300 K 升高到 400 K. 若温度升高是在下列三种不同情况下发生的,求氧气内能的增量.

(1) 体积不变;(2) 压强不变;(3) 绝热.

**解** 三种情况内能增量均为

$$\Delta E=\frac{m}{M}C_{V,\mathrm{m}}(T_2-T_1)$$

$$=\frac{2}{0.032}\times\frac{5}{2}\times 8.31\times(400-300)\ \text{J}$$

$$=1.3\times 10^5\ \text{J}$$

**9-4** 1 mol 理想气体经历如图所示的 3 个过程. 1→2 是等压过程,2→3 是等体过程,3→1 是等温过程. 试分别讨论这 3 个过程中外界传给气体的热量 $Q$、气体对外所做的功 $A$、气体内能的增量 $\Delta E$ 是大于 0? 等于 0? 还是小于 0?

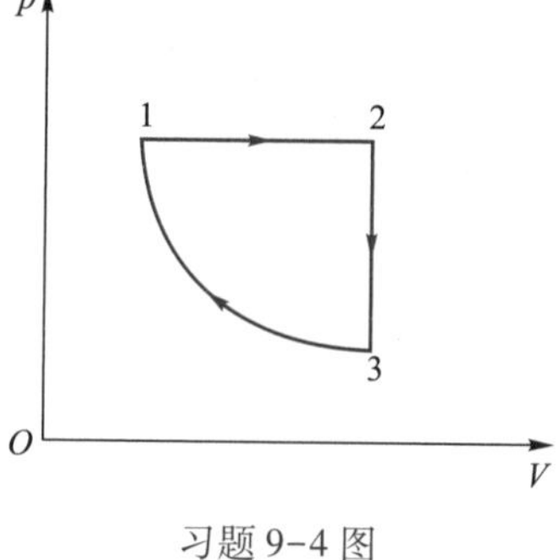


习题 9-4 图

**解** 1→2 为等压过程,$p$ 不变. 从图可知 $V_2>V_1$, $T_2>T_1$,因此

$$Q=C_{p,\mathrm{m}}(T_2-T_1)>0$$

$$A=p(V_2-V_1)>0$$

$$\Delta E=C_{V,\mathrm{m}}(T_2-T_1)>0$$

2→3 为等体过程,$V$ 不变. 从图可知 $T_2>T_3$,因此

$$Q=C_{V,\mathrm{m}}(T_3-T_2)<0$$

$$A=\int p\mathrm{d}V=0$$

$$\Delta E=C_{V,\mathrm{m}}(T_3-T_2)<0$$

3→1 为等温过程,$T$ 不变. 因此

$$\Delta E=C_{V,\mathrm{m}}(T_1-T_3)=0$$

$$A=\int_{V_3}^{V_1}p\mathrm{d}V=RT\int_{V_3}^{V_1}\frac{1}{V}\mathrm{d}V=RT\ln\frac{V_1}{V_3}<0$$

$$Q=A<0$$

**9-5** 一定量的单原子分子理想气体,从初态 $A$ 出发,沿图所示直线过程变到另一状态 $B$,又经过等体、等压两过程回到状态 $A$.

(1) 求 $A\to B$,$B\to C$,$C\to A$ 各过程中系统对外所做的功 $A$,内能的增量 $\Delta E$ 以及所吸收的热量 $Q$.

（2）整个循环过程中系统对外所做的总功以及从外界吸收的总热量（各过程吸热的代数和）.

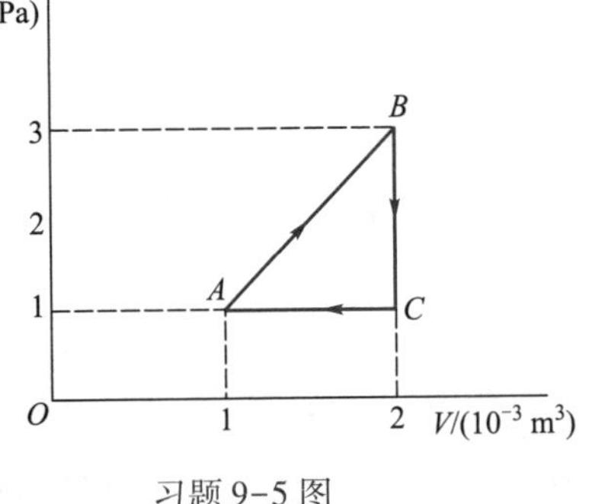

习题 9-5 图

**解**　（1）$A \to B$ 过程：

$$A_1 = \frac{1}{2}(p_A + p_B)(V_B - V_A)$$
$$= \frac{1}{2} \times (1+3) \times 10^5 \times (2-1) \times 10^{-3}\ \mathrm{J}$$
$$= 200\ \mathrm{J}$$

$$\Delta E_1 = \frac{m}{M} C_{V,\mathrm{m}} (T_B - T_A)$$
$$= \frac{3}{2} \frac{m}{M} R (T_B - T_A)$$
$$= \frac{3}{2} (p_B V_B - p_A V_A)$$
$$= \frac{3}{2} (3 \times 2 - 1 \times 1) \times 10^2\ \mathrm{J}$$
$$= 750\ \mathrm{J}$$
$$Q_1 = \Delta E_1 + A_1$$
$$= 750\ \mathrm{J} + 200\ \mathrm{J}$$
$$= 950\ \mathrm{J}$$

$B \to C$ 过程：因 $V$ 不变，故 $A_2 = 0$；同理有

$$\Delta E_2 = \frac{3}{2} (p_C V_C - p_B V_B)$$
$$= \frac{3}{2} (1 \times 2 - 3 \times 2) \times 10^2\ \mathrm{J}$$
$$= -600\ \mathrm{J}$$
$$Q_2 = \Delta E_2 + A_2 = -600\ \mathrm{J}$$

$C \to A$ 过程：

$$A_3 = p_C (V_A - V_C)$$
$$= 10^5 \times (1-2) \times 10^{-3}\ \mathrm{J}$$
$$= -100\ \mathrm{J}$$
$$\Delta E_3 = \frac{3}{2} (p_A V_A - p_C V_C)$$
$$= \frac{3}{2} (1 \times 1 - 1 \times 2) \times 10^2\ \mathrm{J}$$
$$= -150\ \mathrm{J}$$
$$Q_3 = \Delta E_3 + A_3$$
$$= -150\ \mathrm{J} + (-100)\ \mathrm{J}$$

$$=-250\ \mathrm{J}$$

（2）

$$A_{总}=A_1+A_2+A_3$$

$$=200\ \mathrm{J}+0+(-100)\ \mathrm{J}=100\ \mathrm{J}$$

$$Q_{总}=\Delta E+A_{总}$$

$$=0+100\ \mathrm{J}$$

$$=100\ \mathrm{J}$$

**9-6** 一定质量的理想气体($\gamma=1.40$),在等压情况下加热使其体积增大为原体积的 $n$ 倍. 试求气体对外做功与内能增量之比$\frac{A}{\Delta E}$.

**解**

$$A=p(V_2-V_1)=\frac{m}{M}R(T_2-T_1)$$

$$\Delta E=\frac{m}{M}C_{V,\mathrm{m}}(T_2-T_1)$$

故

$$\frac{A}{\Delta E}=\frac{R}{C_{V,\mathrm{m}}}$$

由

$$\gamma=\frac{R+C_{V,\mathrm{m}}}{C_{V,\mathrm{m}}}=1.4$$

可求得

$$\frac{R}{C_{V,\mathrm{m}}}=0.4$$

因此

$$\frac{A}{\Delta E}=0.4$$

**9-7** 为了测定某种理想气体的摩尔热容比 $\gamma$,可用一根通有电流的铂丝分别对气体在等体条件和等压条件下加热,设每次通电的电流大小和时间均相同. 若气体初始温度、压强、体积分别为 $T_0$、$p_0$、$V_0$,第一次通电保持体积不变,压强和温度变为 $p_1$、$T_1$;第二次通电保持压强 $p_0$ 不变,温度和体积变为 $T_2$、$V_2$. 试证明

$$\gamma=\frac{C_{p,\mathrm{m}}}{C_{V,\mathrm{m}}}=\frac{(p_1-p_0)V_0}{(V_2-V_0)p_0}$$

**证** 由于加热的电流和时间都相同,所以两次吸收的热量相同,即

$$\frac{m}{M}C_{V,\mathrm{m}}(T_1-T_0)=\frac{m}{M}C_{p,\mathrm{m}}(T_2-T_0)$$

由此求得

$$\gamma=\frac{C_{p,\mathrm{m}}}{C_{V,\mathrm{m}}}=\frac{T_1-T_0}{T_2-T_0}$$

$$=\frac{p_1V_0-p_0V_0}{p_0V_2-p_0V_0}$$

$$=\frac{(p_1-p_0)V_0}{(V_2-V_0)p_0}$$

**9-8** 汽缸内有单原子理想气体,若绝热压缩使体积减半,试问气体分子的平

均速率变为原来速率的几倍？若为双原子理想气体，又为几倍？

**解**　由 $T_1V_1^{\gamma-1}=T_2V_2^{\gamma-1}$ 和 $\bar{v}=\sqrt{\dfrac{8kT}{\pi m_0}}$ 可知

单原子　$$\frac{\bar{v}_2}{\bar{v}_1}=\sqrt{\frac{T_2}{T_1}}=\sqrt[3]{\frac{V_1}{V_2}}=1.26(\text{倍})$$

双原子　$$\frac{\bar{v}_2}{\bar{v}_1}=\sqrt{\frac{T_2}{T_1}}=\sqrt[5]{\frac{V_1}{V_2}}=1.15(\text{倍})$$

**9-9**　一定量的双原子分子理想气体，其体积和压强按 $pV^2=a$ 的规律变化，其中 $a$ 为已知常量. 当气体从体积 $V_1$ 膨胀到 $V_2$，试求：

（1）在膨胀过程中气体所做的功；

（2）内能变化；

（3）吸收的热量.

**解**　（1）根据功的定义，有

$$A=\int_{V_1}^{V_2}p\mathrm{d}V=\int_{V_1}^{V_2}\frac{a}{V^2}\mathrm{d}V=a\left(\frac{1}{V_1}-\frac{1}{V_2}\right)$$

（2）设气体初态的温度为 $T_1$，末态温度为 $T_2$，双原子分子 $C_{V,\mathrm{m}}=\dfrac{5}{2}R$，则气体内能的变化为

$$\begin{aligned}\Delta E&=\frac{m}{M}C_{V,\mathrm{m}}(T_2-T_1)\\&=\frac{5}{2}\frac{m}{M}R(T_2-T_1)\\&=\frac{5}{2}(p_2V_2-p_1V_1)\end{aligned}$$

由过程方程 $pV^2=a$ 可得

$$p_2=\frac{a}{V_2^2}$$

$$p_1=\frac{a}{V_1^2}$$

故　$$\Delta E=\frac{5}{2}a\left(\frac{1}{V_2}-\frac{1}{V_1}\right)$$

（3）根据热力学第一定律，系统吸收的热量为

$$Q=\Delta E+A=\frac{3a}{2}\left(\frac{1}{V_2}-\frac{1}{V_1}\right)$$

**9-10**　设有一以理想气体为工质的热机循环，如图所示，试证明其效率为

$$\eta=1-\gamma\frac{\left(\dfrac{V_1}{V_2}\right)-1}{\left(\dfrac{p_1}{p_2}\right)-1}$$

**证** $c\to a$ 过程吸收的热量为

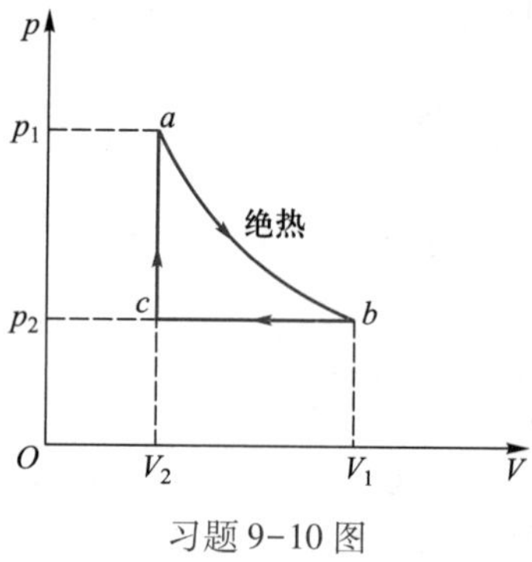


习题 9-10 图

$$Q_1=\frac{m}{M}C_{V,\mathrm{m}}(T_a-T_c)$$

$b\to c$ 过程放热为

$$Q_2=\frac{m}{M}C_{p,\mathrm{m}}(T_b-T_c)$$

因此

$$\eta=\frac{A}{Q_1}=\frac{Q_1-Q_2}{Q_1}$$

$$=1-\frac{Q_2}{Q_1}$$

$$=1-\frac{\frac{m}{M}C_{p,\mathrm{m}}(T_b-T_c)}{\frac{m}{M}C_{V,\mathrm{m}}(T_a-T_c)}$$

$$=1-\gamma\frac{p_2V_1-p_2V_2}{p_1V_2-p_2V_2}$$

$$=1-\gamma\frac{\left(\frac{V_1}{V_2}\right)-1}{\left(\frac{p_1}{p_2}\right)-1}$$

**9-11** 1 mol 单原子理想气体经历如图所示的循环过程,其中 $ab$ 为等温线,$bc$ 为等压线,$ca$ 为等体线,求循环效率.

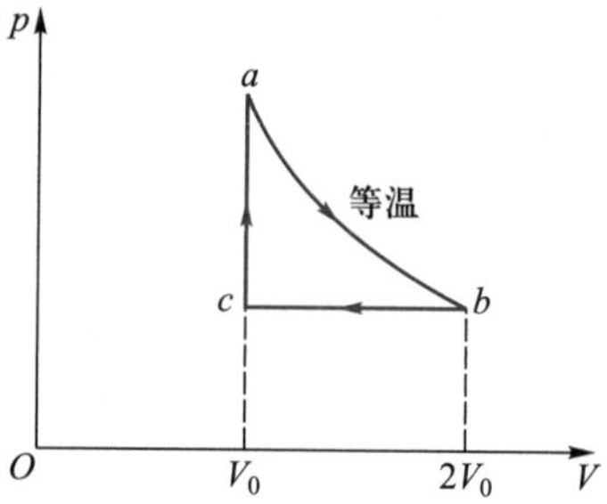

习题 9-11 图

**解** $b\to c$ 为等压过程,故$\frac{T_b}{V_b}=\frac{T_c}{V_c}$,求得 $T_b=2T_c$.此过程放热为

$$Q_{bc}=C_{p,\mathrm{m}}(T_c-T_b)=\frac{5}{2}RT_c$$

$c\to a$ 为等体过程,$T_a=T_b=2T_c$,吸热为

$$Q_{ca}=C_{V,\mathrm{m}}(T_a-T_c)=\frac{3}{2}RT_c$$

$a\to b$ 为等温过程,吸热为

$$Q_{ab}=RT_a\ln\frac{V_b}{V_a}=2RT_c\ln 2$$

故循环效率为

$$\eta=1-\frac{Q_2}{Q_1}=1-\frac{Q_{bc}}{Q_{ab}+Q_{ca}}\ \frac{\frac{5}{2}RT_c}{2RT_c\ln 2+\frac{3}{2}RT_c}=13.4\%\quad(\text{正循环})$$

**9-12**　有一种喷气发动机的循环如图所示，由两个等压过程和两个绝热过程组成，若已知温度 $T_1=283\ \mathrm{K}$，$T_2=373\ \mathrm{K}$，设系统从汽油燃烧中共吸热 $1.4\times10^9\ \mathrm{J}$，试求：

（1）该热机的循环效率；

（2）对外做的总功.

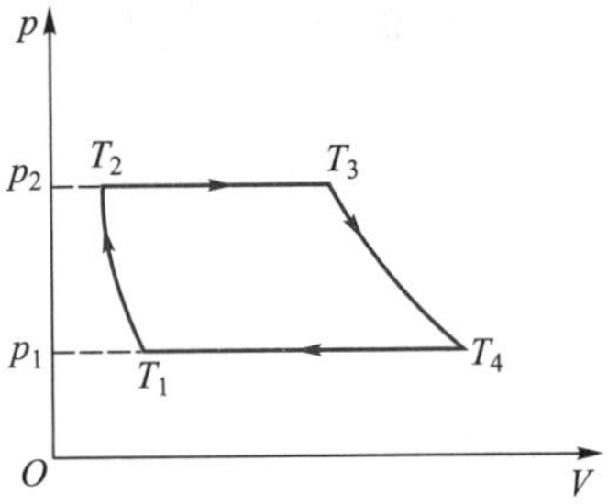

习题 9-12 图

**解**　（1）等压膨胀过程吸热

$$Q_1=\frac{m}{M}C_{p,\mathrm{m}}(T_3-T_2)$$

等压压缩过程放热

$$Q_2=\frac{m}{M}C_{p,\mathrm{m}}(T_4-T_1)$$

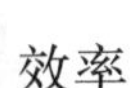

效率

$$\eta=1-\frac{Q_2}{Q_1}=1-\frac{T_4-T_1}{T_3-T_2}=1-\frac{T_4\left(1-\dfrac{T_1}{T_4}\right)}{T_3\left(1-\dfrac{T_2}{T_3}\right)}$$

两绝热过程方程为

$$V_3^{\gamma-1}T_3=V_4^{\gamma-1}T_4 \tag{1}$$

$$V_1^{\gamma-1}T_1=V_2^{\gamma-1}T_2 \tag{2}$$

两等压过程方程为

$$\frac{V_2}{T_2}=\frac{V_3}{T_3} \tag{3}$$

$$\frac{V_4}{T_4}=\frac{V_1}{T_1} \tag{4}$$

联立(1)式、(2)式、(3)式和(4)式可得

$$\frac{T_1}{T_4}=\frac{T_2}{T_3}$$

故

$$\eta=1-\frac{T_4}{T_3}=1-\frac{T_1}{T_2}=1-\frac{283}{373}=24\%$$

（2）

$$A=\eta Q_1=0.24\times1.4\times10^9\ \mathrm{J}=3.4\times10^8\ \mathrm{J}$$

**9-13**　一卡诺热机在温度为 27 ℃及 127 ℃两个热源之间工作.

（1）若在正循环中热机从高温热源吸收热量 3 000 J，问该机向低温热源放出多少热量？对外做功多少？

（2）若使热机反向运转而进行制冷工作，当从低温热源吸热 3 000 J 时，将向高温热源放出多少热量？外界做功多少？

**解**　（1）卡诺热机效率为

$$\eta=1-\frac{T_2}{T_1}=1-\frac{273+27}{273+127}=25\%$$

由定义式可知

$$A=\eta Q_1=0.25\times 3\ 000\ \text{J}=750\ \text{J}$$

向低温热源放热为

$$Q_2=Q_1-A=3\ 000\ \text{J}-750\ \text{J}=2\ 250\ \text{J}$$

（2）制冷系数

$$\omega=\frac{Q_2}{A}=\frac{T_2}{T_1-T_2}=\frac{300}{400-300}=3$$

则

$$A=\frac{Q_2}{\omega}=\frac{3\ 000}{3}\ \text{J}=1\ 000\ \text{J}$$

向高温热源放热为

$$Q_1=A+Q_2=1\ 000\ \text{J}+3\ 000\ \text{J}=4\ 000\ \text{J}$$

***9-14** 用一块隔板把两个容器隔开，两个容器内分别盛有不同种类的理想气体，温度为室温 $T$，压强为 $p$，一容器的体积为 $V_1$，另一个容器的体积为 $V_2$，求当把隔板抽去后，两种气体均匀混合后的熵变，设两种气体混合不发生化学反应.

**解** 气体混合前后的温度均不变，都等于室温 $T$，对 $V_1$ 内的气体用等温可逆过程代替，其熵变为

$$\mathrm{d}S_1=\frac{\mathrm{d}E+p\mathrm{d}V}{T}=\frac{p\mathrm{d}V}{T}=\frac{m_1}{M_1}R\frac{\mathrm{d}V}{V}$$

$$\Delta S_1=\frac{m_1}{M_1}R\int_{V_1}^{V_1+V_2}\frac{\mathrm{d}V}{V}=\frac{m_1}{M_1}R\ln\frac{V_1+V_2}{V_1}=\frac{pV_1}{T}\ln\frac{V_1+V_2}{V_1}$$

对 $V_2$ 内的气体也用等温可逆过程代替，用同样的方法求得

$$\Delta S_2=\frac{m_2}{M_2}R\ln\frac{V_1+V_2}{V_2}=\frac{pV_2}{T}\ln\frac{V_1+V_2}{V_2}$$

故总熵变为

$$\Delta S=\Delta S_1+\Delta S_2=\frac{pV_1}{T}\ln\frac{V_1+V_2}{V_1}+\frac{pV_2}{T}\ln\frac{V_1+V_2}{V_2}$$

## 五、本章自测

### （一）选择题

**9-1** 一定量的理想气体，由平衡态 $A$ 变到平衡态 $B$，且 $p_A=p_B$，如图所示，则无论经过什么过程，系统必然（　　）.

（A）对外做正功；　　（B）内能增加；

（C）从外界吸热；　　（D）向外界放热

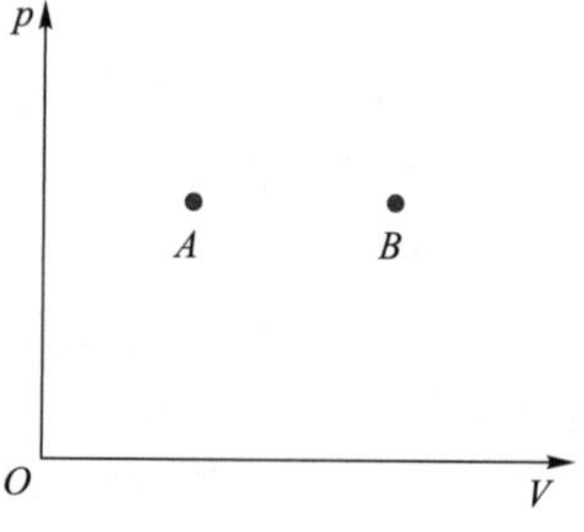

自测题 9-1 图

**9-2** 对于室温下的刚性双原子分子理想气体，在等压膨胀的情况下，系统对外所做的功与从外界吸收的热量之比 $\frac{A}{Q}$ 等于（　　）.

(A) $\frac{2}{3}$；　　(B) $\frac{1}{2}$；　　(C) $\frac{2}{5}$；　　(D) $\frac{2}{7}$

**9-3**　若高温热源的温度为低温热源温度的 $n$ 倍，以理想气体为工质的卡诺热机工作于上述高、低温热源之间，则从高温热源吸收的热量和向低温热源放出的热量之比为(　　).

(A) $\frac{n+1}{n}$；　　(B) $\frac{n-1}{n}$；　　(C) $n$；　　(D) $n-1$

**9-4**　一绝热容器用隔板分成两半，一半储有理想气体，另一半为真空，抽掉隔板，气体便进行自由膨胀，达到平衡后，则(　　).

(A) 温度不变，熵不变；　　(B) 温度不变，熵增加；

(C) 温度升高，熵增加；　　(D) 温度降低，熵增加

**9-5**　根据热力学第二定律，下列表述正确的是(　　).

(A) 热量能自发地从高温物体传到低温物体，但不能从低温物体传到高温物体；

(B) 功可以全部变为热，但热不能全部变为功；

(C) 一切自发过程总是朝着分子热运动更加有序的方向进行；

(D) 一切自发过程都是不可逆的

(二) 填空题

**9-6**　根据任何一个中间状态是否可近似看成平衡态，可将热力学过程分为__________过程和__________，只有__________过程才可以用 $p-V$ 图上的一条曲线表示.

**9-7**　如图所示，1 mol 单原子理想气体从初态 $(p_1, V_1)$ 沿图中直线变到末态 $(p_2, V_2)$，则在该过程中气体对外所做功为______，气体内能增量为______.

**9-8**　如图所示，一定量的理想气体从同一初态 $a(p_0, V_0)$ 出发，先后分别经两个准静态过程 $ab$ 和 $ac$，$b$ 处的压强为 $p_1$，$c$ 处的体积为 $V_1$，若两个过程中系统吸收的热量相同，则该气体的 $\frac{C_{p,\mathrm{m}}}{C_{V,\mathrm{m}}}$ = ______.

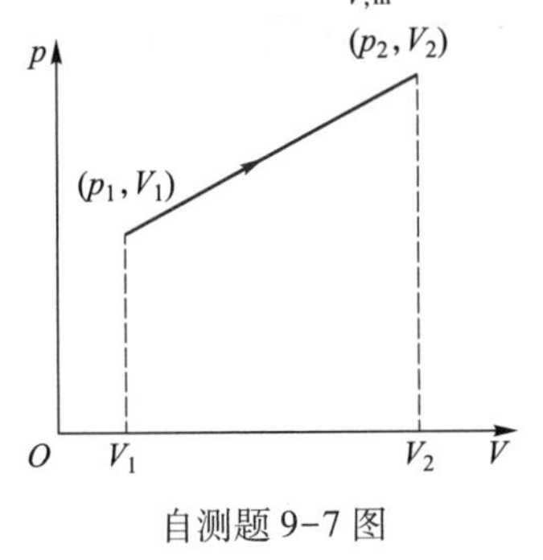


自测题 9-7 图

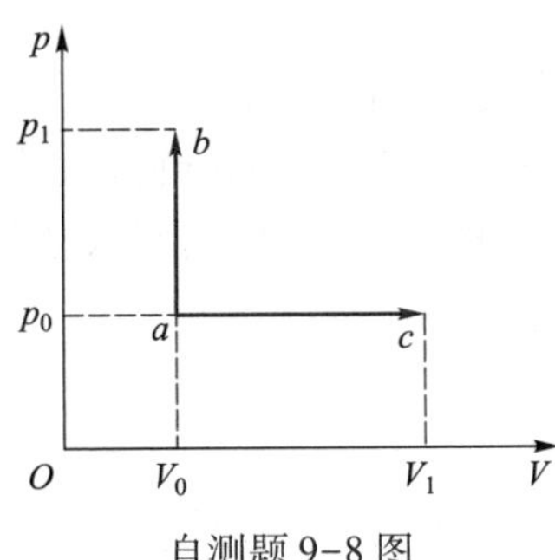


自测题 9-8 图

**9-9**　一汽缸内储有 10 mol 的单原子理想气体，在压缩过程中外界对气体所做的功为 209 J，气体升温 1 K，此过程中气体内能增量为______，外界传给气体的热

量为______.

**9-10** 汽缸中有一刚性双原子分子的理想气体,若经过准静态的绝热膨胀后气体的压强减少了一半,则变化前后气体的内能之比为______.

（三）计算题

**9-11** 如图所示,分别通过等温过程、等压过程和绝热过程,把标准状态下的 $1.4\times10^{-2}$ kg 氮气膨胀为原体积的 2 倍,试求这些过程中气体内能的改变和传递的热量以及气体对外做的功.

**9-12** 有 1 mol 单原子理想气体作如图所示的循环过程.求:

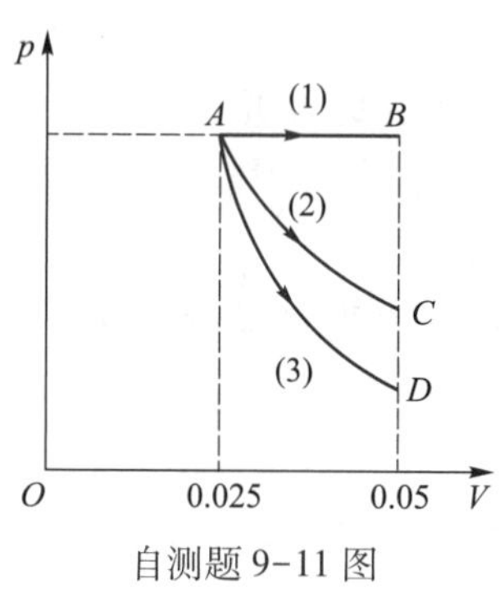

自测题 9-11 图

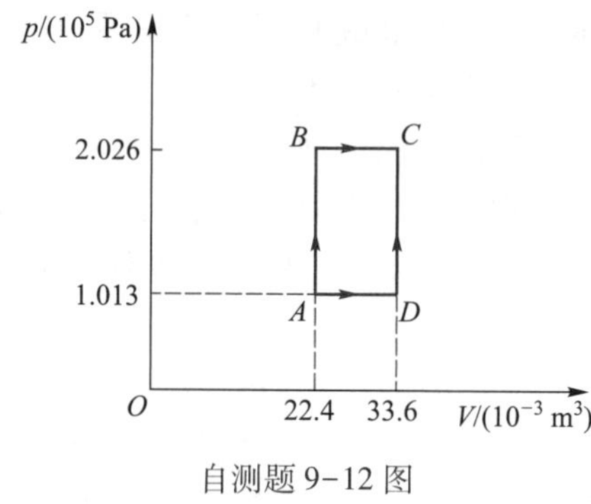

自测题 9-12 图

（1）气体在循环过程中对外所做的净功;

（2）循环效率.

**9-13** 一热机每秒从高温热源($T_1=600$ K)吸收热量 $Q_1=3.34\times10^4$ J,做功后向低温热源($T_2=300$ K)放出热源 $Q_2=2.09\times10^4$ J,问:

（1）它的效率是多少?它是不是可逆机?

（2）如果尽可能地提高热机效率,每秒从高温热源吸热 $Q_1'=3.34\times10^4$ J,则每秒最多做多少功?

**9-14** 证明在绝热过程中,1 mol 的气体做功为

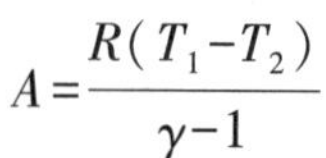

$$A=\frac{R(T_1-T_2)}{\gamma-1}$$

第九章本章自测参考答案

**9-15** 一汽缸内储有 10 mol 的单原子理想气体,在压缩过程中,外力做功 209 J,气体温度升高 1 K. 试计算:

（1）气体内能增量和所吸收的热量;

（2）在此过程中气体的摩尔热容.

# 第十章

# 振动和波动

## 一、本章要点

1. 简谐振动的方程及振幅和相位的确定.
2. 应用旋转矢量法求解相关问题.
3. 简谐振动合成的方法.
4. 根据已知条件建立平面简谐波的波动方程.
5. 应用惠更斯原理和波的叠加原理求解干涉问题.
6. 波的能量的计算方法.

## 二、主要内容

### 1. 简谐振动

**(1) 简谐振动的定义**

$$F=-kx,\quad a=-\omega^2 x,\quad x=A\cos(\omega t+\varphi)$$

上式三个特征中的任何一个均可作为物体做简谐振动的判据.

**(2) 描述简谐振动的物理量**

**振幅 $A$**

物体离开平衡位置($x=0$)最大位移的绝对值,它由振动的初始条件决定,即

$$A=\sqrt{x_0^2+\frac{v_0^2}{\omega^2}}$$

式中 $v_0$ 和 $x_0$ 分别为 $t=0$ 时的速度和位移.

**频率 $\nu$**

单位时间内振动的次数.

**角频率 $\omega$**

$2\pi$ s 内振动的次数,对弹簧振子 $\omega=\sqrt{\dfrac{k}{m}}$,对单摆 $\omega=\sqrt{\dfrac{g}{l}}$.

**周期 $T$**

物体进行一次全振动(物体由某一位置出发,连续两次经过平衡位置又回到原来的状态)所需要的时间.

**周期、频率和角频率之间关系为**

$$T=\frac{2\pi}{\omega}=\frac{1}{\nu}$$

**相位 $\omega t+\varphi$**

决定简谐振动物体在时刻 $t$ 的振动状态.

**初相 $\varphi$**

决定做简谐振动的物体在 $t=0$ 时刻的振动状态,它由振动的初始条件决定,即

$$\tan\varphi=-\frac{v_0}{x_0\omega}$$

**注意**:由此式计算 $\varphi$ 会得出两个值,应根据 $t=0$ 时刻的速度方向进行合理

取舍.

2. **旋转矢量法**

做匀速转动的矢量,其长度等于简谐振动的振幅 $A$,其角速度等于简谐振动的角频率 $\omega$,且 0 时刻它与 $x$ 轴的夹角为简谐振动的初相 $\varphi$,$t$ 时刻它与 $x$ 轴的夹角为简谐振动的相位($\omega t+\varphi$),旋转矢量 $\boldsymbol{A}$ 的端点在 $x$ 轴上的投影 $x=A\cos(\omega t+\varphi)$,投影点的运动为简谐振动.

**注意:**运用旋转矢量法可以非常方便、形象地解决问题,而且不容易出错.

3. **简谐振动的速度和加速度**

(1) **速度**

$$v=\frac{\mathrm{d}x}{\mathrm{d}t}=-A\omega\sin(\omega t+\varphi)$$

速度振幅为

$$v_{\mathrm{m}}=A\omega$$

(2) **加速度**

$$a=\frac{\mathrm{d}v}{\mathrm{d}t}=-A\omega^2\cos(\omega t+\varphi)$$

加速度振幅为

$$a_{\mathrm{m}}=A\omega^2$$

4. **简谐振动的能量**

(1) **动能**

$$E_{\mathrm{k}}=\frac{1}{2}mv^2=\frac{1}{2}m\omega^2A^2\sin^2(\omega t+\varphi)$$

(2) **势能**

$$E_{\mathrm{p}}=\frac{1}{2}kx^2=\frac{1}{2}kA^2\cos^2(\omega t+\varphi)$$

(3) **机械能**

$$E=E_{\mathrm{k}}+E_{\mathrm{p}}=\frac{1}{2}kA^2=\frac{1}{2}m\omega^2A^2$$

5. **简谐振动的合成**

两个同方向、同频率的简谐振动合成后,合振动仍为简谐振动,合振幅为

$$A=\sqrt{A_1^2+A_2^2+2A_1A_2\cos^2(\varphi_2-\varphi_1)}$$

初相为

$$\varphi=\arctan\frac{A_1\sin\varphi_1+A_2\sin\varphi_2}{A_1\cos\varphi_1+A_2\cos\varphi_2}$$

两种常见的情况是:

(1) 当两分振动的相位差

$$\varphi_2-\varphi_1=\pm2k\pi,\quad k=0,1,2,\cdots$$

时,**合振动的振幅最大**,合振幅为

$$A=A_1+A_2$$

（2）当两分振动的相位差

$$\varphi_2-\varphi_1=\pm(2k+1)\pi,\quad k=0,1,2,\cdots$$

时，合振动的振幅最小，合振幅为

$$A=|A_1-A_2|$$

6. 机械波

（1）机械波的产生与传播

机械波产生的条件

第一，激发振动的波源；第二，传递波的弹性介质.

机械波的分类

机械波分为横波和纵波，横波为振动方向与传播方向垂直的波，纵波为振动方向与传播方向平行的波.

机械波的特征

波线上各质点在平衡位置附近振动，各质点振动的相位沿传播方向依次滞后.

（2）波的几何描述

波线

沿波的传播方向所画的一些带箭头的线.

波面

不同波线上相位相同的点所连成的曲面，在各向同性介质中，波线与波面垂直.

波前

在某一时刻，波前为平面、球面和柱面的波分别称为平面波、球面波和柱面波.

7. 惠更斯原理

介质中波面上各点都可看作子波波源，在其后任一时刻这些子波的包迹（公切线）就是新的波前. 根据该原理，可用几何作图的方法确定下一时刻波前的位置，从而确定波的传播方向.

8. 描述波动的物理量

波速 $u$

振动状态（即相位）在空间传播的速度.

波长 $\lambda$

同一波线上相位差为 $2\pi$ 的两相邻质点之间的距离，即一个完整波形的长度.

周期 $T$

波动沿波线传播一个波长所需要的时间.

频率 $\nu$

单位时间通过波线上某一点完整波形的条数.

波速、波长、周期和频率之间的关系

$$u=\frac{\lambda}{T}=\lambda\nu$$

9. 平面简谐波

（1）简谐波

波源和波的传播介质上的质点都做简谐振动的波,各种复杂的波形都可看成由许多不同频率的简谐波的叠加.

**(2) 平面简谐波的波动方程**

$$y=A\cos\left(\omega t\pm\frac{2\pi}{\lambda}x+\varphi\right)=A\cos\left[2\pi\left(\frac{t}{T}\pm\frac{x}{\lambda}\right)+\varphi\right]$$

**注意:**"−"号表示波沿 $x$ 轴正方向传播,"+"号表示波沿 $x$ 轴负方向传播.

**10. 波的能量**

**(1) 平均能量密度**

$$\overline{w}=\frac{1}{2}\rho\omega^2A^2$$

**(2) 平均能流**

$$\overline{P}=\overline{w}uS=\frac{1}{2}\rho A^2\omega^2uS$$

**(3) 能流密度**

$$I=\frac{\overline{P}}{S}=\frac{1}{2}\rho A^2\omega^2u$$

**11. 波的叠加与干涉**

**(1) 波的叠加原理**

各列波相遇时,仍保持各自的特性继续传播,相遇点的振动是各列波引起振动的合成.

**注意:**波的叠加原理具有普遍意义,对机械波和电磁波都成立.

**(2) 波的干涉**

波的干涉是波的叠加原理的特殊情况. 频率相同、振动方向相同、相位差相同或相位差恒定的两个波源所发出的两列波称为相干波. 相干波相遇时,会产生干涉现象:有些点振动始终加强,有些点振动始终减弱.

若两列波在相遇点的相位差为

$$\Delta\varphi=\varphi_2-\varphi_1-\frac{2\pi(r_2-r_1)}{\lambda}=\pm2k\pi\quad(k=0,1,2,\cdots)$$

则振幅最大,即 $A=A_1+A_2$,称为干涉加强.

若两列波在相遇点的相位差为

$$\Delta\varphi=\varphi_2-\varphi_1-\frac{2\pi(r_2-r_1)}{\lambda}=\pm(2k+1)\pi\quad(k=0,1,2,\cdots)$$

则振幅最小,即 $A=|A_1-A_2|$,称为干涉减弱.

当 $\varphi_2=\varphi_1$ 时,可用波程差 $\delta=r_2-r_1$ 来判断干涉加强和干涉减弱

$$\delta=r_2-r_1=\begin{cases}\pm k\lambda & \text{干涉加强}\\ \pm(2k+1)\dfrac{\lambda}{2}\ (k=0,1,2,\cdots) & \text{干涉减弱}\end{cases}$$

*12. 驻波

两列振幅相同的相干波,在同一直线上沿相反方向传播时叠加而成. 其波动方程为

$$y=2A\cos\frac{2\pi}{\lambda}x\cos\omega t$$

其振幅随 $x$ 作周期变化,因而是稳定的分段振动. 会产生波节(合振幅为零)和波腹(合振幅最大),相应位置坐标为

波腹 $$x=k\frac{\lambda}{2}(k=0,1,2,\cdots)$$

波节 $$x=(2k+1)\frac{\lambda}{4}(k=0,1,2,\cdots)$$

13. 半波损失

波从波疏介质射向波密介质,在分界面反射时会形成波节,相当于反射波在反射点突然反相位(即发生了 $\pi$ 相位突变),损失了半个波,故称为“半波损失”. 在波动光学中将经常应用这一概念.

14. 多普勒效应

当波源($O$)与观察者(S)之间有相对运动时,观察者所接收到的波频率 $\nu'$ 与波源所发射的波的频率 $\nu$ 不同,这种现象称为多普勒效应.

波源与观察者在同一直线上运动时,两者关系为

$$\nu'=\nu\left(\frac{u+v_0}{u-v_S}\right)$$

式中当观察者与波源接近时,$v_0$、$v_S$ 取正值,远离时 $v_0$、$v_S$ 取负值.

*15. 电磁波

变化的电场和变化的磁场相互连续激发,并在空间传播称为电磁波.

(1) 电磁波基本性质

横波、$\boldsymbol{E}\perp\boldsymbol{H}$ 且相位相同,$u=\dfrac{1}{\sqrt{\varepsilon\mu}}\left(\text{真空中 } u=\dfrac{1}{\sqrt{\varepsilon_0\mu_0}}=3\times10^8\ \text{m/s}\right)$

(2) 电磁波的能量

电磁波携带着能量在空间传播,能量密度矢量为

$$\boldsymbol{S}=\boldsymbol{E}\times\boldsymbol{H}$$

大小为

$$S=EH$$

方向由右手螺旋定则确定,即右手四指由 $\boldsymbol{E}$ 绕到 $\boldsymbol{H}$,大拇指所指的方向就是 $\boldsymbol{S}$ 的方向.

## 三、解题方法

本章习题分为 7 种类型.

1. 判断物体是否做简谐振动

求解这一类习题的方法是:(1) 对振动物体进行受力分析;(2) 找出振动物体的平衡位置,并取该位置为坐标原点;(3) 沿物体振动方向建立坐标系;(4) 判断振动物体所受合外力是否符合 $F=-kx$ 条件,如果满足,则物体一定是做简谐振动.

**例 10-1** 将弹簧振子放在光滑的斜面上,一端固定,另一端连接一重物,如图(a)所示. 今使其自由振动,问它是否做简谐振动(设弹簧的劲度系数为 $k$,物体的质量为 $m$)?

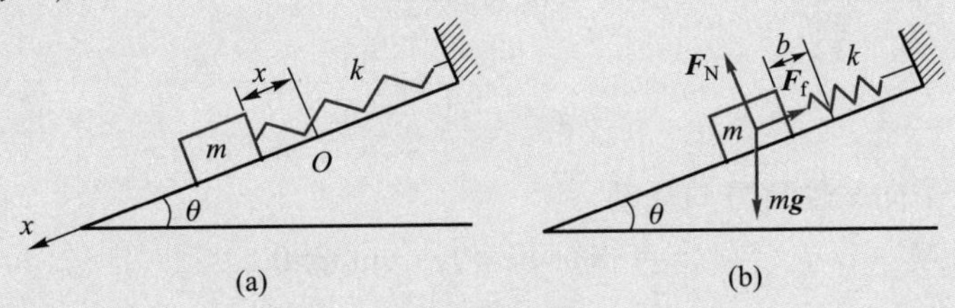


例 10-1 图

**解** 设在平衡时,弹簧比原长伸长了 $b$. 在斜面方向上以平衡位置 $O$ 为原点,取 $x$ 轴正方向沿斜面向下,如图(b)所示,让物体稍微偏离平衡位置 $O$ 而发生振动,当位移为 $x$ 时,物体所受的合外力为

$$\begin{aligned} F &= mg\sin\theta-k(x+b) \\ &= mg\sin\theta-kx-mg\sin\theta \\ &= -kx \end{aligned}$$

符合简谐振动的受力特征,故弹簧振子做简谐振动.

2. 已知运动初始条件(或振动曲线),求振动方程

求解这一类习题的步骤为:(1) 根据习题给定的条件,用解析法或旋转矢量法求出 $A$、$\omega$、$\varphi$;(2) 将这些量代入标准的振动方程就可得到物体的振动方程.

**例 10-2** 已知一简谐振动 $x-t$ 曲线如图(a)所示,求该振动的振动方程.

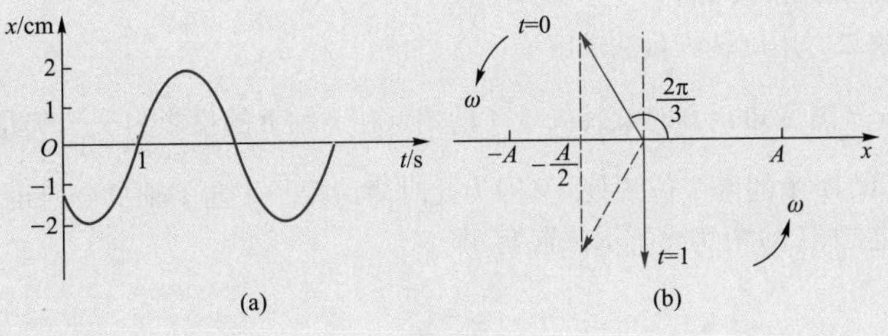


例 10-2 图

**解** 简谐振动的振动方程为

$$x=A\cos(\omega t+\varphi)$$

本题要从 $x-t$ 曲线图上确定 $A$、$\varphi$ 以及 $\omega$.

**解法一　用解析法求解**

由 $x-t$ 图得

$$A=2\ \text{cm}=0.02\ \text{m}$$

$t=0$ 时

$$x_0=A\cos\varphi=-\frac{A}{2}$$

$$\cos\varphi=-\frac{1}{2}$$

$$\varphi=\frac{2\pi}{3}\text{或}\frac{4\pi}{3}$$

此时简谐振子向 $x$ 轴负方向运动

$$v_0=-A\omega\sin\varphi<0,\quad \sin\varphi>0$$

所以

$$\varphi=\frac{2\pi}{3}$$

$t=1$ s 时

$$x_1=A\cos(\omega+\varphi)=0$$

$$\omega+\varphi=\frac{\pi}{2}\text{或}\frac{3\pi}{2}$$

而

$$v_1=-A\omega\sin(\omega+\varphi)>0,\quad \sin(\omega+\varphi)<0$$

所以得

$$\omega+\varphi=\frac{3\pi}{2},\quad \omega=\frac{5\pi}{6}$$

振动表达式为

$$x=0.02\cos\left(\frac{5\pi}{6}t+\frac{2\pi}{3}\right)$$

式中 $x$ 以 m 计，$t$ 以 s 计.

**解法二　用旋转矢量法求解**

由 $x-t$ 图可知 $t=0$ 时旋转矢量 $A$ 的端点在 $x$ 轴上的投影为 $-\frac{A}{2}$，矢量 $A$ 可能处于图(b)所示的两个位置处. 又因为此时简谐振子正向 $x$ 轴负方向运动，所以 $A$ 只可能在图(b)中实线所示位置上，即

$$\varphi=\frac{2\pi}{3}$$

同时，$t=1$ s 时旋转矢量 $A$ 在 $x$ 轴上的投影为 0，且简谐振子正向 $x$ 轴正方向运动，如图(b)所示，可得

$$\omega+\varphi=\frac{3\pi}{2},\quad \omega=\frac{5\pi}{6}$$

由此同样得到简谐振动的振动方程为

$$x=0.02\cos\left(\frac{5\pi}{6}t+\frac{2\pi}{3}\right)$$

式中 $x$ 以 m 计，$t$ 以 s 计.

3. **已知简谐振动方程，求有关物理量**

求解这一类习题的方法是采用比较法，即把已知的振动方程与简谐振动方程 $x=A\cos(\omega t+\varphi)$ 进行比较，结合有关公式求得各物理量.

**例 10-3**　一质量为 $m=1\times10^{-2}$ kg 的小球做简谐振动，其振动方程为

$$x=0.2\cos\left(100\pi t-\frac{\pi}{3}\right)$$

式中 $x$ 以 m 计，$t$ 以 s 计. 求：

(1) 振动的振幅、角频率和初相；

(2) 振动的周期、频率和初速度；

(3) 最大回复力.

**解**　(1) 用比较法求特征量.

已知方程为
$$x=0.2\cos\left(100\pi t-\frac{\pi}{3}\right) \tag{1}$$

标准方程为
$$x=A\cos(\omega t+\varphi) \tag{2}$$

比较(1)式和(2)式得

$$A=0.2\ \text{m}$$

$$\omega=100\pi\ \text{rad/s}$$

$$\varphi=-\frac{\pi}{3}\ \text{rad}$$

(2) 运用有关公式可得周期为

$$T=\frac{2\pi\ \text{rad}}{\omega}=\frac{2\pi}{100\pi}\ \text{s}=0.02\ \text{s}$$

频率为
$$\nu=\frac{1}{T}=\frac{1}{0.02}\ \text{Hz}=50\ \text{Hz}$$

将 $t=0$ 代入已知方程得

$$x_0=0.2\cos\left(100\pi\times0-\frac{\pi}{3}\right)\ \text{m}=0.2\cos\left(-\frac{\pi}{3}\right)\ \text{m}=0.1\ \text{m}$$

对振动方程求导得速度为

$$v=\frac{\mathrm{d}x}{\mathrm{d}t}=-0.2\times100\pi\sin\left(100\pi t-\frac{\pi}{3}\right)=-20\pi\sin\left(100\pi t-\frac{\pi}{3}\right)$$

将 $t=0$ 代入上式得

$$v_0=-20\pi\sin\left(100\pi\times0-\frac{\pi}{3}\right)\ \text{m/s}=-20\pi\sin\left(-\frac{\pi}{3}\right)\ \text{m/s}$$

$$=20\pi\sin\left(\frac{\pi}{3}\right)\ \text{m/s}\approx54.4\ \text{m/s}$$

（3）最大回复力为

$$F_m = ma_m = mA\omega^2 = 1.0\times10^{-2}\times0.20\times(100\pi)^2\ \text{N} = 1.97\times10^2\ \text{N}$$

**4. 简谐振动的合成**

求解这一类习题的方法是：根据已知的振动方程，用代公式法求解或者用旋转矢量法求解.

**例 10-4** 已知两同方向、同频率的简谐振动的振动方程分别为

$$x_1 = 3\cos\left(15t+\frac{\pi}{3}\right)$$

$$x_2 = 4\cos\left(15t+\frac{5}{6}\pi\right)$$

式中 $x$ 以 m 计，$t$ 以 s 计. 求它们的合振动的振动方程.

**解法一** 用解析法求解

两同方向、同频率的简谐振动合成后仍为简谐振动，合振动的角频率与原来的相同，因而合振动的振动方程为

$$x = A\cos(15t+\varphi)$$

利用公式可分别求得合振动的振幅与初相位为

$$A = \sqrt{A_1^2+A_2^2+2A_1A_2\cos(\varphi_2-\varphi_1)} = \sqrt{3^2+4^2+2\times3\times4\cos(\pi/2)}\ \text{m} = 5\ \text{m}$$

$$\tan\varphi = \frac{A_1\sin\varphi_1+A_2\sin\varphi_2}{A_1\cos\varphi_1+A_2\cos\varphi_2} = \frac{3\sin(\pi/3)+4\sin(5\pi/6)}{3\cos(\pi/3)+4\cos(5\pi/6)} = -2.34$$

解得

$$\varphi = 1.17\ \text{rad}$$

即合振动的振动方程为

$$x = 5\cos(15t+1.17)$$

式中 $x$ 以 m 计，$t$ 以 s 计.

**解法二** 用旋转矢量法求解.

根据已知条件分别画出两个旋转矢量，对这两个矢量进行合成. 如图所示，容易看出旋转矢量 $A_1$ 与 $A_2$ 相互垂直，所以合矢量长度即合振幅为

$$A = \sqrt{3^2+4^2}\ \text{m} = 5\ \text{m}$$

振动轴 $Ox$ 沿 $\omega$ 方向旋转到合矢量所转过的角度即合矢量的初相位为

$$\varphi = \frac{\pi}{3}\ \text{rad} + \arctan\frac{4}{3} = 1.97\ \text{rad}$$

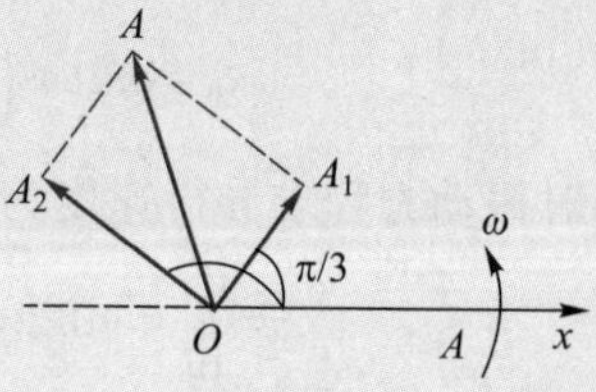

例 10-4 图

故合振动的振动方程为

$$x = 5\cos(15t+1.97)$$

式中 $x$ 以 m 计，$t$ 以 s 计.

**5. 已知波动方程，求相关的物理量**

求解这一类习题的方法通常采用比较法，即将已知的波动方程与标准的波动

方程进行比较，从而求出相应的物理量.

**例 10-5** 一横波沿绳子传播时，波动方程为 $y=0.05\cos(10\pi t-4\pi x)$，式中 $x$、$y$ 以 m 计，$t$ 以 s 计. 求：

(1) 此波的振幅、波速、频率和波长；

(2) 绳子上各质点振动时的最大速度和最大加速度；

(3) 绳子距原点 $x_1=0.500$ m 和 $x_2=0.625$ m 两点的相位差.

**解** (1) 波动方程的标准式为

$$y=A\cos\left(\omega t-\frac{2\pi}{\lambda}x+\varphi\right)$$

比较可得

$$A=0.05\ \text{m}$$

$$\omega=10\pi\ \text{rad/s},\quad \nu=\frac{\omega}{2\pi}\ \text{Hz}=5\ \text{Hz}$$

$$\frac{2\pi}{\lambda}=4\pi\ \text{m}^{-1},\quad \lambda=0.5\ \text{m}$$

$$u=\lambda\nu=2.5\ \text{m/s}$$

(2)

$$v_{\text{m}}=\left(\frac{\partial y}{\partial t}\right)_{\text{m}}=2\pi\nu A\approx1.57\ \text{m/s}$$

$$a_{\text{m}}=\left(\frac{\partial^2 y}{\partial t^2}\right)_{\text{m}}=(2\pi\nu)^2A\approx49.3\ \text{m/s}^2$$

(3) 由题意可知，$x_1$，$x_2$ 两点在同一波线上，则它们的相位差为

$$\Delta\varphi=-2\pi\frac{x_2-x_1}{\lambda}=-2\pi\times\frac{0.625-0.500}{0.5}\ \text{rad}=-\frac{\pi}{2}\ \text{rad}$$

**6. 已知波动的有关物理量，求波动方程**

求解这一类习题的方法是：(1) 取波线为 $x$ 轴，标出波速 $u$ 的方向；(2) 由所给条件写出坐标原点的振动方程；(3) 在坐标轴上任取一点 $P$（距原点为 $x$），若 $P$ 点振动时间比坐标原点超前，则将 $t$ 改为 $t+\dfrac{x}{u}$，若滞后则将 $t$ 改为 $t-\dfrac{x}{u}$，即得该波的波动方程.

**注意**：为方便起见，常把波线上的已知点作为坐标原点.

**例 10-6** 一平面波在介质中以波速 $u$ 沿 $x$ 轴正方向传播，已知 $A$ 点的振动方程 $y=A\cos\omega t$，$A$、$B$ 两质点相距为 $d$，$x_A<x_B$.

(1) 以 $A$ 点为坐标原点写出波动方程；

(2) 以 $B$ 点为坐标原点写出波动方程.

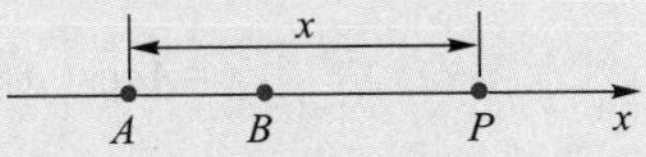

例 10-6 图

**解** (1) 如图所示，取 $A$ 点为坐标原点，其振动方程为

$$y=A\cos\omega t$$

沿波传播方向任取一 $P$ 点，$P$ 点振动时间比坐标原点 $A$ 滞后，故将 $t$ 改为 $t-\frac{x}{u}$，则以 $A$ 点为坐标原点的波动方程为

$$y=A\cos\omega\left(t-\frac{x}{u}\right)$$

（2）令 $x=d$ 就得到 $B$ 点振动方程

$$y=A\cos\omega\left(t-\frac{d}{u}\right)$$

将式中 $t$ 改为 $t-\frac{x}{u}$ 就得到以 $B$ 点为原点的波动方程

$$y=A\cos\omega\left(t-\frac{x+d}{u}\right)$$

7. 已知波形曲线，建立波动方程

求解这一类习题的步骤为：（1）用旋转矢量法（或解析法）确定曲线上某点（如原点）的振动初相；（2）写出该点的振动方程；（3）根据波的传播方向写出波动方程.

**例 10-7** 如图所示是某平面简谐波在 $t=0$ 时刻的波形曲线. 求：

（1）波长、周期、频率；

（2）$a$、$b$ 两点的运动方向；

（3）该波的波动方程；

（4）$P$ 点的振动方程，并画出振动曲线；

（5）$t=1.25$ s 时刻的波形方程，并画出该波形曲线.

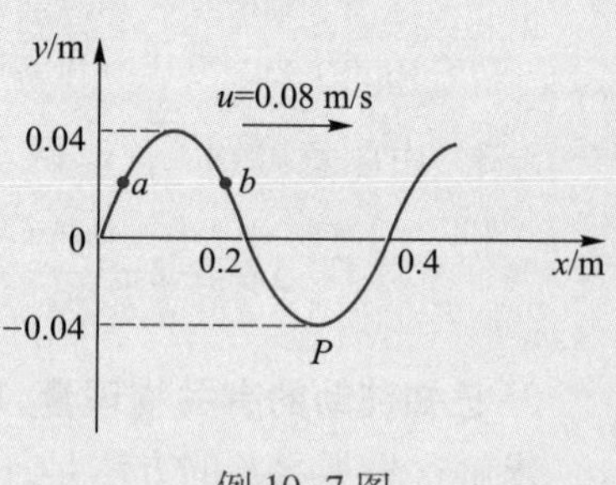

例 10-7 图

**解** （1）由 $t=0$ 时刻的波形曲线可知

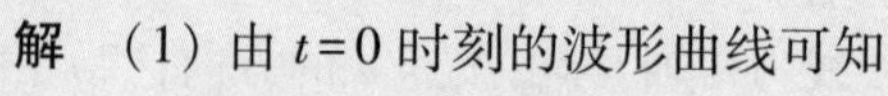

$$u=0.08\ \mathrm{m/s},\quad \frac{\lambda}{2}=0.2\ \mathrm{m}$$

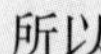

所以

$$\lambda=0.4\ \mathrm{m},\quad T=\frac{\lambda}{u}=\frac{0.4}{0.08}\ \mathrm{s}=5.00\ \mathrm{s},\quad \nu=\frac{1}{T}=0.20\ \mathrm{Hz}$$

（2）由于波沿 $x$ 轴正方向传播，故将 $t=0$ 时刻的波形移动 $\Delta x=u\Delta t$，如解图(a)所示，可见，在 $t=0$ 时刻 $a$ 点沿 $y$ 轴负方向运动，$b$ 点沿 $y$ 轴正方向运动.

（3）波动方程为

$$y=A\cos\left(\omega t-\frac{2\pi}{\lambda}x+\varphi\right)=0.04\cos(0.4\pi t-5\pi x+\varphi)$$

式中 $x,y$ 均以 m 计，$t$ 以 s 计. 由 $t=0$ 时刻的波形曲线可知，$x=0$ 时：$y=0, v<0$，所以有

$$\begin{cases}\cos\varphi=0\\ \sin\varphi>0\end{cases}$$

所以

$$\varphi=\frac{\pi}{2}$$

因此,波动方程为

$$y=0.04\cos\left(0.4\pi t-5\pi x+\frac{\pi}{2}\right)$$

式中 $x,y$ 均以 m 计,$t$ 以 s 计.

(4) 对于 $P$ 点,$x=\frac{3}{4}\lambda=0.30$ m,代入波动方程,得到 $P$ 点的振动方程为

$$y_P=0.04\cos\left(0.4\pi t-1.50\pi+\frac{\pi}{2}\right)=-0.04\cos(0.4\pi t)$$

式中 $y_P$ 以 m 计,$t$ 以 s 计. 振动曲线如解图(b)所示.

(5) 将 $t=1.25$ s 代入波动方程,得到 $t=1.25$ s 时刻的波形方程为

$$y=0.04\cos(-5\pi x+\pi)=-0.04\cos(5\pi x)$$

式中 $x,y$ 均以 m 计. 波形曲线如解图(c)所示.

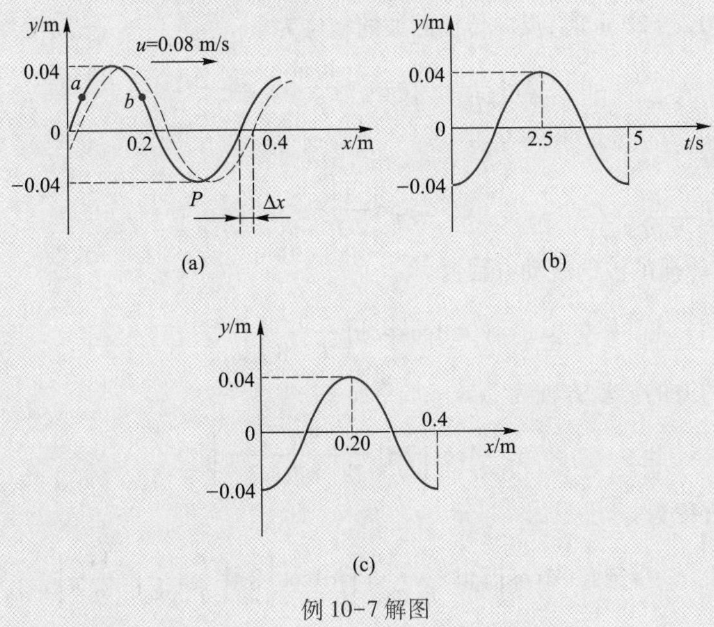


例 10-7 解图

8. **相干波的干涉**

求解这一类习题的方法是:(1) 在同一坐标系中采用同一时间写出两波的波动方程;(2) 求出某点两波所引起的两振动方程;(3) 求出两振动方程的相位差;(4) 用波的干涉加强、减弱条件进行求解.

**注意:**若两列相干波是入射波和反射波,要分析反射波是否有半波损失.

**例 10-8** 等幅反向传播的两相干波，在 $x$ 轴上传播，波长为 8 m，$A$、$B$ 两点相距 20 m，如图所示. 若正向传播的波在 $A$ 处为波峰时，反向传播的波在 $B$ 点的相位为$-\frac{\pi}{2}$. 试求 $A$、$B$ 之间因干涉而静止的各点的位置.

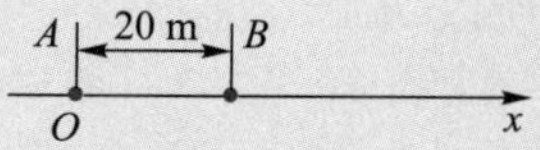

例 10-8 图

**解** 如图所示，以 $A$ 点为坐标原点，建立坐标系. 正向传播的波的波动方程为

$$y_1=A\cos\left[2\pi\left(\frac{t}{T}-\frac{x}{\lambda}\right)+\varphi_1\right]=A\cos\left[2\pi\left(\frac{t}{T}-\frac{x}{8}\right)+\varphi_1\right]$$

式中 $y_1$，$x$ 均以 m 计，$t$，$T$ 以 s 计. 反向传播的波的波动方程为

$$y_2=A\cos\left[2\pi\left(\frac{t}{T}+\frac{x}{\lambda}\right)+\varphi_2\right]=A\cos\left[2\pi\left(\frac{t}{T}+\frac{x}{8}\right)+\varphi_2\right]$$

式中 $y_2$，$x$ 均以 m 计，$t$，$T$ 以 s 计. $t=0$ 时，正向传播波在 $A$ 点为波峰，反向传播的波在 $B$ 点的相位为$-\frac{\pi}{2}$，则当 $t=0$，$x=0$ 时

$$y_1=A$$

即

$$A=A\cos\varphi_1,\quad \varphi_1=0$$

当 $t=0$，$x=20$ m 时，反向传播的波的相位为

$$2\pi\left(\frac{t}{T}+\frac{x}{8}\right)+\varphi_2=\frac{40\pi}{8}+\varphi_2=-\frac{\pi}{2}$$

所以

$$\varphi_2=-\frac{11}{2}\pi$$

于是，正向传播的波的波动方程为

$$y_1=A\cos\left[2\pi\left(\frac{t}{T}-\frac{x}{8}\right)\right]$$

反向传播的波的波动方程为

$$y_2=A\cos\left[2\pi\left(\frac{t}{T}+\frac{x}{8}\right)-\frac{11}{2}\pi\right]$$

合成波的方程为

$$\begin{aligned}y&=y_1+y_2=A\cos\left[2\pi\left(\frac{t}{T}-\frac{x}{8}\right)\right]+A\cos\left[2\pi\left(\frac{t}{T}+\frac{x}{8}\right)-\frac{11}{2}\pi\right]\\&=2A\cos\left(2\pi\,\frac{x}{8}-\frac{11}{4}\pi\right)\cos\left(2\pi\,\frac{t}{T}-\frac{11}{4}\pi\right)\end{aligned}$$

静止点的位置即合成驻波的波节位置：

$$\cos\left(2\pi\,\frac{x}{8}-\frac{11}{4}\pi\right)=0$$

$$2\pi\frac{x}{8}-\frac{11}{4}\pi=(2k+1)\frac{\pi}{2}\quad(k=0,\pm1,\pm2,\cdots)$$

$$x=4k+13\quad(k=0,\pm1,\pm2,\cdots)$$

在 $A$、$B$ 之间,则有

$$x=4k+13\quad(k=-3,-2,-1,0,1)$$

四、习题略解

**10-1** 质量为 0.01 kg 的小球与轻质弹簧组成的系统,按照方程

$$x=0.1\cos\left(8\pi t+\frac{2}{3}\pi\right)$$

的规律振动,式中 $x$ 以 m 计,$t$ 以 s 计,试求:

(1) 振动的角频率、周期、振幅和初相;

(2) 振动的速度和加速度的最大值;

(3) 最大回复力和振动能量.

**解** (1) 由题意可知

$$A=0.1\ \text{m}$$

$$\omega=8\pi\ \text{rad/s}$$

$$T=\frac{2\pi}{\omega}=0.25\ \text{s}$$

$$\varphi=\frac{2}{3}\pi$$

(2)

$$v=\frac{\mathrm{d}x}{\mathrm{d}t}=-0.8\pi\sin\left(8\pi t+\frac{2}{3}\pi\right)$$

$$v_{\mathrm{m}}=2.51\ \text{m/s}$$

$$a=\frac{\mathrm{d}^2x}{\mathrm{d}t^2}=-6.4\pi^2\cos\left(8\pi t+\frac{2}{3}\pi\right)$$

$$a_{\mathrm{m}}=63.1\ \text{m/s}^2$$

(3)

$$F_{\mathrm{m}}=ma_{\mathrm{m}}=0.63\ \text{N}$$

$$E=\frac{1}{2}kA^2=\frac{1}{2}m\omega^2A^2=3.16\times10^{-2}\ \text{J}$$

**10-2** 物体沿 $x$ 轴做简谐振动,振幅为 20 cm,周期为 4 s,$t=0$ 时物体的位移为 10 cm,且向 $x$ 轴正方向运动. 求:(1) 物体的振动方程;(2) 若物体在平衡位置且向 $x$ 轴负方向运动的时刻开始计时,写出物体的振动方程.

**解** (1) 设振动方程为

$$x=A\cos(\omega t+\varphi)$$

由题意可知

$$A=20\ \text{cm}=0.2\ \text{m}$$

$$T=4\ \text{s}$$

$$\omega=\frac{2\pi}{T}=\frac{\pi}{2}$$

当 $t=0$ 时,$x_0=10\ \text{cm}=0.1\ \text{m}$,即 $0.1=0.2\cos\varphi$,则

$$\cos\varphi=\frac{1}{2}$$

$$\varphi_0=\pm\frac{\pi}{3}$$

由题意可知 $v_0>0$,即 $-A\omega\sin\varphi>0$,故取 $\varphi_0=-\frac{\pi}{3}$,因此振动方程为

$$x=0.2\cos\left(\frac{\pi}{2}t-\frac{\pi}{3}\right)$$

式中 $x$ 以 m 计,$t$ 以 s 计.

(2) 由题意可知,$t=0$ 时,$x_0=0$,即

$$\cos\varphi_0=0$$

$$\varphi=\pm\frac{\pi}{2}$$

又因 $v_0<0$,即 $-A\omega\sin\varphi<0$,故取 $\varphi=\frac{\pi}{2}$,因此振动方程为

$$x=0.2\cos\left(\frac{\pi}{2}t+\frac{\pi}{2}\right)$$

式中 $x$ 以 m 计,$t$ 以 s 计.

**10-3** 一物体放在水平木板上,此板沿水平方向做简谐振动,频率为 2 Hz,物体与板面间的静摩擦因数为 0.50. 问:(1) 要使物体在板上不致滑动,振幅的最大值为多少?(2) 若此板改做竖直方向的简谐振动,振幅为 0.05 m,要使物体一直保持与板接触的最大频率是多少?

**解** (1)

$$a_m=\omega^2A=\mu g$$

则

$$A=\frac{\mu g}{\omega^2}=\frac{\mu g}{(2\pi\nu)^2}=\frac{0.5\times9.8}{(2\times3.14\times2)^2}\ \text{m}=0.031\ \text{m}$$

(2)

$$a_m=\omega^2A=g$$

即

$$(2\pi\nu)^2A=g$$

$$\nu=\frac{1}{2\pi}\sqrt{\frac{g}{A}}=\frac{1}{2\times3.14}\sqrt{\frac{9.8}{0.05}}\ \text{Hz}=2.2\ \text{Hz}$$

**10-4** 有两个完全相同的弹簧振子 a 和 b,并排放在光滑的水平桌面上,测得它们的周期都是 2 s. 现将两物体都从平衡位置向右拉开 5 cm,然后先释放 a 振子,经过 0.5 s 后,再释放 b 振子. 如果从 b 释放时开始计时,求两振子的振动方程.

**解** 两振子角频率为

$$\omega=\frac{2\pi\ \text{rad}}{T}=\frac{2\pi}{2}\ \text{rad/s}=\pi\ \text{rad/s}$$

设两振子振动方程分别为

$$x_a = A_a\cos(\omega t+\varphi_a)$$
$$x_b = A_b\cos(\omega t+\varphi_b)$$

对振子 b，$t=0$ 时

$$x_{b0}=5\times10^{-2}\ \text{m},\quad v_{b0}=0$$

故
$$A_b=\sqrt{x_{b0}^2+\frac{x_{b0}^2}{\omega^2}}=x_{b0}=5\times10^{-2}\ \text{m}$$

$$\cos\varphi_b=\frac{x_{b0}}{A_b}=1$$

故 $\varphi_b=0$，因此

$$x_b=5\times10^{-2}\cos\pi t$$

式中 $x_b$ 以 m 计，$t$ 以 s 计. 对于 a 振子，$t=0$ 时它已开始振动 0.5 s，由于两振子完全相同，故 $t=0$ 时 a 振子的相位（即初相）为

$$\varphi_a=\pi\times0.5=\frac{\pi}{2}$$

则
$$x_a=5\times10^{-2}\cos\left(\pi t+\frac{\pi}{2}\right)$$

式中 $x_a$ 以 m 计，$t$ 以 s 计.

**10-5**　一物体沿 $x$ 轴做简谐振动. 其振幅 $A=10$ cm，周期 $T=2$ s，$t=0$ 时物体的位移为 $x_0=-5$ cm，且向 $x$ 轴负方向运动. 试求：(1) $t=0.5$ s 时物体的位移；(2) 何时物体第一次运动到 $x_0=5$ cm 处；(3) 再经过多少时间物体第二次运动到 $x=5$ cm 处.

**解**　由已知条件可确定该简谐振动在 $t=0$ 时刻的旋转矢量位置，如图所示，由图可以看出

$$\varphi=\pi-\frac{1}{3}\pi=\frac{2}{3}\pi$$

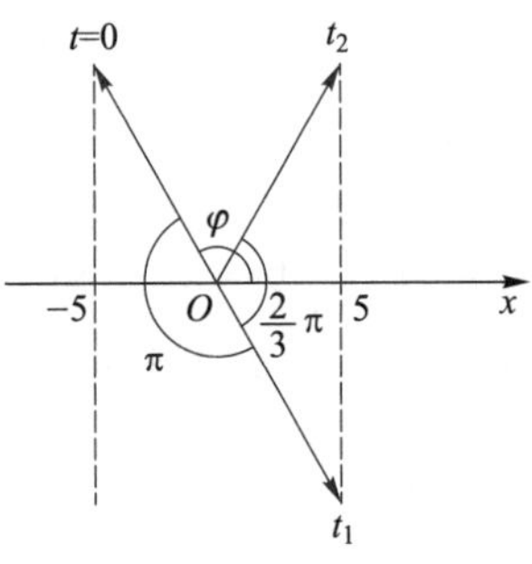

习题 10-5 图

所以该物体的振动方程为

$$x=0.10\cos\left(\pi t+\frac{2}{3}\pi\right)$$

式中 $x$ 以 m 计，$t$ 以 s 计.

(1) $t=0.5$ s 时质点的位移为

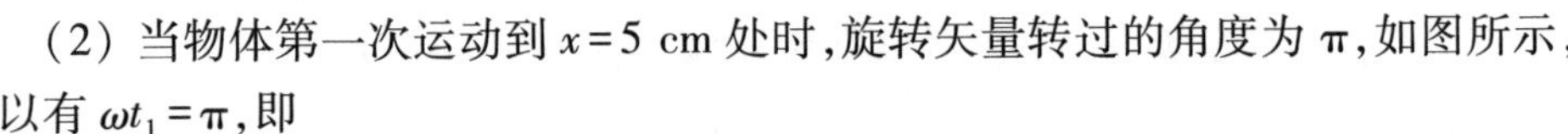

$$x=0.1\cos\left(\frac{\pi}{2}+\frac{2}{3}\pi\right)$$
$$=-0.087\ \text{m}$$

(2) 当物体第一次运动到 $x=5$ cm 处时，旋转矢量转过的角度为 $\pi$，如图所示，所以有 $\omega t_1=\pi$，即

$$t_1=\frac{\pi}{\omega}=\frac{1}{2}T=1\ \text{s}$$

（3）当物体第二次运动到 $x=5$ cm 处时，旋转矢量又转过$\dfrac{2}{3}\pi$，如图所示，所以有 $\omega\Delta t=\omega(t_2-t_1)=\dfrac{2}{3}\pi$，即

$$\Delta t=\frac{2\pi}{3\omega}=\frac{1}{3}T=\frac{2}{3}\ \mathrm{s}$$

**10-6** 如图所示，一长方体木块浮于静水中，其浸入部分的高度为 $a$. 今用手指沿竖直方向将其慢慢压下，使其浸入部分的高度为 $b$，然后放手任其运动. 试证明，若不计水对木块的黏性阻力，木块的运动是简谐振动，并求出振动的周期和振幅.

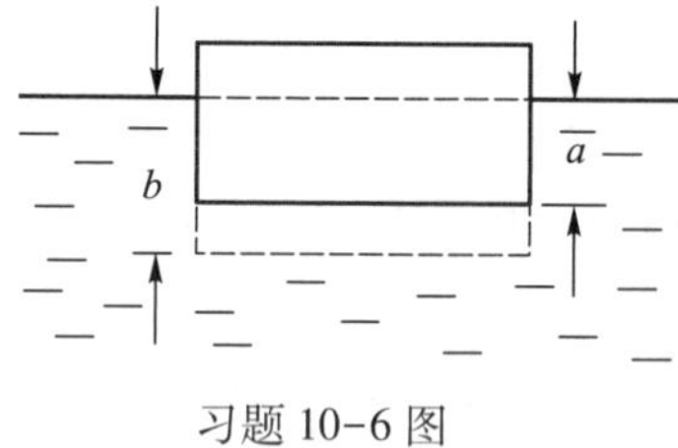

习题 10-6 图

**证** 设木块截面积为 $S$，则

$$m_{木}=\rho_{水}Sa$$

木块静止在水中时为平衡位置，以此位置为坐标原点，竖直向下为 $x$ 轴正向，则当木块离开平衡位置为 $x$ 时，木块所受回复力为

$$F_{回}=-\rho_{水}gSx=m_{木}a_{加}$$

即

$$-\rho_{水}gSx=\rho_{水}Sa\frac{\mathrm{d}^2x}{\mathrm{d}t^2}$$

故

$$\frac{\mathrm{d}^2x}{\mathrm{d}t^2}+\frac{g}{a}x=0$$

则

$$\omega^2=\frac{g}{a}$$

振动周期为

$$T=\frac{2\pi}{\omega}=2\pi\sqrt{\frac{a}{g}}$$

振幅为

$$A=b-a$$

**10-7** 如图所示，一劲度系数为 $k$ 的轻弹簧，一端固定，另一端连一质量为 $m_1$ 的物体，$m_1$ 置于光滑的水平面上，上面放一质量为 $m_2$ 的物体，两物体间的最大静摩擦因数为 $\mu$. 求两物体间无相对滑动时，系统振动的最大能量.

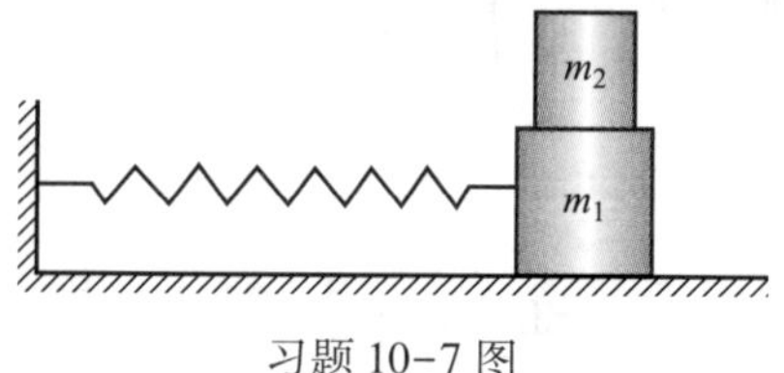

习题 10-7 图

**解** 根据题意可知，两物体间无相对滑动，即 $m_1$ 和 $m_2$ 有相同的速度和加速度，可以看作一质量为$(m_1+m_2)$的弹簧振子，则振动的角频率为

$$\omega=\sqrt{\frac{k}{m_1+m_2}}$$

对于 $m_2$ 来说，它做简谐振动所需的回复力是由两物体间的静摩擦力提供的，其最大静摩擦力对应其最大回复力，即

$$\mu m_2 g = m_2 a_m = m_2 \omega^2 A_m$$

所以系统做简谐振动的最大振幅为

$$A_m = \frac{\mu g}{\omega^2} = \frac{(m_1+m_2)\mu g}{k}$$

振动系统的最大能量为

$$E_m = \frac{1}{2}kA_m^2 = \frac{1}{2}k\left[\frac{(m_1+m_2)\mu g}{k}\right]^2 = \frac{(m_1+m_2)^2\mu^2 g^2}{2k}$$

**10-8**　如图所示，质量为 10 g 的子弹以 $10^3$ m/s 的速率水平射入木块，并陷入木块中，使弹簧压缩而做简谐振动，设弹簧的劲度系数为 $8\times10^3$ N/m，木块的质量为 4.99 kg，桌面摩擦不计，试求：

（1）简谐振动的振幅；

（2）振动方程.

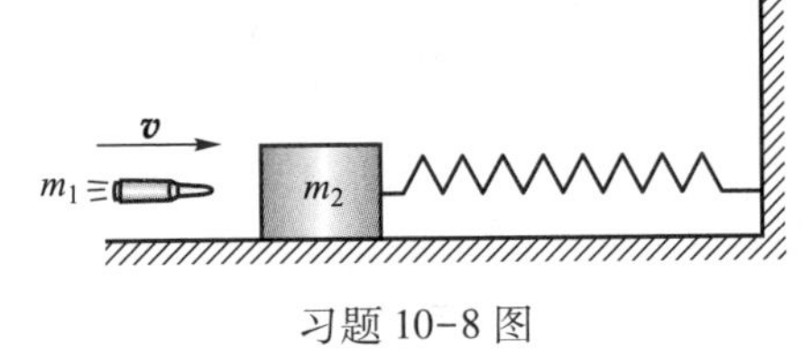


习题 10-8 图

**解**　（1）

$$m_1 v = (m_1+m_2)v_0$$

$$v_0 = \frac{m_1 v}{m_1+m_2} = 2\ \text{m/s}$$

$$\omega = \sqrt{\frac{k}{m_1+m_2}} = 40\ \text{rad/s}$$

$$A = \sqrt{x_0^2 + \frac{v_0^2}{\omega^2}} = 0.05\ \text{m}(x_0 = 0)$$

（2）$t=0, x_0=0$ 且向 $x$ 轴正方向运动，所以

$$\varphi = -\frac{\pi}{2}$$

则振动方程为

$$x = 0.05\cos\left(40t - \frac{\pi}{2}\right)$$

式中 $x$ 以 m 计，$t$ 以 s 计.

**10-9**　一长为 $l$ 的不可伸缩的细绳，上端固定，下端悬挂质量为 $m$ 的小物体，当它在竖直平面内作小角度（$\theta \leqslant 5°$）摆动时，该系统称为单摆，如图（a）所示，试证明单摆的小角度摆动是简谐振动. 并求其振动周期.

**解**　选小物体为研究对象，受力如图（b）所示，物体离开平衡位置位移为 $x$，并

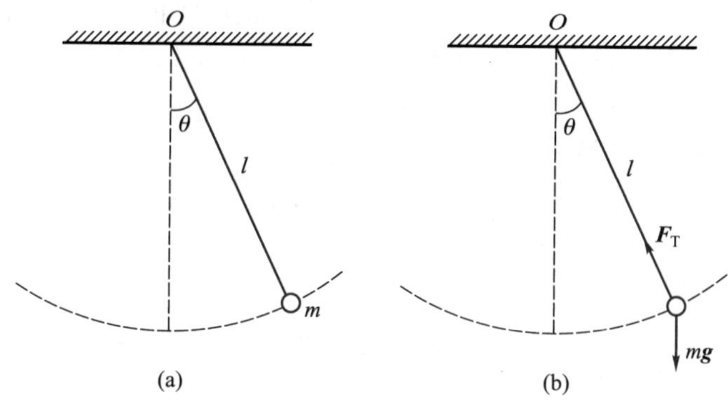


习题 10-9 图

设向右为正，则

$$x=l\theta$$

由牛顿第二定律可知 $F=-mg\sin\theta$

当 $\theta<5°$时，$\sin\theta\approx\theta$，则

$$F=-mg\theta=-mg\frac{x}{l}$$

令 $k=\frac{mg}{l}$，则

$$F=-kx$$

由 $F=m\frac{\mathrm{d}^2x}{\mathrm{d}t^2}$得

$$-mg\frac{x}{l}=m\frac{\mathrm{d}^2x}{\mathrm{d}t^2}$$

则
$$\frac{\mathrm{d}^2x}{\mathrm{d}t^2}+\frac{l}{g}x=0$$

令 $w^2=\frac{g}{l}$，可得其振动周期为

$$T=\frac{2\pi}{w}=2\pi\sqrt{\frac{l}{g}}$$

**10-10** 当简谐振动的位移为振幅的一半时，其动能和势能各占总能量的多少？物体在什么位置其动能和势能各占简谐振动总能量的一半？

**解** $x=\frac{1}{2}A$ 时，势能为

$$E_p=\frac{1}{2}kx^2=\frac{1}{2}k\cdot\frac{1}{4}A^2=\frac{1}{4}\cdot\frac{1}{2}kA^2=\frac{1}{4}E$$

$$E_k=E-E_p=\frac{3}{4}E$$

$$E_p=\frac{1}{2}kx^2=\frac{1}{2}\cdot\frac{1}{2}kA^2$$

则 $x=\pm\frac{\sqrt{2}}{2}A$ 时

$$E_p=E_k=\frac{1}{2}E$$

**10-11** 有一沿 $x$ 轴做简谐振动的弹簧振子,假设振子位于最大位移 $x_m=0.4$ m 处时对应的最大回复力为 $F_m=0.8$ N;最大速率为 $v_m=0.8\pi$ m/s,又知 $t=0$ 时的位移 $x_0=0.2$ m,且速度为负值.

求:(1) 振动的机械能;(2) 振动方程.

**解** (1) 最大回复力 $F_m=kA=kx_m$,则有 $k=\frac{F_m}{x_m}=\frac{0.8}{0.4}$ N/m=2 N/m,则振动的机械能为

$$E=\frac{1}{2}kA^2=\frac{1}{2}kx_m^2=\frac{1}{2}\times2\times(0.4)^2\ \text{J}=0.16\ \text{J}$$

(2) 设其振动方程为

$$x=A\cos(\omega t+\varphi)$$

则

$$v=-\omega A\sin(\omega t+\varphi)$$

由此可知

$$v_m=\omega A=\omega x_m$$

即

$$\omega=\frac{v_m}{x_m}=\frac{0.8\pi}{0.4}\ \text{rad/s}=2\pi\ \text{rad/s}$$

又因为 $t=0$ 时,$x_0=0.2$ m,且 $v_0<0$,则

$$0.2=0.4\cos\varphi_0$$

$$\cos\varphi=\frac{1}{2}$$

$$\varphi=\frac{\pi}{3}$$

振动方程为

$$x=0.4\cos\left(2\pi t+\frac{\pi}{3}\right)$$

式中 $x$ 以 m 计,$t$ 以 s 计.

**10-12** 一质点同时参与两个在同一直线上的简谐振动:

$$x_1=0.04\cos\left(2t+\frac{\pi}{6}\right),\quad x_2=0.03\cos\left(2t-\frac{5}{6}\pi\right)$$

式中 $x$ 以 m 计,$t$ 以 s 计. 试求其合振动的振幅和初相位.

**解**

$$\begin{aligned}A&=\sqrt{A_1^2+A_2^2+2A_1A_2\cos(\varphi_2-\varphi_1)}\\&=\sqrt{0.04^2+0.03^2+2\times0.04\times0.03\cos\pi}\ \text{m}\\&=0.01\ \text{m}\end{aligned}$$

$$\varphi = \arctan\frac{A_1\sin\varphi_1 + A_2\sin\varphi_2}{A_1\cos\varphi_1 + A_2\cos\varphi_2}$$

$$= \arctan\frac{0.04\sin\frac{\pi}{6} + 0.03\sin\left(-\frac{5}{6}\pi\right)}{0.04\cos\frac{\pi}{6} + 0.03\cos\left(-\frac{5}{6}\pi\right)}$$

$$= \arctan\frac{\sqrt{3}}{3}$$

$$= \frac{\pi}{6}$$

**10-13** 设一波的波动方程为

$$y = 0.03\sin(x-2t)$$

式中 $x$、$y$ 均以 m 计,$t$ 以 s 计. 求:

(1) 波速、周期、波长;

(2) 振动的最大速度;

(3) $t=0$ 时,$x=0.1$ m 处的位移.

**解** (1) 波动方程改写为

$$y = 0.03\cos\left[2\left(t-\frac{x}{2}\right)+\frac{\pi}{2}\right]$$

故有波速为

$$u = 2 \text{ m/s}$$

周期为

$$T = \frac{2\pi}{\omega} = \frac{2\pi}{2} \text{ s} = \pi \text{ s}$$

波长为

$$\lambda = uT = 2\pi \text{ m} = 6.28 \text{ m}$$

(2) 质点振动速度为

$$v = \frac{\partial y}{\partial t} = -0.06\cos(x-2t)$$

最大振动速度为

$$v_m = 0.03\times 2 \text{ m/s} = 0.06 \text{ m/s}$$

(3) $t=0$,$x=0.1$ 时

$$y = 0.03\sin(0.1-2\times 0) \text{ m} = 0.03\sin 0.1 \text{ m} = 3\times 10^{-3} \text{ m}$$

**10-14** 如图(a)所示,一简谐波沿 $x$ 轴正向传播,波速 $u=500$ m/s,$P$ 点的振动方程为

$$y = 0.03\cos\left(500\pi t - \frac{\pi}{2}\right)$$

式中 $y$ 以 m 计,$t$ 以 s 计. 且 $|OP| = x_0 = 1$ m.

(1) 求波动方程;

(2) 画出 $t=0$ 时刻的波形曲线.

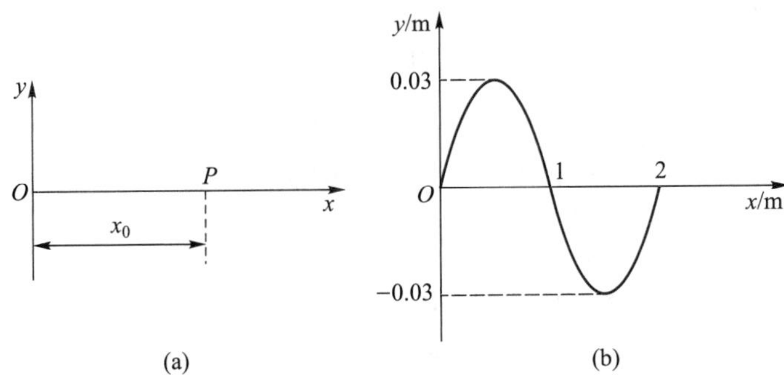


习题 10-14 图

**解**　(1) 由题意可知

$$T=\frac{2\pi}{\omega}=\frac{2\pi}{500\pi}\ \text{s}=\frac{1}{250}\ \text{s}$$

$$\lambda=uT=500\times\frac{1}{250}\ \text{m}=2\ \text{m}$$

任一位置 $x$ 处的质点比 $P$ 点落后时间为

$$\Delta t=\frac{x-|OP|}{u}=\frac{x-1}{500}$$

式中 $x$ 以 m 计，$\Delta t$ 以 s 计. 根据振动方程可知，波动方程为

$$y=0.03\cos\left[500\pi\left(t-\frac{x-1}{500}\right)-\frac{\pi}{2}\right]=0.03\cos\left(500\pi t-\pi x+\frac{\pi}{2}\right)$$

式中 $x,y$ 均以 m 计，$t$ 以 s 计.

(2) $t=0$ 时

$$y=0.03\cos\left(-\pi x+\frac{\pi}{2}\right)=0.03\sin\ \pi x\text{（SI 单位）}$$

式中 $x,y$ 均以 m 计.

波形图如图(b)所示.

**10-15**　一连续余弦纵波从振源出发，沿着一根很长的线圈弹簧传播，振源与弹簧相连，频率为 4 Hz，弹簧中相邻两疏部中心距离为 0.25 m，设弹簧中某一圈的最大纵向位移为 0.03 m，取 $x$ 轴正向沿着波进行方向. 波源在 $x=0$ 处，并设 $t=0$ 时，波源的位移为 0.03 m.

(1) 写出此波的波动方程；

(2) 求出在 $t=1$ s 时，波峰的位置.

**解**　(1) 由题意可知

$$\lambda=0.25\ \text{m}$$

$$\omega=2\pi\nu=8\pi\ \text{rad/s}$$

则波速为

$$u=\lambda\nu=0.25\times4\ \text{m/s}=1\ \text{m/s}$$

设波源（$x=0$ 处）的振动方程为

$$y_0=0.03\cos(8\pi t+\varphi)$$

由于 $t=0$，$y_0=0.03$，故 $\varphi=0$，因此

$$y_0=0.03\cos 8\pi t$$

则波动方程为

$$y=0.03\cos 8\pi\left(t-\frac{x}{1}\right)=0.03\cos 8\pi(t-x)$$

式中 $x,y$ 均以 m 计，$t$ 以 s 计.

（2）将 $t=1$ s，$y=0.03$ m 代入上面的波动方程，得

$$\cos 8\pi(1-x)=1$$

则

$$8\pi(1-x)=2k\pi$$

$$x=\left(1-\frac{k}{4}\right)\ \text{m}$$

因 $x\geqslant 0$，故取 $k=0,\pm1,\pm2,\pm3,\pm4,-5,-6,\cdots$，因此波峰位置为

$$x=0,\frac{1}{4}\ \text{m},\frac{1}{2}\ \text{m},\frac{3}{4}\ \text{m},1\ \text{m},\frac{5}{4}\ \text{m},\frac{3}{2}\ \text{m},\frac{7}{4}\ \text{m},2\ \text{m},\cdots$$

**10-16** 一平面波在介质中以速度 $u=20$ m/s 沿 $x$ 轴负方向传播，已知 $a$ 点的振动方程为 $y_a=3\cos 2\pi t$，式中 $t$ 的单位为 s，$y$ 的单位为 m.

（1）以 $a$ 为坐标原点写出波动方程；

（2）以距 $a$ 点 5 m 处的 $b$ 点为坐标原点，写出波动方程.

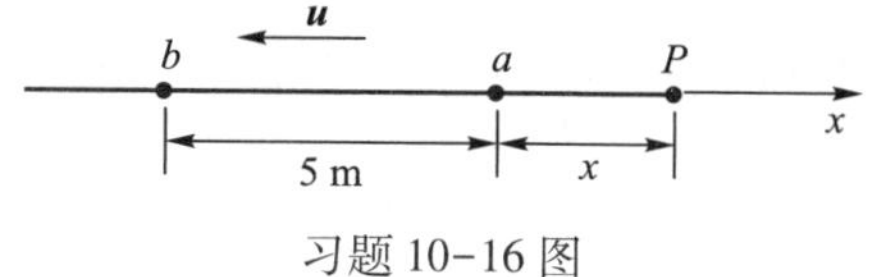


习题 10-16 图

**解** （1）如图所示，任一点 $P$ 处质点比 $a$ 点质点先振动的时间为 $\frac{x}{u}=\frac{x}{20}$，由题意可得波动方程为

$$y=3\cos 2\pi\left(t+\frac{x}{20}\right)$$

式中 $x,y$ 均以 m 计，$t$ 以 s 计.

（2）以 $b$ 点为坐标原点时，我们仍以 $a$ 点振动方程为依据，此时 $P$ 处的质点比 $b$ 点先振动的时间为

$$\frac{x-5}{u}=\frac{x-5}{20}$$

故波动方程为

$$\begin{aligned} y&=3\cos 2\pi\left(t+\frac{x-5}{20}\right)\\ &=3\cos\left(2\pi t+\frac{\pi}{10}x-\frac{\pi}{2}\right)\\ &=3\sin\left(2\pi t+\frac{\pi}{10}x\right) \end{aligned}$$

式中 $x,y$ 均以 m 计，$t$ 以 s 计.

**10-17**　一平面简谐波沿 $x$ 轴正方向传播，已知 $x=20$ m 处的质点的位移-时间曲线如习题 10-17 图(a)所示，波速 $u=4$ m/s.

(1) 画出原点处质点的振动曲线；

(2) 写出波动方程.

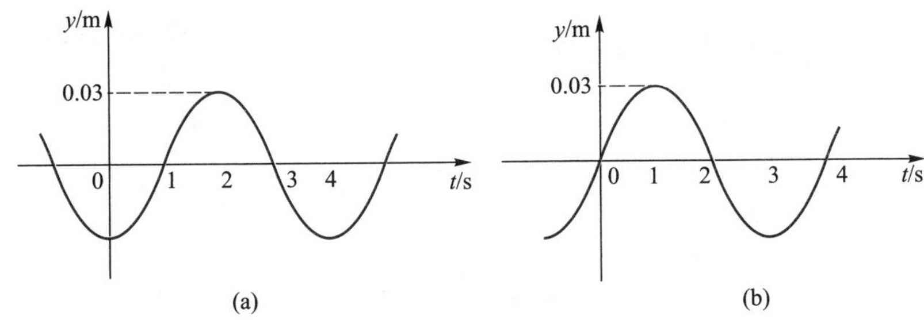


习题 10-17 图

**解**　(1) 由图(a)可知

$$T=4\ \mathrm{s},\omega=\frac{2\pi}{T}=\frac{\pi}{2},A=0.03\ \mathrm{m}$$

设 $x=20$ m 处质点振动方程为

$$y_1=0.03\cos\left(\frac{\pi}{2}t+\varphi\right)$$

由图(b)可求出

$$\varphi=-\pi$$

原点质点振动相位比 $x=20$ m 处超前

$$\omega\Delta t=\omega\ \frac{x}{u}=\frac{\pi}{2}\cdot\frac{20}{4}=\frac{5}{2}\pi$$

则原点处质点振动方程为

$$\begin{aligned}y_0&=0.03\cos\left(\frac{\pi}{2}t+\frac{5}{2}\pi-\pi\right)\\&=0.03\cos\left(\frac{\pi}{2}t+\frac{3\pi}{2}\right)\end{aligned}$$

式中 $y$ 以 m 计，$t$ 以 s 计. 原点处质点的振动曲线如图(b)所示.

(2)
$$\begin{aligned}y&=0.03\cos\left[\frac{\pi}{2}\left(t-\frac{x}{4}\right)+\frac{3}{2}\pi\right]\\&=0.03\cos\left[\frac{\pi}{2}t-\frac{\pi}{8}x+\frac{3}{2}\pi\right]\end{aligned}$$

式中 $x,y$ 均以 m 计，$t$ 以 s 计.

**10-18**　一平面简谐波沿 $x$ 轴正向传播，波速 $u=0.08$ m/s，如习题 10-18 图所示为 $t=0$ 的波形. 求

(1) $O$ 点的振动方程；

（2）波动方程；

（3）$P$ 点的振动方程；

（4）$a$、$b$ 两点的振动方向.

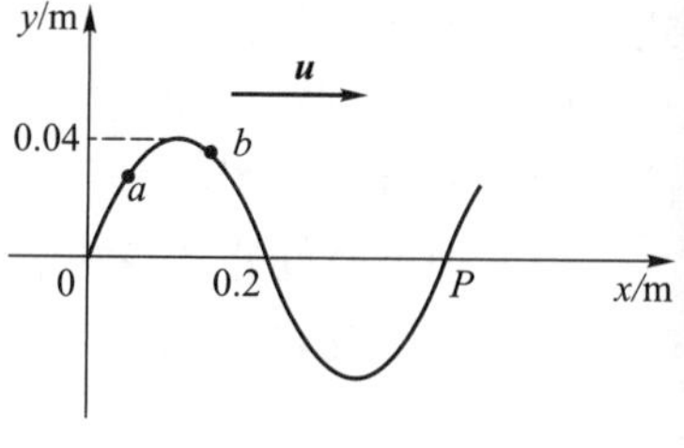

习题 10-18 图

**解**　（1）由图可知，$t=0$ 时，$x_0=0$，$v_0<0$，故初相 $\varphi_0=\dfrac{\pi}{2}$，$\lambda=0.4\ \text{m}$，则

$$T=\frac{\lambda}{u}=\frac{0.4}{0.08}\ \text{s}=5\ \text{s}$$

$$\omega=\frac{2\pi}{T}=\frac{2}{5}\pi$$

因此 $O$ 点振动方程为

$$y_0=0.04\cos\left(\frac{2}{5}\pi t+\frac{\pi}{2}\right)$$

式中 $y_0$ 以 m 计，$t$ 以 s 计.

（2）波动方程为

$$\begin{aligned}y&=0.04\cos\left[\frac{2}{5}\pi\left(t-\frac{x}{0.08}\right)+\frac{\pi}{2}\right]\\&=0.04\cos\left(\frac{2}{5}\pi t-5\pi x+\frac{\pi}{2}\right)\end{aligned}$$

式中 $x$，$y$ 均以 m 计，$t$ 以 s 计.

（3）将 $P$ 点坐标 $x_P=\lambda=0.4\ \text{m}$ 代入波动方程得

$$y_P=0.04\cos\left(\frac{2}{5}\pi t-\frac{3}{2}\pi\right)$$

式中 $y_P$ 以 m 计，$t$ 以 s 计.

（4）$a$ 点向下运动，$b$ 点向上运动.

**10-19**　为了保持波源的振动不变，需要消耗 4 W 的功率，若波源发出的是球面波（设介质不吸收波的能量），求距离 5 m 和 10 m 处的能流密度.

**解**　根据题意可知，能流密度 $I=\dfrac{P}{S}=\dfrac{P}{4\pi r^2}$. 当 $r=5\ \text{m}$ 时

$$I_1=\frac{4}{4\pi\times5^2}\ \text{W/m}^2=1.27\times10^{-2}\ \text{W/m}^2$$

$r=10\ \text{m}$ 时

$$I_2=\frac{4}{4\pi\times10^2}\ \text{W/m}^2=3.18\times10^{-3}\ \text{W/m}^2$$

**10-20**　一正弦式声波，沿直径为 0.14 m 的圆柱形管行进，波的强度为 $9.0\times10^{-3}\ \text{W/m}^2$，频率为 300 Hz，波速为 300 m/s. 问：（1）波中的平均能量密度和最大能量密度是多少？（2）每两个相邻的、相位差为 $2\pi$ 的同相面间有多少能量？

**解**　（1）由 $I=\overline{w}u$，得

$$\overline{w}=\frac{l}{u}=\frac{9\times10^{-3}}{300}\ \mathrm{J/m^3}=3\times10^{-5}\ \mathrm{J/m^3}$$

由于 $\overline{w}=\frac{1}{2}\rho A^2\omega^2$，$w_m=\rho A^2\omega^2$，故

$$w_m=2\overline{w}=6\times10^{-5}\ \mathrm{J/m^3}$$

（2）波长为
$$\lambda=\frac{u}{\nu}=\frac{300}{300}\ \mathrm{m}=1\ \mathrm{m}$$

则
$$\Delta W=\overline{w}\Delta V=\overline{W}S\lambda=3\times10^{-5}\times3.14\times\frac{0.14^2}{4}\times1\ \mathrm{J}=4.6\times10^{-7}\ \mathrm{J}$$

**10-21**　一平面简谐声波的频率为 500 Hz，在空气中以速度 $u=340$ m/s 传播.到达人耳时，振幅 $A=10^{-4}$ cm. 试求人耳接收到声波的平均能量密度和声强（空气的密度 $\rho=1.29$ kg/m$^3$）.

**解**
$$\begin{aligned}\overline{w}&=\frac{1}{2}\rho A^2\omega^2\\&=\frac{1}{2}\times1.29\times(10^{-4})^2\times(2\pi\times500)^2\ \mathrm{J/m^3}\\&=6.4\times10^{-6}\ \mathrm{J/m^3}\end{aligned}$$

$$\begin{aligned}I&=\overline{w}u\\&=6.4\times10^{-6}\times340\ \mathrm{J/(m^2\cdot s)}\\&=2.2\times10^{-3}\ \mathrm{J/(m^2\cdot s)}\end{aligned}$$

***10-22**　在真空中，若一均匀电场中的电场能量密度与一个 0.5 T 的均匀磁场中的磁场能量密度相等，该电场的电场强度为多少？

**解**
$$w_e=\frac{1}{2}\varepsilon_0E^2$$
$$w_m=\frac{1}{2}\frac{B^2}{\mu_0}$$

由于 $w_e=w_m$，所以有

$$\frac{1}{2}\varepsilon_0E^2=\frac{1}{2}\frac{B^2}{\mu_0}$$

故
$$E=\frac{B}{\sqrt{\varepsilon_0\mu_0}}=1.51\times10^8\ \mathrm{V/m}$$

**10-23**　如图所示，$S_1$ 和 $S_2$ 为相干波源，相距$\frac{1}{4}\lambda$，$S_1$ 的相位较 $S_2$ 超前$\frac{\pi}{2}$. 设两波在 $S_1$、$S_2$ 连线方向上的强度相同且不随距离变化，问（1）$S_1$、$S_2$ 连线上在 $S_1$ 外侧各点的合成波的强度如何？（2）在 $S_2$ 外侧各点的强度又如何？（提示：$I=A^2$）

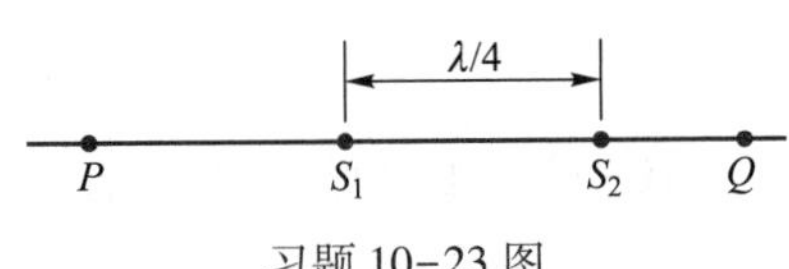

习题 10-23 图

**解** （1）

$$\Delta\varphi = \varphi_2-\varphi_1-2\pi\frac{r_2-r_1}{\lambda} = -\frac{\pi}{2}-2\pi\frac{\lambda/4}{\lambda} = -\pi$$

则合振幅为

$$A=|A_1-A_2|=0$$

故

$$I_P=0$$

（2）同理

$$\Delta\varphi = \varphi_2-\varphi_1-2\pi\frac{r_2-r_1}{\lambda} = -\frac{\pi}{2}-2\pi\frac{-\lambda/4}{\lambda} = 0$$

故

$$A=A_1+A_2=2A_0$$

所以

$$I=4I_0$$

**10-24** 如图所示，两列平面简谐波为相干波，在两种不同介质中传播，在两介质分界面上的 $P$ 点相遇，波的频率 $\nu=100$ Hz，振幅 $A_1=A_2=1.00\times10^{-3}$ m，$S_1$ 的相位比 $S_2$ 的相位超前$\frac{\pi}{2}$，波在介质 1 中的波速 $u_1=400$ m/s，在介质 2 中的波速为 $u_2=500$ m/s，$r_1=4.00$ m，$r_2=3.75$ m，求 $P$ 点的合振幅.

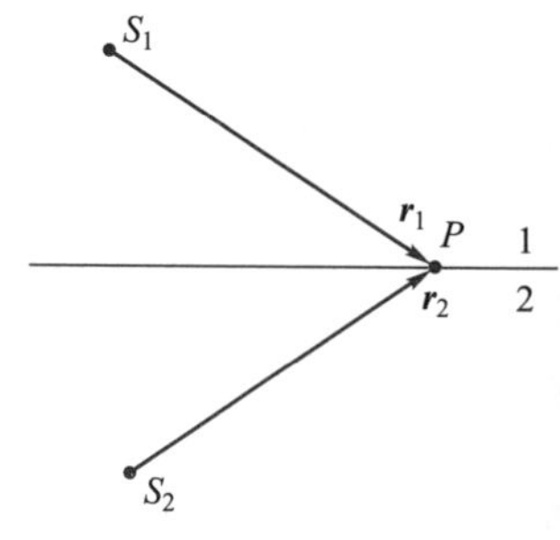

习题 10-24 图

**解** 依题意可知

$$\lambda_1=\frac{u_1}{\nu}=\frac{400}{100}\text{ m}=4\text{ m}$$

$$\lambda_2=\frac{u_2}{\nu}=\frac{500}{100}\text{ m}=5\text{ m}$$

两波在 $P$ 点的相位差为

$$\Delta\varphi = \varphi_1-\varphi_2-\left[\frac{2\pi}{\lambda_1}r_1-\frac{2\pi}{\lambda_2}r_2\right] = \frac{\pi}{2}-\left(\frac{2\pi}{4}\times4.00-\frac{2\pi}{5}\times3.75\right) = 0$$

故 $P$ 点的合振幅为

$$A=A_1+A_2 = 2.00\times10^{-3}\text{ m}$$

**10-25** 如图所示，沿 $x$ 轴负向传播的入射波方程为 $y_1=A\cos\left(\omega t+\frac{2\pi}{\lambda}x-\frac{\pi}{2}\right)$. 入射波在 $x=0$ 处反射，反射端固定，设反射波不衰减，求驻波方程及波节和

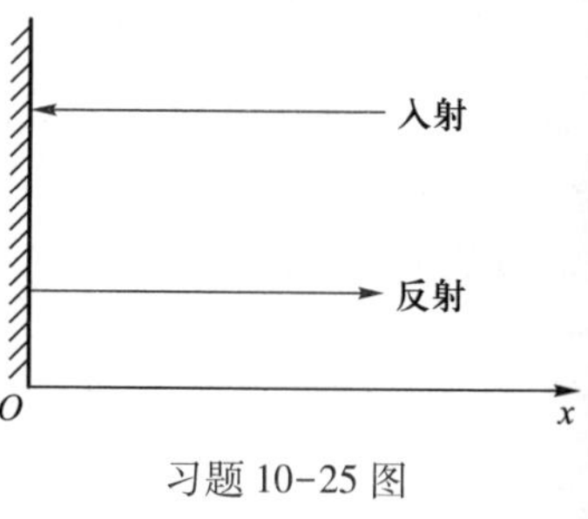

习题 10-25 图

波腹的位置.

**解** 入射波沿 $x$ 轴负方向传播,因此反射波沿 $x$ 轴正向传播. 入射波在 $x=0$ 处引起的振动为

$$y_{10}=A\cos\left(\omega t-\frac{\pi}{2}\right)$$

由于反射端固定,故反射波在 $x=0$ 处与入射波的相差为 $\pi$(有半波损失),故反射波在 $x=0$ 处引起的振动为

$$y_{20}=A\cos\left(\omega t-\frac{\pi}{2}+\pi\right)=A\cos\left(\omega t+\frac{\pi}{2}\right)$$

反射波沿 $x$ 轴正向传播,故其波动方程为

$$y_2=A\cos\left(\omega t-\frac{2\pi}{\lambda}x+\frac{\pi}{2}\right)$$

合成为驻波,其方程为

$$\begin{aligned}y&=y_1+y_2\\&=A\cos\left(\omega t+\frac{2\pi}{\lambda}x-\frac{\pi}{2}\right)+A\cos\left(\omega t-\frac{2\pi}{\lambda}x+\frac{\pi}{2}\right)\\&=2A\cos\left(\frac{2\pi}{\lambda}x-\frac{\pi}{2}\right)\cos\omega t=\left(2A\sin\frac{2\pi}{\lambda}x\right)\cos\omega t\end{aligned}$$

当
$$\sin\frac{2\pi}{\lambda}x=0$$

即
$$\frac{2\pi}{\lambda}x=k\pi,\quad k=0,1,2,\cdots$$

为波节. 故波节位置为

$$x=\frac{1}{2}k\lambda,\quad k=0,1,2,\cdots$$

当
$$\left|\sin\frac{2\pi}{\lambda}x\right|=1$$

即
$$\frac{2\pi}{\lambda}x=k\pi+\frac{\pi}{2},\quad k=0,1,2,\cdots$$

时为波腹. 故波腹位置为

$$x=\frac{1}{2}k\lambda+\frac{\lambda}{4},\quad k=0,1,2,\cdots$$

***10-26** 当火车驶近时,静止的观察者觉得它的汽笛的基音比驶去时高一个音(即频率高到$\frac{9}{8}$倍),已知空气中声速 $u=340$ m/s. 求火车速率.

**解** 当火车驶近时与火车驶去时,观察者接收到的频率分别为(设火车速率为 $v_S$)

$$\nu'=\frac{u}{u-v_S}\nu \tag{1}$$

$$\nu''=\frac{u}{u+v_S}\nu \qquad (2)$$

由(1)式除以(2)式得
$$\frac{\nu'}{\nu''}=\frac{u+v_S}{u-v_S}=\frac{9}{8}$$

即
$$\frac{340+v_S}{340-v_S}=\frac{9}{8}$$

求得
$$v_S=20\ \text{m/s}$$

*__10-27__ 一声源以 $10^4$ Hz 的频率振动,若人耳可闻声的最高频率为 $2\times10^4$ Hz. 试问该声源必须以多大速率向着静止的观察者(人)运动,才能使观察者听不到声音. 已知空气中声速 $u=340$ m/s.

**解** 欲使人听不到声音,则

$$\nu'\geqslant2\times10^4\ \text{Hz}$$

取
$$\nu'=2\times10^4\ \text{Hz}$$

则
$$\nu'=\frac{u}{u-v_S}\nu$$

即
$$2\times10^4=\frac{340\ \text{m/s}}{340\ \text{m/s}-v_S}\times10^4$$

求得
$$v_S=170\ \text{m/s}$$

五、本章自测

(一) 选择题

**10-1** 一个质点做简谐振动,周期为 $T$,当质点由平衡位置向 $x$ 轴正方向运动时,由平衡位置到二分之一最大位移处这段路程所需要的最短时间为(　　).

(A) $\frac{1}{4}T$;　　(B) $\frac{1}{12}T$;

(C) $\frac{1}{6}T$;　　(D) $\frac{1}{8}T$

**10-2** 两个同频率、同振幅的弹簧振子 P 和 Q 沿 $x$ 轴做简谐振动,当振子 P 自平衡位置向负方向运动,振子 Q 在 $x=-\frac{A}{2}$ 也向负方向运动,则两者的相位差为(　　).

(A) $\frac{1}{2}\pi$;　　(B) $\frac{2}{3}\pi$;

(C) $\frac{1}{6}\pi$;　　(D) $\frac{5}{6}\pi$

**10-3** 一弹簧振子做简谐振动,总能量为 $E_1$,如果简谐振动振幅增加为原来的 2 倍,重物的质量增为原来的 4 倍,则它的总量 $E$ 为(　　).

(A) $\frac{1}{4}E_1$;　　(B) $\frac{1}{2}E_1$;

(C) $2E_1$;　　(D) $4E_1$

**10-4**　在波长为 $\lambda$ 的驻波中,两个相邻波腹之间的距离为(　　).

(A) $\frac{1}{4}\lambda$;　　(B) $\frac{1}{2}\lambda$;

(C) $\frac{3}{4}\lambda$;　　(D) $\lambda$

**10-5**　机械波的波动方程为 $y=0.03\cos 6\pi(t+0.01x)$,式中 $x$、$y$ 均以 m 计,$t$ 以 s 计,则(　　).

(A) 其振幅为 3 m;　　(B) 其周期为$\frac{1}{3}$ s;

(C) 其波速为 10 m/s;　　(D) 波沿 $x$ 轴正方向传播

(二) 填空题

**10-6**　一质量为 $m$ 的质点在力 $F=-\pi^2 x$ 作用下沿 $x$ 轴运动,式中 $F$ 以 N 计,$x$ 以 m 计. 其运动的周期为________.

**10-7**　一物体做简谐振动,其振动方程为 $x=0.04\cos\left(\frac{5\pi}{3}t-\frac{\pi}{2}\right)$,式中 $x$ 以 m 计,$t$ 以 s 计. 此简谐振动的周期 $T=$______,当 $t=0.6$ s 时,物体的速度$v=$______.

**10-8**　一声波在空气中的波长是 0.25 m,传播速度是 340 m/s,当它进入另一介质时,波长变成了 0.37 m,它在该介质中的传播速度为________.

**10-9**　两相干波源 $S_1$ 和 $S_2$ 的振动方程分别是 $y=A\cos\omega t$ 和 $y=A\cos\left(\omega t+\frac{\pi}{2}\right)$. $S_1$ 距 $P$ 点 3 个波长,$S_2$ 距 $P$ 点 5.25 个波长,两波在 $P$ 点引起的两个振动的相位差的绝对值是________,$P$ 点合振幅是________.

**10-10**　一平面简谐波的波源位于坐标原点,沿 $x$ 轴正方向传播,其波动方程为 $y=A\cos(Bt-CX)$,式中 $A$、$B$、$C$ 为大于零的常量,$x$、$y$ 均以 m 计,$t$ 以 s 计. 则该波的振幅是________,频率是________,波长是________,波速是________.

(三) 计算题

**10-11**　一物块悬于弹簧下端并做简谐振动,当物块位移大小为振幅的一半时,这个振动系统的势能占总能量的多少？动能占总能量的多少？位移大小为多少时,动能、势能各占总能量的一半？

**10-12**　有一个一维简谐波波源,沿 $x$ 轴正方向发出一列简谐波,其频率为 25 Hz,波长为 0.1 m,振幅为 0.02 m. 若把波源处质点正沿 $y$ 轴负方向通过平衡位置时作为起始时刻,波源处作为坐标原点.求:

(1) 波动方程;

(2) 距波源 0.175 m 处一点的振动方程;

(3) $t=0.01$ s 时的波形方程,并作图.

**10-13**　两相干波源 $B$、$C$ 相距 30 m,振幅均为 0.01 m,相位差为 $\pi$,两波源相向发出平面简谐波,频率均为 100 Hz,波速均为 430 m/s,求:

（1）两简谐波的波动方程；

（2）在线段 $BC$ 上，因干涉而静止的各点的位置.

**10-14** 一平板上放有质量为 1 kg 的物体，平板在竖直方向做简谐振动，周期为 0.5 s，振幅为 2 cm. 试求：

（1）在位移最大时，物体对平板的正压力；

（2）平板的振幅至少以多大时，才会使物体开始离开平板.

第十章本章自测参考答案

**10-15** 一频率为 300 Hz、波速为 340 m/s 的平面简谐波，在截面积为 $3.0\times10^{-2}\ \mathrm{m}^2$ 的管内空气中传播，若在 10 s 内通过截面的能量为 $2.70\times10^{-2}$ J. 求：

（1）通过截面的平均能流；

（2）波的平均能流密度.

# 第十一章

# 波动光学

## 一、本章要点

1. 双缝干涉和薄膜干涉的基本规律及其应用.
2. 惠更斯-菲涅耳原理的内容.
3. 单缝衍射和光栅衍射相关各公式的应用.
4. 马吕斯定律和布儒斯特定律的应用.

## 二、主要内容

### 1. 光的相干性

**(1) 相干光**

满足相干条件(振动方向相同、频率相同、相位差恒定)的两束光.

**(2) 介质中的光速及波长**

**光速**
$$u=\frac{c}{n}$$

**波长**
$$\lambda_n=\frac{\lambda}{n}$$

式中 $c$ 为光在真空中的速度,$\lambda$ 为真空中的波长,$n$ 为介质的折射率.

**(3) 光程与光程差**

**(a) 光程**

介质的折射率 $n$ 与光经过的几何路程 $r$ 的乘积 $nr$.

**(b) 光程差**

两束相干光光程之差,即 $\Delta=n_2r_2-n_1r_1$

**(c) 光程差与相位差的关系**

$$\Delta\varphi=\frac{2\pi}{\lambda}\Delta$$

**注意**:在光路中使用透镜不会引起附加的光程差.

**(d) 半波损失**

当光从光疏介质射向光密介质,从分界面反射时,反射光的相位会发生 $\pi$ 的突变,相当于光程增加或减少$\dfrac{\lambda}{2}$,称之为半波损失.

### 2. 光的干涉

**(1) 杨氏双缝干涉**

从同一点光源分出的两束光(相干光)产生干涉.

**(a) 明暗纹条件**

$$\Delta=\frac{d}{D}x=\begin{cases}\pm k\lambda, & (k=0,1,2,\cdots)\quad \text{明条纹}\\ \pm(2k+1)\dfrac{\lambda}{2}, & (k=0,1,2,\cdots)\quad \text{暗条纹}\end{cases}$$

式中 $d$ 为双缝间距,$D$ 为双缝到屏的距离. 明暗条纹位置为

$$x=\begin{cases}\pm\dfrac{D}{d}k\lambda & \text{明条纹位置}\\ \pm\dfrac{D}{d}(2k+1)\dfrac{\lambda}{2} & \text{暗条纹位置}\end{cases}$$

（b）**条纹特征**

明暗相间，对称分布，等宽等距的平行条纹.

（c）**相邻明（暗）条纹中心距离**

$$\Delta x=\frac{D}{d}\lambda$$

（2）**薄膜的干涉**

光垂直入射到薄膜上，经上、下两表面反射的光（相干光）产生干涉.

（a）**明暗纹条件**

$$\Delta=2ne+\frac{\lambda}{2}=\begin{cases}k\lambda, & (k=1,2,3,\cdots)\quad \text{明条纹}\\ (2k+1)\dfrac{\lambda}{2}, & (k=0,1,2,\cdots)\quad \text{暗条纹}\end{cases}$$

（b）**平行薄膜的干涉**

薄膜厚度处处相等，干涉条纹为一系列同心圆.

（c）**劈形薄膜的干涉**

薄膜的厚度各处不相等.

对劈尖，干涉条纹为一组平行于劈尖棱边的明暗相间的等距直条纹，两者相邻明（暗）纹之间距离 $l=\dfrac{\lambda}{2n\theta}$（$\theta$ 为劈尖顶角）.

对牛顿环，干涉条纹为疏密不等的同心圆环，明暗条纹的半径为

$$r=\begin{cases}\sqrt{\dfrac{(2k-1)R\lambda}{2n}}, & (k=1,2,3,\cdots)\quad \text{明条纹}\\ \sqrt{\dfrac{kR\lambda}{n}}, & (k=0,1,2,\cdots)\quad \text{暗条纹}\end{cases}$$

式中 $R$ 为球面的曲率半径，$n$ 为介质的折射率.

3. **光的衍射**

（1）**惠更斯-菲涅耳原理**

从同一波前上各点发出的子波，在传播过程中相遇时也能相互叠加产生干涉现象.

（2）**单缝衍射**

用单色平行光垂直入射在单缝上，衍射图样为在中央两侧对称地分布着明暗相间的条纹.

（a）**明暗纹条件**

$$\Delta = a\sin\theta = \begin{cases} \pm 2k\dfrac{\lambda}{2}, & (k=1,2,3,\cdots) \quad 明条纹 \\ \pm(2k+1)\dfrac{\lambda}{2}, & (k=1,2,3,\cdots) \quad 暗条纹 \end{cases}$$

（b）明纹的宽度

$$\Delta x = \frac{\lambda f}{a}$$

（c）中央明纹的宽度

$$\Delta x_0 = \frac{2\lambda f}{a}$$

式中 $\theta$ 为衍射角，$f$ 为透镜焦距，$a$ 为缝宽，$\lambda$ 为入射光波长.

（3）光栅衍射

用单色平行光垂直入射在光栅上，衍射图样为在黑暗背景上呈现窄细明亮的条纹.

（a）明纹条件

$$\Delta = (a+b)\sin\theta = \pm k\lambda, \quad (k=0,1,2,\cdots) \quad 明条纹$$

（b）谱线缺级

$$\begin{cases} (a+b)\sin\theta = \pm k\lambda \\ a\sin\theta = \pm k'\lambda \end{cases} \Rightarrow k = \pm\frac{a+b}{a}k' \, (k'=1,2,3,\cdots)$$

式中 $(a+b)$ 为光栅常量，$k'$ 是单缝衍射暗纹的级数，$k$ 为缺级明纹的级数.

（c）谱线重叠

当 $k_1\lambda_1 = k_2\lambda_2$ 时，波长为 $\lambda_1$ 的 $k_1$ 级谱线与另一波长 $\lambda_2$ 的 $k_2$ 级谱线同时出现在屏上的同一位置.

4. 光学仪器的分辨率

用透镜观察物体时，恰能分辨的两物点对透镜光心的张角 $\theta_0$，叫做最小分辨角. 其倒数 $R$ 称为光学仪器的分辨率，即

$$\theta_0 = 1.22\frac{\lambda}{D}$$

$$R = \frac{1}{\theta_0} = \frac{D}{1.22\lambda}$$

式中 $D$ 为透镜直径.

5. 光的偏振

若在所有可能的方向上，光矢量振幅都相等，这样的光称为自然光. 若在一束光中只含有某一方向的光振动，这样的光称为线偏振光. 若在一束光中某一振动方向的光振动较其他方向有优势，这样的光称为部分偏振光.

（1）自然光通过偏振片后

$$I = \frac{1}{2}I_0$$

式中 $I_0$ 为自然光光强，$I$ 为线偏振光光强.

（2）**马吕斯定理**

$$I_2 = I_1\cos^2\theta$$

式中 $\theta$ 为入射的线偏振光振动方向与偏振片偏振化方向的夹角；$I_1$、$I_2$ 为线偏振光的光强.

（3）**布儒斯特定律**

当 $\tan i_0 = \frac{n_2}{n_1}$ 时，反射光为线偏振光，反射光与折射光垂直. 其中 $i_0$ 为入射角，称为起偏振角；$n_1$、$n_2$ 为介质的折射率.

## 三、解题方法

本章习题分为 4 种类型.

**1. 光的干涉条纹计算**

求解这一类习题的步骤为：（1）选取两束相干光；（2）求出这两束光的光程差；（3）按照形成明暗纹的条件列出相应的表达式进行计算.

**注意**：计算干涉的光程差时要特别注意反射光的半波损失问题，当光从折射率为 $n_1$ 的介质入射到折射率为 $n_2$ 的介质时，若 $n_2>n_1$ 则在界面上的反射光有半波损失.

**例 11-1**　如图(a)所示，缝光源 $S$ 发出波长为 $\lambda$ 的单色光照射在对称的双缝 $S_1$ 和 $S_2$ 上，通过空气后在屏 H 上形成干涉条纹.

（1）若 $P$ 点处为第 3 级明条纹，求光从 $S_1$ 和 $S_2$ 到 $P$ 点的光程差；

（2）若将整个装置放于某种透明液体中，$P$ 点为第 4 级明条纹，求该液体的折射率；

（3）装置仍在空气中，在 $S_2$ 后面放一折射率为 1.5 的透明薄片，$P$ 点为第 5 级明纹，求该透明薄片的厚度；

（4）若将缝 $S_2$ 盖住，在 $S_1$、$S_2$ 的对称轴上放一反射镜 M，如图(b)所示，则点 $P$ 处有无干涉条纹？若有，是明条纹还是暗条纹？

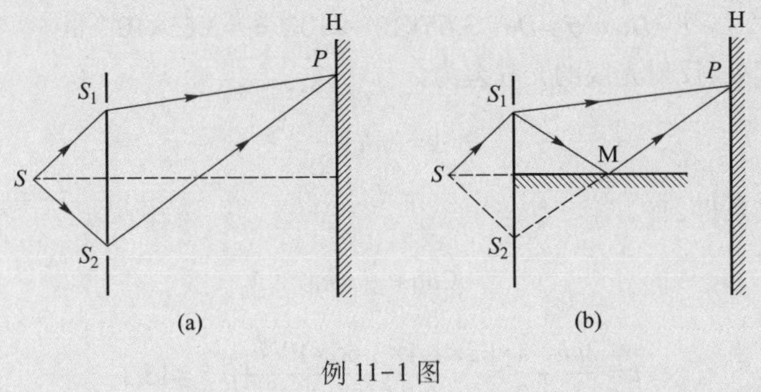


例 11-1 图

**解**　干涉的强弱，即明、暗条纹决定于两相干光的光程差 $\Delta$，计算对应情况下的 $\Delta$，根据干涉明、暗条纹的条件即可解此题.

（1）光从 $S_1$ 和 $S_2$ 到 $P$ 点的光程差为

$$\Delta_1=3\lambda$$

（2）此时，光从 $S_1$ 和 $S_2$ 到 $P$ 点的光程差为

$$\Delta_2=n\Delta_1=4\lambda$$

所以

$$n=\frac{4\lambda}{\Delta_1}=\frac{4}{3}\approx1.33$$

（3）设该透明薄片厚度为 $d$，则此时光从 $S_1$ 和 $S_2$ 到 $P$ 点的光程差为

$$\Delta_3=\Delta_1+(n'-1)d=5\lambda$$

所以

$$d=\frac{2\lambda}{n'-1}=4\lambda$$

（4）如图(b)所示，从 $S_1$ 经 $M$ 反射至 $P$ 点的光线，与从 $S_1$ 直接到达 $P$ 点的光线相干叠加后，在 $P$ 点产生干涉条纹. 此时，两相干光在 $P$ 点的相位差与(1)中相比相差 $\pi$(反射时的半波损失)，所以，此时 $P$ 点是暗纹.

**例 11-2** 有一劈形膜，折射率 $n=1.4$，劈尖角 $\theta=10^{-4}$ rad. 在某单色光的垂直照射下，测得相邻两条明条纹之间的距离为 0.25 cm. 求(1) 此单色光在空气中的波长；(2) 如果劈形膜长为 3.65 cm，那么总共可出现多少条明条纹.

**解** (1) 由公式可知，劈尖干涉中相邻两条明条纹之间的距离为

$$l=\frac{\lambda}{2n\theta}$$

所以此单色光的波长为

$$\lambda=2n\theta\cdot l=2\times1.4\times10^{-4}\times0.25\times10^{-2}\ \text{m}=7\times10^{-7}\ \text{m}$$

（2）设劈尖的最大厚度为 $h$，由于已知劈尖的长度 $D=3.65$ cm，劈尖角为 $\theta=10^{-4}$ rad，则

$$h=D\tan\theta\approx D\theta=3.65\times10^{-2}\times10^{-4}\ \text{m}=3.65\times10^{-6}\ \text{m}$$

在最大厚度处，反射光线的光程差为

$$\Delta=2nh+\frac{\lambda}{2}$$

根据明条纹条件，有

$$2nh+\frac{\lambda}{2}=k\lambda$$

则

$$k=\frac{2nh}{\lambda}+\frac{1}{2}=\frac{2\times1.4\times3.65\times10^{-6}}{7\times10^{-7}}+0.5=15.1$$

取整后可知，总共出现 15 条明条纹.

2. **光的衍射条纹计算**

求解这一类习题的步骤为:(1) 选择两束相干光(对于单缝选单缝边缘的两条光线,对于光栅选相邻两缝对应的光线);(2) 计算两束光的光程差;(3) 按单缝(或光栅)形成明暗条纹的条件列出相应公式进行求解.

**注意**:当$\dfrac{b}{a}$为整数时,则该级为光栅缺级.

**例 11-3**　波长为 $\lambda=600$ nm 的单色光垂直入射到一光栅上,测得第 4 级明条纹的衍射角为 30°,第 3 级缺级,求:(1) 光栅常量$(a+b)$;(2) 透光缝的最小宽度;(3) 在选定了$(a+b)$与 $a$ 后,在屏幕上最多可看到哪几条明条纹?

**解**　(1) 由光栅方程可知,光栅的明条纹必须满足

$$(a+b)\sin\theta=k\lambda,\quad k=0,\pm1,\pm2,\cdots$$

将已知条件 $\lambda=600$ nm,$\theta=30°$,$k=4$ 代入可以求得

$$(a+b)=\frac{k\lambda}{\sin\theta}=\frac{4\times6\times10^{-7}}{\sin 30°}\ \text{m}=4.8\times10^{-6}\ \text{m}$$

(2) 由于第 3 级缺级,根据缺级条件有

$$\begin{cases}(a+b)\sin\theta=3\lambda\\ a\sin\theta=k'\lambda\end{cases}$$

于是可得

$$\frac{a+b}{a}=\frac{3}{k'}$$

即

$$a=\frac{k'}{3}(a+b)$$

当 $k'=1$ 时,对应的透光缝最小,所以

$$a=\frac{1}{3}(a+b)=\frac{4.8\times10^{-6}}{3}\ \text{m}=1.6\times10^{-6}\ \text{m}$$

(3) 在选定$(a+b)$与 $a$ 后,令 $\theta\to90°$,从而可以求出屏幕上可能出现的最高级次,即

$$(a+b)\sin 90°=k_{\text{m}}\lambda$$

则

$$k_{\text{m}}=\frac{(a+b)\sin 90°}{\lambda}=\frac{4.8\times10^{-6}}{6\times10^{-7}}=8$$

$\theta=90°$时,屏幕无法接收到,所以屏幕上可能出现的最高级次为 7.

3. **马吕斯定律和布儒斯特定律的应用**

求解这一类习题时,应特别注意:(1) 当线偏振光通过多个偏振片时,应一级一级分析夹角 $\theta$ 值,逐级进行计算;(2) 对 $\tan i_0=\dfrac{n_2}{n_1}$,应明确 $n_1$ 为入射光所在介质折射率,$n_2$ 为折射光所在介质的折射率.

**例 11-4** 在两个平行放置的正交偏振片 $P_1$、$P_2$ 之间，平行放置另一个以恒定角速度 $\omega$ 绕光传播方向旋转的偏振片 $P_3$，如图(a)所示. 现有光强为 $I_0$ 的自然光垂直 $P_1$ 入射，$t=0$ 时 $P_3$ 的偏振化方向与 $P_1$ 的偏振化方向平行. 试问当自然光 $I_0$ 通过该系统后，透射光强度如何？

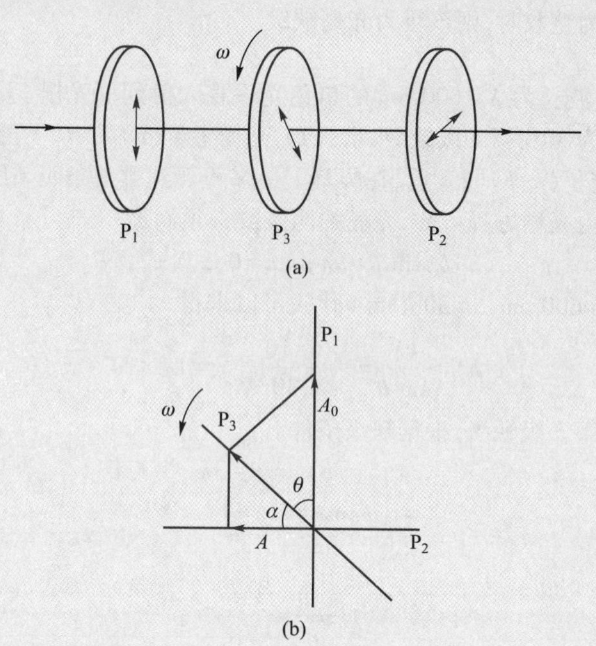


例 11-4 图

**解** 自然光通过偏振片 $P_1$ 后，光强变为

$$I_1=\frac{1}{2}I_0$$

对于 $t$ 时刻，偏振片 $P_3$ 转过的角度 $\theta=\omega t$，如图(b)所示. 当线偏振光 $I_1$ 透过偏振片 $P_3$ 时，有

$$I_2=I_1\cos^2\theta=\frac{1}{2}I_0\cos^2\theta$$

当 $I_2$ 再通过偏振片 $P_2$ 时，有

$$\begin{aligned}I_3&=I_2\cos^2\alpha=\frac{1}{2}I_0\cos^2\theta\cos^2\left(\frac{\pi}{2}-\theta\right)\\&=\frac{1}{2}I_0\cos^2\theta\sin^2\theta=\frac{I_0}{8}(1-\cos^2 2\theta)\\&=\frac{I_0}{16}(1-\cos 4\theta)=\frac{I_0}{16}(1-\cos 4\omega t)\end{aligned}$$

即透射光的强度 $I_3$ 是时间 $t$ 的函数，随着 $P_2$ 的旋转，$I_3$ 做周期性变化.

**例 11-5**　如图所示的三种透明介质Ⅰ、Ⅱ、Ⅲ，其折射率分别为 $n_1=1$、$n_2=1.43$ 和 $n_3$，Ⅰ、Ⅱ和Ⅲ的界面相互平行，一束自然光由介质Ⅰ中射入，若在两个交界面上的反射光都是线偏振光，求：

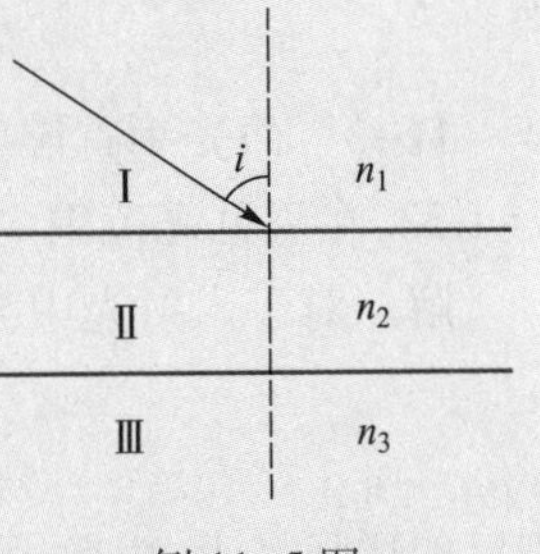

例 11-5 图

（1）入射角 $i$.

（2）折射率 $n_3$.

**解**　（1）根据布儒斯特定律得

$$\tan i=\frac{n_2}{n_1}=1.43$$

所以

$$i=55.03°$$

（2）设在介质Ⅱ中折射角为 $\gamma$，则有

$$\gamma=\frac{\pi}{2}-i$$

$\gamma$ 的数值等于介质Ⅱ、Ⅲ界面上的入射角，由布儒斯特定律有

$$\tan\gamma=\frac{n_3}{n_2}$$

得

$$n_3=n_2\tan\gamma=n_2\cot i=\frac{n_2n_1}{n_2}=1$$

四、习题略解

**11-1**　用白光垂直入射到间距为 $d=0.25$ mm 的双缝上，距离缝 1.0 m 处放置屏幕，求第 2 级干涉条纹中紫光和红光极大值的间距（白光的波长范围是 400～760 nm，已知 1 nm$=10^{-9}$m）.

**解**　由于 $x=\pm\dfrac{D}{d}k\lambda$

所以

$$\begin{aligned}x_{2红}-x_{2紫}&=\frac{2D\lambda_{红}}{d}-\frac{2D\lambda_{紫}}{d}\\&=\frac{2D}{d}(\lambda_{红}-\lambda_{紫})\\&=\frac{2\times1}{0.25\times10^{-3}}(7.6\times10^{-7}-3.9\times10^{-7})\ \text{m}\\&=2.96\times10^{-3}\ \text{m}\end{aligned}$$

**11-2**　用很薄的云母片（$n=1.58$）覆盖在杨氏双缝干涉实验中的一条缝上，这时屏幕上的中央明条纹移到原来的第 7 级明条纹的位置上. 如果入射光波长为 550 nm，试问此云母片的厚度为多少？

**解**　设云母片厚度为 $l$，则两光的光程差为

$$\Delta=(n-1)l=k\lambda$$

则 $$l=\frac{k\lambda}{n-1}=\frac{7\times5.5\times10^{-7}}{1.58-1}\ \text{m}=6.6\times10^{-6}\ \text{m}$$

**11-3** 白光垂直照射到空气中一厚度 $e=0.38\ \mu\text{m}$ 的肥皂膜上，肥皂膜折射率 $n=1.33$，在可见光范围内(390~760 nm)，哪些波长的光在反射中增强最大?

**解** 对于入射光中波长为 $\lambda$ 的成分，肥皂膜前后表面反射光的光程差满足

$$\Delta=2ne+\frac{\lambda}{2}=k\lambda\quad(k=1,2,3,\cdots)$$

则反射增强最大，由此求得

$$\lambda=\frac{4ne}{2k-1}$$

$k=1$ 时，有

$$\lambda_1=4ne=2.02\ \mu\text{m}$$

$k=2$ 时，有

$$\lambda_2=4ne/3=0.674\ \mu\text{m}$$

$k=3$ 时，有

$$\lambda_3=4ne/5=0.404\ \mu\text{m}$$

$k=4$ 时，有

$$\lambda_4=4ne/7=0.289\ \mu\text{m}$$

在可见光范围内 $\lambda_2=0.674\ \mu\text{m}$，$\lambda_3=0.404\ \mu\text{m}$ 反射加强.

**11-4** 在空气中垂直入射的白光从薄膜上反射，油膜覆盖在玻璃板上，在可见光谱中观察到 500 nm 与 700 nm 这两个波长的光在反射中消失，油的折射率为 1.30，玻璃的折射率为 1.50，试求油膜的厚度.

**解** 反射光在油膜上、下两表面都存在半波损失，故

$$2ne=(2k+1)\frac{\lambda}{2}=\left(k+\frac{1}{2}\right)\lambda$$

由于 500 nm 与 700 nm 的光在反射中消失，因此，可设 $\lambda_1=500$ nm 对应 $k_1$，$\lambda_2=700$ nm对应 $k_2$，则

$$\left(k_1+\frac{1}{2}\right)\lambda_1=\left[k_2+\frac{1}{2}\right]\lambda_2$$

代入数据得 $$5(2k_1+1)=7(2k_2+1)$$

由于 $k_1$ 与 $k_2$ 皆为正整数，因此

$$k_1=3,k_2=2$$

$$e=\frac{\left(k_1+\frac{1}{2}\right)\lambda_1}{2n}=673.1\ \text{nm}$$

**11-5** 有一劈尖，折射率 $n=1.4$，劈尖角 $\theta=10^{-4}$rad，在某一单色光的垂直照射下，可测得两相邻明条纹之间的距离为 0.25 cm，试求此单色光在空气中的波长.

解

$$\Delta x=\frac{\lambda/2n}{\sin\theta}=\frac{\lambda}{2n\theta}$$

$$\lambda=2n\theta\Delta x=0.7\ \mu\text{m}$$

**11-6** 利用空气劈尖干涉测细丝直径.如图所示,已知入射光波长 $\lambda=5.89\times10^{-4}$ mm,细丝与劈尖距离 $L=0.1$ m,现测得10条明纹间距为0.02 m.

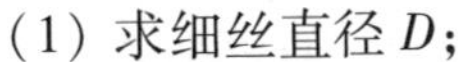

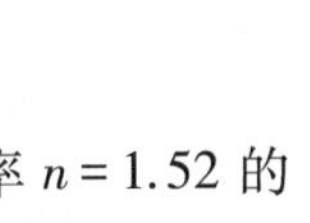

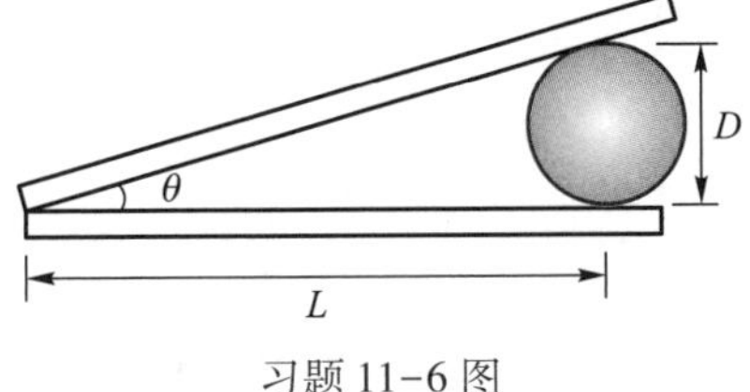


习题 11-6 图

(1) 求细丝直径 $D$;

(2) 若在劈尖中滴入折射率 $n=1.52$ 的油,那么在 $L$ 上将呈现几条明条纹?

**解** (1) 10条明条纹间有9个间距,由空气中两明条纹间距公式 $\Delta l=\dfrac{\lambda}{2\sin\theta}$ 及 $\sin\theta\approx\tan\theta\approx\dfrac{D}{L}$,可得

$$D=\frac{\lambda L}{2\Delta l}=\frac{5.89\times10^{-4}\times0.1}{2\times0.02/9}\text{mm}=1.33\times10^{-2}\text{mm}$$

(2) 由教材中(11-14)式可知,相邻明条纹对应的劈尖厚度差为 $\Delta e=\dfrac{\lambda}{2n}$,故 $L$ 上明条纹数为

$$\Delta e=e_{k+1}-e_k=\frac{\lambda}{2n}$$

$$N=\frac{D}{\Delta e}=\frac{2nD}{\lambda}=\frac{2\times1.52\times1.33\times10^{-2}}{5.89\times10^{-4}}=68.65$$

因 $e=0$ 处为暗条纹,故 $L$ 上能看到68条明条纹.

**11-7** 在利用牛顿环测未知单色光波长的实验中,当用已知波长为589.3 nm的钠黄光垂直照射时,测得第1和第4级暗条纹的距离为 $l_1=4\times10^{-3}$ m;当用未知的单色光垂直照射时,测得第1和第4级暗条纹的距离为 $l_2=3.85\times10^{-3}$ m,求未知单色光的波长.

**解** 由牛顿环暗条纹表达式 $r=\sqrt{kR\lambda}$ 可得

$$\sqrt{4R\lambda_1}-\sqrt{R\lambda_1}=l_1 \tag{1}$$

$$\sqrt{4R\lambda_2}-\sqrt{R\lambda_2}=l_2 \tag{2}$$

(2)式除以(1)式得

$$\sqrt{\frac{\lambda_2}{\lambda_1}}=\frac{l_2}{l_1}$$

即

$$\lambda_2=\left(\frac{l_2}{l_1}\right)^2\lambda_1=\left(\frac{3.85}{4}\right)^2\times589.3\ \text{nm}=545.9\ \text{nm}$$

**11-8** 当牛顿环装置中的透镜与玻璃之间的空间充以某种液体时,第10级亮

环纹的直径由 $1.40\times10^{-2}$ m 变为 $1.27\times10^{-2}$ m,试求这种液体的折射率.

**解** $$r_{10}=\sqrt{\frac{(2k-1)R\lambda}{2}},\quad r'_{10}=\sqrt{\frac{(2k-1)R\lambda}{2n}}$$

由此可得$\frac{r_{10}}{r'_{10}}=\sqrt{n}$,即

$$n=\left(\frac{1.4}{1.27}\right)^2=1.2$$

**11-9** 在宽度 $a=0.5$ mm 的单缝后面放一接收屏,单缝与接收屏的距离为 $D=1.00$ m. 用单色平行光垂直照射单缝,在屏上形成夫琅禾费衍射条纹. 若离屏上中央明条纹中心为 1.5 mm 的 $P$ 点处看到的是一条明条纹.

(1) 求入射光的波长;

(2) 求 $P$ 处明条纹的级次;

(3) 从 $P$ 处看来,狭缝处的波面被分成几个半波带?

**解** (1) $P$ 点处明条纹满足的条件式$\left(\theta\text{ 很小时 }\sin\theta\approx\tan\theta,\tan\theta=\frac{x}{D}\right)$

$$a\sin\theta=a\frac{x}{D}=(2k+1)\frac{\lambda}{2}\quad(k=1,2,3\cdots)$$

所以 $$\lambda=\frac{2ax}{(2k+1)D}=\frac{1.5}{2k+1}\ \mu\text{m}$$

$k=1$ 时,$\lambda=0.5\ \mu$m;$k=2$ 时,$\lambda=0.3\ \mu$m;…,由此可知,$k\geqslant2$ 时求出波长均不在可见光范围内,所以入射光波长可唯一地确定为 $\lambda\approx0.5\ \mu$m.

(2) 由上问可知,$P$ 处明条纹的级次为 1.

(3) 因为在(1)中 $k$ 已经确定为 1. 因此从 $P$ 看来单缝处波面可分为 3 个半波带.

**11-10** 一单色平行光垂直入射一单缝,其衍射第 3 级明条纹位置恰与波长为 600 nm 的单色光垂直入射该缝时衍射的第 2 级明条纹位置重合,试求该单色光波长.

**解** $$a\sin\theta=(2k+1)\frac{\lambda}{2}=(2\times3+1)\frac{\lambda}{2}=(2\times2+1)\frac{600}{2}\ \text{nm}$$

$$\lambda=\frac{2\times2+1}{2\times3+1}\times600\ \text{nm}=428.6\ \text{nm}$$

**11-11** 在迎面驶来的汽车上,两盏前灯相距 1.2 m. 试问汽车在离观察者多远的地方,眼睛才可以分辨这两盏前灯?假设夜间人眼瞳孔直径为 5.0 mm,而入射光波波长 $\lambda=550$ nm. 又假设这个距离只取决于眼睛的圆形瞳孔处的衍射效应.

**解** 由 $$\theta_0=1.22\frac{\lambda}{D}$$

$$\theta_0=\frac{\Delta x}{l}$$

所以

$$l=\frac{D\Delta x}{1.22\lambda}=\frac{5\times10^{-3}\times1.2}{1.22\times5.50\times10^{-7}}\ \text{m}=8.94\times10^{3}\ \text{m}$$

**11-12**　有一光栅,每厘米有 1 000 条刻痕,缝宽 $a=4\times10^{-4}$ cm,光栅距屏幕为 1 m;用波长为 630 nm 的平行单色光垂直照射在光栅上. 试问:

(1) 在单缝中央明条纹宽度内可以看见多少条干涉明条纹?

(2) 第 1 级明条纹与第 2 级明条纹之间的距离为多少?

**解**　(1) 单缝中央明条纹宽度为

$$l=\frac{2\lambda D}{a}$$

角宽度

$$\theta'=2\theta_0=\frac{2\lambda}{a}(\theta_0\ \text{为半角宽度})$$

光栅明条纹条件是

$$(a+b)\sin\theta=k\lambda$$

则

$$\begin{aligned}k&=\frac{a+b}{\lambda}\sin\theta\\&\approx\frac{a+b}{\lambda}\theta_0\\&=\frac{a+b}{\lambda}\cdot\frac{\lambda}{a}\\&=\frac{a+b}{a}\\&=\frac{\frac{1}{1\ 000}}{4\times10^{-4}}\\&=2.5\end{aligned}$$

故可以看见 5 条($k=0,\pm1,\pm2$)干涉明条纹.

(2) 明条纹间距为

$$\Delta x=x_2-x_1=D(\tan\theta_2-\tan\theta_1)\approx D(\sin\theta_2-\sin\theta_1)=\frac{\lambda D}{a+b}=6.3\times10^{-4}\ \text{m}$$

**11-13**　波长为 500 nm 和 520 nm 的两种单色光,同时垂直入射在光栅常量为 0.002 cm 的光栅上,紧靠光栅后面,用焦距为 2 m 的透镜把光线汇聚在屏幕上. 求这两种单色光的第 1 级明条纹之间的距离和第 3 级明条纹之间的距离.

**解**

$$\sin\theta=\frac{k\lambda}{a+b}$$

$$x=f\tan\theta\approx f\sin\theta=k\frac{f\lambda}{a+b}$$

$$\Delta x_1 = x_1 - x_1' = \frac{f(\lambda-\lambda')}{a+b} = \frac{2\times20\times10^{-9}}{2\times10^{-5}}\ \text{m} = 2\times10^{-3}\ \text{m}$$

$$\Delta x_3 = x_3 - x_3' = 3\frac{f(\lambda-\lambda')}{a+b} = 6\times10^{-3}\text{m}$$

**11-14** 用一束具有两种波长的平行光垂直入射在光栅上，$\lambda_1 = 600$ nm，$\lambda_2 = 400$ nm，发现距中央明条纹 5 cm 处 $\lambda_1$ 光的第 $k$ 级明条纹和 $\lambda_2$ 光的第 $k+1$ 级明条纹相重合，若所用透镜的焦距 $f = 50$ cm，试问：

（1）上述的 $k$ 为多少？

（2）光栅常量 $a+b$ 为多少？

**解** （1）

$$(a+b)\sin\theta = k\lambda_1 = (k+1)\lambda_2$$

$$\frac{k}{k+1} = \frac{\lambda_2}{\lambda_1} = \frac{2}{3}$$

解得

$$k = 2$$

（2）

$$(a+b)\sin\theta = k\lambda_1$$

$$\sin\theta \approx \tan\theta = \frac{x}{f}$$

$$a+b = \frac{k\lambda_1 f}{x} = 1.2\times10^{-5}\text{m}$$

**11-15** 波长 $\lambda = 500$ nm 的单色平行光垂直投射在平面光栅上，已知光栅常量 $(a+b) = 3.0$ μm，缝宽 $a = 1.0$ μm，光栅后会聚透镜的焦距 $f = 1$ m.（1）求单缝衍射中央明条纹宽度；（2）在该宽度内有几条光栅衍射明条纹？（3）总共可看到多少条谱线？

**解** （1）对于单缝衍射第 1 级暗条纹有

$$a\sin\theta_1 = \lambda$$

$$\sin\theta_1 = \frac{\lambda}{a} = \frac{0.5}{1.0} = \frac{1}{2}$$

故第 1 级暗条纹衍射角 $\theta_1 = 30°$，它在屏上的位置为

$$x_1 = f\tan\theta_1$$

故单缝衍射中央明条纹宽度为

$$2x_1 = 2f\tan 30° = 1.16\ \text{m}$$

（2）由 $(a+b)\sin\theta_1 = k\lambda$，得

$$k = \frac{(a+b)\sin 30°}{\lambda} = \frac{3\times\frac{1}{2}}{0.5} = 3$$

故在单缝衍射中央明条纹宽度内，考虑缺级 $k = \frac{a+b}{a}k' = 3k'$，即缺级为 ±3，光栅衍射明条纹的级次是 0，±1，±2，共有 5 条明条纹.

（3）由 $(a+b)\sin\theta = k\lambda$，可知

$$k_{max}=\frac{a+b}{\lambda}\sin 90^\circ=\frac{3.0}{0.5}=6$$

即 $k=0,\pm1,\pm2,\pm3,\pm4,\pm5$；而 $k=\pm6$ 对应 $\theta=90^\circ$，是看不到的. 因此实际看到的是 $k=0,\pm1,\pm2,\pm4,\pm5$，共 9 条谱线.

**11-16**　一束自然光入射到一组偏振片上，这组偏振片由 4 块偏振片所构成，这 4 块偏振片的排列关系是，每块偏振片的偏振化方向相对于前面的一块偏振片，沿顺时针方向转过了一个 30°的角. 试求入射光中有多大一部分透过这组偏振片？

**解**

$$I=\frac{1}{2}I_0(\cos^2 30^\circ)^6=\frac{1}{2}I_0\left(\frac{3}{4}\right)^3=\frac{27}{128}I_0=0.21I_0$$

即入射光中的 21%透过了这组偏振片.

**11-17**　平行放置两偏振片，使它们的偏振化方向成 60°的夹角.

（1）如果两偏振片对光振动平行于其偏振化方向的光线均无吸收，则让自然光垂直入射后，其透射光强与入射光强之比是多少？

（2）如果两偏振片对光振动平行于其偏振化方向的光线分别吸收了 10%的能量，则透射光强与入射光强之比是多少？

（3）今在这两偏振片之间再平行地插入另一偏振片，使它的偏振化方向与前两个偏振片均成 30°角，则透射光强与入射光强之比又是多少？先按无吸收情况计算，再按有吸收 10%情况计算.

**解**　（1）透射光强

$$I=\frac{1}{2}I_0\cos^2 60^\circ=\frac{1}{8}I_0$$

故

$$\frac{I}{I_0}=\frac{1}{8}=0.125$$

（2）

$$\frac{I}{I_0}=\frac{1}{8}(1-0.1)^2=0.101$$

（3）无吸收时

$$\frac{I}{I_0}=\frac{1}{2}(\cos^2 30^\circ)^2=\frac{9}{32}=0.281$$

有吸收时

$$\frac{I}{I_0}=\frac{9}{32}(1-0.1)^3=0.253$$

**11-18**　有一束自然光和线偏振光组成的混合光，当它通过偏振片时，改变偏振片的取向，发现透射光强最大值与最小值之比为 7∶1. 试求入射光中自然光和线偏振光的强度各占总入射光强的比例.

**解**　设入射光的光强为 $I$，其中线偏振光的光强为 $I_1$，自然光的光强为 $I_2$. 在该光束透过偏振片后，其光强由马吕斯定律可知

$$I=I_1\cos^2\alpha+\frac{1}{2}I_2$$

当 $\alpha=0$ 时，透射光的光强最大，即

$$I_{\max}=I_1+\frac{1}{2}I_2$$

当 $\alpha=\frac{\pi}{2}$ 时,透射光的光强最小,即

$$I_{\min}=\frac{1}{2}I_2$$

由题意可知 $I_{\max}=7I_{\min}$,所以

$$I_1+\frac{1}{2}I_2=\frac{7}{2}I_2$$

即

$$I_1=3I_2$$

而

$$I=I_1+I_2$$

所以

$$\frac{I_1}{I}=\frac{3}{4},\quad \frac{I_2}{I}=\frac{1}{4}$$

**11-19** 一束自然光从空气入射到一平板玻璃上,入射角为 56.5°,测得此时的反射光为线偏振光,求此玻璃的折射率以及折射光的折射角.

**解** 由布儒斯特定律

$$\tan i_0=\frac{n_2}{n_1}$$

$$n_2=n_1\tan i_0=1.51$$

$$i_0+\gamma=90^\circ$$

$$\gamma=90^\circ-i_0=33.5^\circ$$

**11-20** 水的折射率为 1.33,玻璃的折射率为 1.50. 当光由水中射向玻璃而反射时,起偏振角为多少?当光由玻璃射向水而反射时,起偏振角又为多少?

**解** 光由水射向玻璃时

$$\tan i_0=\frac{n_{玻}}{n_{水}}=\frac{1.5}{1.33}=1.128$$

$$i_0=48^\circ25'$$

光由玻璃射向水时

$$\tan i_0'=\frac{n_{水}}{n_{玻}}=\frac{1.33}{1.5}=0.887$$

$$i_0'=41^\circ34'$$

**11-21** 一束太阳光以某一入射角入射到平面玻璃上,这时反射光为线偏振光,透射光的折射角为 32°.

(1) 求太阳光的入射角;

(2) 玻璃的折射率是多少?

**解** (1) 反射光为线偏振光,则有

$$i_0+\gamma=90^\circ$$

$$i_0=90^\circ-\gamma=90^\circ-32^\circ=58^\circ$$

(2)

$$\tan i_0=\frac{n_2}{n_1}$$

$$n_2=n_1\tan i_0=\tan 58°=1.6$$

## 五、本章自测

### （一）选择题

**11-1**　在真空中波长为 $\lambda$ 的单色光，在折射率为 $n$ 的透明介质中从 $A$ 点沿某路径传播到 $B$ 点，若 $A$、$B$ 两点相位差为 $3\pi$，则此路径 $AB$ 的光程为（　　）.

（A）$1.5\lambda$；　（B）$1.5n\lambda$；　（C）$3\lambda$；　（D）$\dfrac{1.5}{n}\lambda$

**11-2**　一束波长为 $\lambda$ 的单色光从空气垂直入射到折射率为 $n$ 的透明薄膜上，要使反射光线得到增加，薄膜的厚度应为（　　）.

（A）$\dfrac{1}{4}\lambda$；　（B）$\dfrac{1}{4n}\lambda$；　（C）$\dfrac{1}{2}\lambda$；　（D）$\dfrac{1}{2n}\lambda$

**11-3**　波长为 500 nm 的单色光垂直照射一缝宽为 0.25 mm 的单缝，衍射图像中的中央明条纹两旁第 3 暗条纹间距离为 3 mm，则焦距为（　　）.

（A）25 cm；　（B）50 cm；　（C）2.5 m；　（D）5 m

**11-4**　平行单色光垂直入射于光栅上，当光栅常量 $a+b$ 为下列哪种情况时，$k=\pm3,\pm6,\pm9,\cdots$级次的衍射条纹不出现（　　）.

（A）$a+b=2a$；　（B）$a+b=3a$；　（C）$a+b=4a$；　（D）$a+b=6a$

**11-5**　波长为 550 nm 的单色光垂直入射于光栅常量为 $1.0\times10^{-4}$ cm 的光栅上，可能观察到的光谱线的最大级次为（　　）.

（A）4；　（B）3；　（C）2；　（D）1

### （二）填空题

**11-6**　在杨氏双缝干涉实验中，若使两缝之间的距离减小，则屏幕上干涉条纹间距________，若使单色光波长减小，则干涉条纹间距________.

**11-7**　波长为 $\lambda$ 的单色光垂直照射在缝宽为 $4\lambda$ 的单缝上，对应的衍射角为 30°，则单缝处的波面可划分为________个半波带，对应的屏上条纹为________条纹.

**11-8**　一单色平行光垂直照射于一单缝上，若其第 3 级明条纹位置恰好和波长 600 nm 的单色光的第 2 级明条纹位置重合，则该单色光的波长为________ nm.

**11-9**　光强度为 $I_0$ 的自然光射到偏振片 A 上，经 A 后其光强变为________，再入射到偏振片 B 上，其偏振化方向与 A 成 45°，则透过 B 的光强为________.

**11-10**　一束自然光从空气投射到玻璃表面上（空气折射率为 1），当折射角为 30°时，反射光是线偏振光，则此玻璃的折射率为________.

### （三）计算题

**11-11**　若用波长不同的光观察牛顿环，$\lambda_1=600$ nm，$\lambda_2=450$ nm，结果观察到，用 $\lambda_1$ 时第 $k$ 级暗条纹与用 $\lambda_2$ 时第 $k+1$ 级暗条纹重合，已知透镜的曲率半径为 1.90 m.

（1）用 $\lambda_1$ 观察时，求第 $k$ 级暗条纹的半径.

（2）如果用波长为 $\lambda_3=500$ nm 的光做实验，发现它的第 5 级明条纹与 $\lambda_4$ 的第 6 级明条纹重合，则波长 $\lambda_4$ 是多少？

**11-12** 一双缝，缝间距 $d=0.4$ mm，两缝宽度都是 $a=0.08$ mm，用波长 $\lambda=480$ nm 的平行光垂直照射双缝，在双缝后放一焦距 $f=2.0$ m 的凸透镜. 试求：

（1）在凸透镜焦平面处的观察屏上，双缝干涉条纹的间距；

（2）在单缝衍射中央明纹范围内的双缝干涉明条纹的数目和相应的级次.

**11-13** 两个偏振片 A 和 B 的偏振化方向相互垂直，使光完全不能透过，今在 A 和 B 之间插入偏振片 C，它与偏振片 A 的偏振化方向的夹角为 $\alpha$，这时就有光透过偏过偏振片 B. 设透过偏振片 A 的光强为 $I_0$. 试证透过偏振片 B 的光强为

$$I=\frac{1}{4}I_0\sin^2 2\alpha$$

**11-14** 如图所示，在折射率 $n=1.50$ 的玻璃上，镀上 $n'=1.35$ 的透明介质薄膜. 入射光波垂直于介质膜表面照射，观察反射光的干涉，发现对 $\lambda_1=600$ nm 的光波干涉相消，对 $\lambda_2=700$ nm 的光波干涉相长. 求所镀介质膜的厚度 $e$.

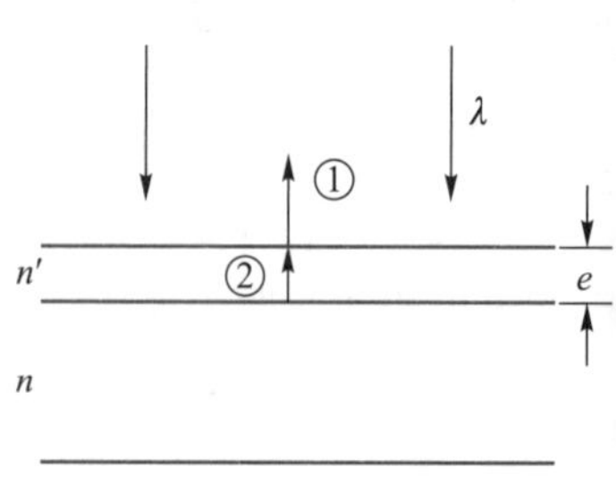

自测题 11-14 图

**11-15** 已知单色平行光的波长为 $\lambda=490$ nm，光栅常量 $a+b=3\times10^{-4}$ cm. 问：

（1）若入射单色光与光栅平面的法线方向所成夹角为 $\theta=30°$，在此情况下，光栅衍射条纹中两侧的最高级次各属哪一级？

（2）当单色光垂直照射在光栅上，最多能看到第几级条纹？

（3）若光栅的透光缝的宽度 $a=1.0\times10^{-4}$ cm，单色光垂直照射在光栅上，最多能观察到的明条纹总数（包括中央明条纹）为多少？

第十一章本章自测参考答案

# 第十二章

# 量子物理

## 一、本章要点

1. 斯特藩-玻耳兹曼定律及维恩位移定律.
2. 普朗克量子假设.
3. 爱因斯坦光电效应方程、康普顿散射公式、玻尔氢原子理论和不确定关系.
4. 光的波粒二象性与实物粒子的波粒二象性,德布罗意波长的计算.
5. 薛定谔方程与一维无限深势阱.

## 二、主要内容

**1. 黑体辐射及普朗克量子假设**

(1) 黑体

能完全吸收投射于其上的所有电磁波的物体称为黑体,黑体是一种理想模型.

(2) 黑体辐射的实验规律

斯特藩-玻耳兹曼定律

$$E=\sigma T^4$$

式中 $$\sigma=5.67\times10^{-8}\ \text{W/m}^2\cdot\text{K}^4$$

维恩位移定律

$$\lambda_{\text{m}}T=b$$

式中 $$b=2.898\times10^{-3}\ \text{m}\cdot\text{K}$$

(3) 普朗克量子假设

一个频率为 $\nu$ 的简谐振子的能量只能取 $h\nu$ 的整数倍,即

$$E=nh\nu\quad(n=1,2,3,\cdots)$$

式中 $h\nu$ 为简谐振子能量的最小单位,称为能量子,$h=6.626\times10^{-34}\ \text{J}\cdot\text{s}$ 称为普朗克常量.

**2. 光电效应及爱因斯坦光子假设**

(1) 光电效应

在光照射下,电子从金属表面逸出的现象称为光电效应.

(2) 爱因斯坦光子假设

频率为 $\nu$ 的光束是一束以光速运动的粒子流,每一粒子称为光子,其能量为 $\varepsilon=h\nu$.

根据光子假设和能量守恒定律得到爱因斯坦光电效应方程

$$h\nu=\frac{1}{2}mv_{\text{m}}^2+A$$

式中 $A$ 为逸出功,$\frac{1}{2}mv_{\text{m}}^2$ 为光电子最大初动能.

截止频率 $$\nu_0=\frac{A}{h}$$

遏止电压 $$\frac{1}{2}mv_{\text{m}}^2=eU_{\text{a}}$$

(3) 康普顿效应

X 射线入射到晶体上被散射,散射后除了有与入射波长 $\lambda_0$ 相同的射线,还有波长 $\lambda>\lambda_0$ 的射线,这种现象称为康普顿效应.

$$\Delta\lambda=\lambda-\lambda_0=\frac{h}{m_0c}(1-\cos\theta)$$

式中 $\theta$ 为散射角,$m_0$ 为电子的静质量.

3. **氢原子理论**

(1) 氢原子光谱的规律

$$\sigma=R\left(\frac{1}{k^2}-\frac{1}{n^2}\right)\quad(k=1,2,3,\cdots,n=k+1,k+2,k+3,\cdots)$$

式中 $$R=1.097\ 373\times10^7\ \mathrm{m^{-1}}$$

$k=1$ 对应莱曼系;$k=2$ 对应巴耳末系;$k=3$ 对应帕邢系.

(2) 玻尔的氢原子理论

定态假设 原子系统只能处于一系列不连续的稳定状态,称为定态. 处于定态中的电子虽然做圆周运动,但不辐射能量.

量子化假设 原子处于定态时,电子角动量等于$\dfrac{h}{2\pi}$的整数倍. 即

$$L=mvr=n\frac{h}{2\pi}=n\hbar\quad(n=1,2,3,\cdots)$$

跃迁假设 当原子从一个较高能量 $E_n$ 的定态跃迁到一个较低能量 $E_k$ 的定态时,原子发射单色光,其频率为

$$\nu=\frac{E_n-E_k}{h}$$

氢原子基态能级 $E_1=-13.6\ \mathrm{eV}$;氢原子激发态能级 $E_n=-\dfrac{13.6}{n^2}\ \mathrm{eV}$

(3) 电子壳层分布规则

四个量子数 原子中电子的运动状态由 4 个量子数决定的:

主量子数 $n=1,2,3,\cdots$

角量子数 $l=0,1,2,\cdots,(n-1)$

磁量子数 $m_l=0,\pm1,\pm2,\cdots,l$

自旋量子数 $m_S=\pm\dfrac{1}{2}$

泡利不相容原理 在原子系统中,不可能有两个或两个以上的电子具有相同的状态(即 $n$、$l$、$m_l$、$m_S$).

$n$ 相同的状态组成一主壳层,其最多状态数为 $2n^2$,$l$ 相同的状态组成支壳层,其最多状态数为 $2(2l+1)$.

能量最小原理 每一个电子都趋向于占取能量最低的能级.

4. **光的波粒二象性**

(1) 光子的能量 $\varepsilon=h\nu$

（2）光子的动量 $$p=\frac{h}{\lambda}$$

（3）光子的质量 $$m=\frac{h\nu}{c^2}$$

光具有波动性，光的干涉和衍射是波动性的有力证明；光又具有粒子性，光电效应、康普顿效应是粒子性的有力证明. 光的这种双重性质称为光的波粒二象性.

**5. 微观粒子具有波粒二象性**

（1）德布罗意波假设

一切实物粒子都具有波动性，对于能量为 $E$，动量为 $p$ 的实物粒子，其波长与频率之间的关系为

$$p=\frac{h}{\lambda},\qquad E=h\nu$$

（2）物质波的波长

$$\lambda=\frac{h}{mv}=\frac{h}{m_0v}\sqrt{1-\frac{v^2}{c^2}}$$

$v\ll c$ 时 $$\lambda=\frac{h}{m_0c}$$

（3）不确定关系

$$\Delta x\Delta p_x\geqslant\frac{\hbar}{2}\quad\left(\hbar=\frac{h}{2\pi}\right)$$

## 三、解题方法

本章习题分为 6 种类型.

**1. 光的量子性有关实验规律的简单应用**

这一类习题涉及以下几个方面：（1）黑体辐射实验规律的应用；（2）光电效应实验规律和爱因斯坦光电效应方程的应用；（3）康普顿效应. 求解这一类习题一般说来，只要掌握公式，计算过程并不复杂.

**例 12-1** 波长为 $\lambda$ 的单色光照射某金属 M 表面产生光电效应，发射的光电子（电荷量为 $-e$，质量为 $m$）经狭缝 $S$ 后垂直进入磁感应强度为 $\boldsymbol{B}$ 的均匀磁场，如图所示，今已测出电子在该磁场中所做圆周运动的最大半径为 $R$. 求：

（1）金属材料的逸出功 $A$；

（2）遏止电压 $U_a$.

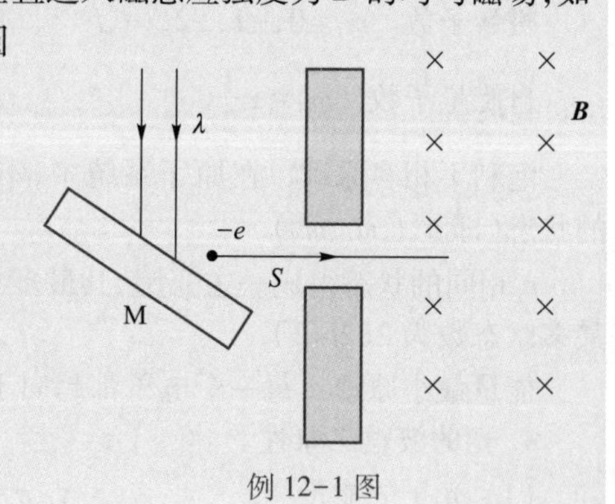

例 12-1 图

**解** （1）由 $-eBv=mv^2/R$ 得

$$v=-eBR/m$$

代入爱因斯坦光电效应方程

$$h\nu=\frac{1}{2}mv^2+A$$

可得

$$A=\frac{hc}{\lambda}-\frac{1}{2}\cdot\frac{me^2B^2R^2}{m^2}=\frac{hc}{\lambda}-\frac{e^2B^2R^2}{2m}$$

（2）
$$|-eU_a|=\frac{1}{2}mv^2$$

$$|U_a|=\frac{mv^2}{2e}=\frac{eB^2R^2}{2m}$$

2. **玻尔的氢原子理论**

这一类习题一是求氢原子的能级、轨道角动量，轨道半径等，通常用公式计算；二是求谱线条数的问题. 通常画出能级跃迁的草图求解.

**注意**：当大量电子处于主量子数为 $n$ 的激发态时，向低能级发射的谱线总条数为 $N=\frac{n(n-1)}{n}$.

**例 12-2**　氢原子光谱的巴耳末系中，有一光谱线的波长 $\lambda=434$ nm，试问：

（1）与这一谱线相应的光子能量为多少电子伏（已知 1 eV = $1.6\times10^{-19}$ J）？

（2）该谱线是氢原子由能级 $E_n$ 跃迁到能级 $E_k$ 产生的，$n$ 和 $k$ 各为多少？

（3）大量氢原子从 $n=5$ 能级向下能级跃迁，最多可以发射几个线系，共几条谱线？请在氢原子能级图中表示出来，并标明波长最短的是哪一条谱线？

**解**　（1）光子能量

$$\begin{aligned}h\nu&=h\frac{c}{\lambda}\\&=\frac{6.626\times10^{-34}\times3\times10^{8}}{4.34\times10^{-7}}\ \text{J}\\&=2.86\ \text{eV}\end{aligned}$$

（2）由于此谱线是巴耳末系，所以 $k=2$，对应能级能量为

$$E_2=-\frac{13.6}{2^2}\ \text{eV}=-3.4\ \text{eV}$$

根据 $h\nu=E_n-E_2$，得

$$E_n=h\nu+E_2=2.86\ \text{eV}-3.4\ \text{eV}=-0.54\ \text{eV}$$

由 $E_n=\frac{E_1}{n^2}$，得

$$n=\sqrt{\frac{E_1}{E_n}}=\sqrt{\frac{-13.6}{-0.54}}=5$$

（3）从 $n=5$ 能级向下能级跃迁，最多可以发射 4 个线系，共有 $N=\frac{n(n-1)}{2}=$

$\frac{5(5-1)}{2}=10$ 条谱线，其中波长最短的谱线是原子由能级 $E_5$ 向 $E_1$ 跃迁发出的，如例 12-2 图所示.

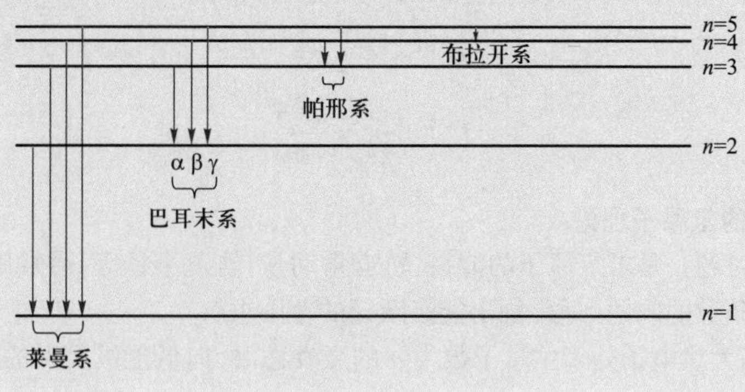


例 12-2 图

3. **物质波波长**

对于这一类习题应用公式 $\lambda=\frac{h}{p}=\frac{h}{mv}=\frac{h}{m_0 v}\sqrt{1-\frac{v^2}{c^2}}$ 求解. 若 $E_k<E_0(10^4\ \text{eV})$ 或者 $v\ll c$，则 $\lambda=\frac{h}{m_0 v}=\frac{h}{\sqrt{2m_0 E_k}}=\frac{h}{\sqrt{2m_0 eU}}$.

**例 12-3** 若一个电子的动能等于它的静能，试求该电子的速率和物质波波长.

**解** 由于电子的动能等于它的静能，因此必须考虑电子的相对论效应. 根据相对论动能公式

$$E_k=mc^2-m_0c^2=m_0c^2$$

由题意可得电子的运动质量为

$$m=2m_0$$

根据相对论质量公式

$$m=\frac{m_0}{\sqrt{1-\frac{v^2}{c^2}}}$$

可计算出电子运动的速度为

$$v=\frac{\sqrt{3}}{2}c=0.866c=2.6\times10^8\ \text{m/s}$$

根据物质波波长公式，该电子的物质波波长为

$$\lambda=\frac{h}{p}=\frac{h}{mv}=\frac{h}{2m_0 v}=\frac{6.63\times10^{-34}}{2\times9.11\times10^{-31}\times2.6\times10^8}\ \text{m}=1.40\times10^{-12}\ \text{m}$$

4. **不确定关系**

这一类习题通常利用公式 $\Delta x \cdot \Delta p_x \geqslant \frac{\hbar}{2}$ 计算,需要注意的是不确定关系是指同一方向的坐标和动量不能同时有确定值.

**例 12-4** 做一维运动的电子,其动量不确定量 $\Delta p_x = 10^{-25}$ kg · m/s,能将这个电子约束在内的最小容器大概尺寸是多少?

**解** 由不确定关系可知

$$\Delta x \geqslant \frac{\hbar}{2\Delta p_x} = \frac{1.05\times10^{-34}}{2\times10^{-25}}\ \text{m} = 0.53\times10^{-9}\ \text{m}$$

即能将该电子容纳在内的容器最小尺寸为 $0.53\times10^{-9}$ m.

5. **薛定谔方程的应用**

这一类习题通常是已知波函数求归一化因子、概率和概率密度. 求解这一类习题是根据归一化条件、概率和概率密度的定义进行计算.

**例 12-5** 已知一维运动的粒子处于如下波函数所描述的状态:

$$\psi(x) = \begin{cases} Cx(a-x), & (0\leqslant x\leqslant a) \\ 0, & (x<0, x>a) \end{cases}$$

式中 $C$ 为大于零的常量. (1) 求此波函数归一化因子 $C$;(2) 在何处发现粒子的机会最多? (3) 求在 $0\sim\frac{a}{3}$ 区间发现粒子的概率.

**解** (1) 粒子的概率密度为

$$|\psi|^2 = \psi \cdot \psi^* = \begin{cases} C^2x^2(a-x)^2, & (0\leqslant x\leqslant a) \\ 0, & (x<0, x>a) \end{cases}$$

由归一化条件得

$$\begin{aligned} \int_V |\psi|^2 \mathrm{d}V &= \int_{-\infty}^{\infty} |\psi|^2 \mathrm{d}x \\ &= \int_0^a C^2x^2(a-x)^2 \mathrm{d}x \\ &= C^2\int_0^a (a^2x^2 - 2ax^3 + x^4)\,\mathrm{d}x \\ &= C^2\left(\frac{a^2}{3}x^3 - \frac{a}{2}x^4 + \frac{1}{5}x^5\right)\Bigg|_0^a \\ &= C^2\,\frac{a^5}{30} \\ &= 1 \end{aligned}$$

则归一化因子 $C$ 为

$$C=\sqrt{\frac{30}{a^5}}$$

（2）概率密度函数为

$$|\psi|^2=\psi\cdot\psi^*=\begin{cases}C^2x^2(a-x)^2 & (0\leqslant x\leqslant a)\\ 0 & (x<0,x>a)\end{cases}$$

在 $0\leqslant x\leqslant a$ 区间内，对概率密度函数求一阶导数

$$\frac{\mathrm{d}|\psi|^2}{\mathrm{d}x}=C^2(2a^2x-6ax^2+4x^3)=0$$

解得 $x_1=0,x_2=\frac{a}{2},x_3=a$，经计算，在 $x_2=\frac{a}{2}$ 处发现粒子的机会最大.

（3）在 $0\sim\frac{a}{3}$ 区间发现粒子的概率密度函数为

$$|\psi|^2=C^2(a^2x^2-2ax^3+x^4)$$

所以，在 $0\sim\frac{a}{3}$ 区间发现粒子的概率为

$$W=\int_0^{a/3}|\psi|^2\mathrm{d}x=C^2\int_0^{a/3}(a^2x^2-2ax^3+x^4)\mathrm{d}x$$

$$=C^2\left(\frac{a^2}{3}x^3-\frac{a}{2}x^4+\frac{1}{5}x^5\right)\bigg|_0^{a/3}$$

$$=C^2\frac{17a^5}{3^4\times30}$$

归一化因子 $C$ 代入上式解得

$$P=\frac{17}{3^4}=20.99\%$$

6. **原子结构的量子理论**

这一类习题虽然难度不大，但涉及公式较多，求解这一类习题时一定要先弄清公式的物理意义，然后再代公式计算.

***例 12-6** 锂（$Z=3$）原子中含有 3 个电子，若已知基态锂原子中一个电子的量子态为$\left(1,0,0,\frac{1}{2}\right)$，则其余两个电子的量子态形式如何？

**解** 根据泡利不相容原理和能量最小原理，第二个电子的量子态为$\left(1,0,0,-\frac{1}{2}\right)$，第三个电子的量子态可能为$\left(2,0,0,-\frac{1}{2}\right)$或$\left(2,0,0,\frac{1}{2}\right)$.

四、习题略解

**12-1** 氢弹爆炸时火球的瞬时温度高达 $10^7$ K，试求其辐射的峰值波长和辐射光子的能量.

**解**
$$\lambda_{\mathrm{m}}T=b$$

则
$$\lambda_{\mathrm{m}}=\frac{b}{T}=\frac{2.898\times10^{-3}}{10^{7}}\ \mathrm{m}=2.898\times10^{-10}\ \mathrm{m}$$

$$E_{\lambda}=\frac{hc}{\lambda_{\mathrm{m}}}=4.29\times10^{3}\ \mathrm{eV}$$

**12-2**　测得从某炉壁小孔辐射的功率密度为 20 W/cm，求炉内温度及单色辐出度极大值所对应的波长.

**解**
$$M_{\lambda}(T)=\sigma T^{4}$$

$$T=\left[\frac{M_{\lambda}(T)}{\sigma}\right]^{\frac{1}{4}}=\left(\frac{20\times10^{4}}{5.670\ 5\times10^{-8}}\right)^{\frac{1}{4}}\ \mathrm{K}=1\ 370\ \mathrm{K}$$

$$\lambda=\frac{b}{T}=\frac{2.897\times10^{-3}}{1\ 370}\ \mu\mathrm{m}=2.11\ \mu\mathrm{m}$$

**12-3**　钾的光电效应的截止波长是 550 nm，求：

（1）钾电子的逸出功；

（2）当用波长为 300 nm 的紫外线照射时，钾的遏止电压.

**解**　（1）由 $h\nu=\frac{1}{2}mv_{\mathrm{m}}^{2}+A$ 可知，当 $\frac{1}{2}mv_{\mathrm{m}}^{2}=0$ 时，$\nu\to\nu_{0}$，即

$$A=h\nu_{0}=h\frac{c}{\lambda_{0}}=\frac{6.63\times10^{-34}\times3\times10^{8}}{550\times10^{-9}}\ \mathrm{J}=3.616\times10^{-19}\ \mathrm{J}=2.26\ \mathrm{eV}$$

（2）$$eU_{\mathrm{a}}=\frac{1}{2}mv_{\mathrm{m}}^{2}=\frac{hc}{\lambda}-A=\frac{6.63\times10^{-34}\times3\times10^{8}}{300\times10^{-9}}\ \mathrm{J}-3.616\times10^{-19}\ \mathrm{J}=3.014\times10^{-19}\ \mathrm{J}$$

$$U_{\mathrm{a}}=\frac{3.616\times10^{-19}}{1.60\times10^{-19}}\ \mathrm{V}=1.88\ \mathrm{V}.$$

**12-4**　波长为 450 nm 的单色光入射到逸出功为 $3.7\times10^{-19}$ J 的洁净钠表面，求：

（1）入射光子的能量；

（2）逸出电子的最大功能；

（3）钠的截止频率；

（4）入射光子的动量

**解**　（1）
$$\varepsilon=h\nu=h\frac{c}{\lambda}=2.8\ \mathrm{eV}$$

（2）
$$\frac{1}{2}mv_{\mathrm{m}}^{2}=h\nu-A=0.5\ \mathrm{eV}$$

（3）
$$\nu_{0}=\frac{A}{h}=5.6\times10^{14}\ \mathrm{Hz}$$

（4）
$$p=\frac{h}{\lambda}=1.5\times10^{-27}\ \mathrm{kg\cdot m/s}$$

**12-5**　求和一个静止的电子能量相等的光子的频率、波长和动量.

**解**
$$E_e=m_ec^2=h\nu$$

则
$$\nu=1.24\times10^{20}\ \text{Hz}$$

$$\lambda=\frac{c}{\nu}$$

求得
$$\lambda=2.43\times10^{-12}\ \text{m}$$

$$p=\frac{h}{\lambda}$$

求得
$$p=2.73\times10^{-22}\ \text{kg}\cdot\text{m/s}$$

**12-6** 波长 $\lambda_0=0.070\ 8$ nm 的 X 射线在石蜡上受到康普顿散射，在 $\frac{\pi}{2}$ 和 $\pi$ 方向上所散射的 X 射线的波长各是多少？

**解**
$$\lambda-\lambda_0=\frac{h}{m_0c}(1-\cos\theta)$$

则 $\theta_1=\frac{\pi}{2}$ 时，有
$$\lambda_1=0.073\ 2\ \text{nm}$$

$\theta_2=\pi$ 时
$$\lambda_2=0.075\ 6\ \text{nm}.$$

**12-7** 在 $\theta=90°$ 的方向上观测康普顿散射，为使 $\frac{\Delta\lambda}{\lambda}=1\%$，入射光子的波长应为多少？

**解**
$$\Delta\lambda=\frac{h}{m_ec}(1-\cos\theta)=\lambda_C(1-\cos 90°)=0.243\ \text{nm}$$

而 $\frac{\Delta\lambda}{\lambda}=1\%$，故

$$\lambda=100\Delta\lambda=0.243\ \text{nm}$$

**12-8** 在气体放电管中，用动能为 12.2 eV 的电子轰击处于基态的氢原子，试求氢原子被激发后所能发射的光谱线的波长.

**解**
$$E_n+E_1=12.2\ \text{eV}-13.6\ \text{eV}=-1.4\ \text{eV}$$

氢原子可跃迁至 $n=3$，$E_3=-1.51$ eV 的激发态，所以有

$$E_3\to E_2,\quad \frac{hc}{\lambda_1}=E_3-E_2$$

求得
$$\lambda_1=656.1\ \text{nm}$$

$$E_3\to E_1,\quad \lambda_2=102.5\ \text{nm}$$

$$E_2\to E_1,\quad \lambda_3=121.5\ \text{nm}$$

**12-9** 设氢原子光谱的巴耳末系中第一条谱线（$H_\alpha$）的波长为 $\lambda_\alpha$，第二条谱线（$H_\beta$）的波长为 $\lambda_\beta$，试证明：帕邢系（由各高能态跃迁到主量子数为 3 的定态所发射的各谱线组成的谱线系）中的第一条谱线的波长为

$$\lambda=\frac{\lambda_\alpha\lambda_\beta}{\lambda_\alpha-\lambda_\beta}$$

**解**　根据巴耳末公式$\frac{1}{\lambda}=R_{\mathrm{H}}\left(\frac{1}{2^2}-\frac{1}{n^2}\right)$,得第一条谱线波长

$$\frac{1}{\lambda_\alpha}=\frac{1}{\lambda_{23}}=R_{\mathrm{H}}\left(\frac{1}{2^2}-\frac{1}{3^2}\right)$$

第二条谱线波长为

$$\frac{1}{\lambda_\beta}=\frac{1}{\lambda_{24}}=R_{\mathrm{H}}\left(\frac{1}{2^2}-\frac{1}{4^2}\right)$$

而帕邢系第一条谱线的波长应为

$$\frac{1}{\lambda_{34}}=R_{\mathrm{H}}\left(\frac{1}{3^2}-\frac{1}{4^2}\right)$$

$$\frac{1}{\lambda_{24}}-\frac{1}{\lambda_{23}}=\frac{\lambda_{23}-\lambda_{24}}{\lambda_{24}\lambda_{23}}=R_{\mathrm{H}}\left(\frac{1}{3^2}-\frac{1}{4^2}\right)=\frac{1}{\lambda_{34}}$$

得

$$\lambda_{34}=\frac{\lambda_{24}\lambda_{23}}{\lambda_{23}-\lambda_{24}}=\frac{\lambda_\alpha\lambda_\beta}{\lambda_\alpha-\lambda_\beta}$$

**12-10**　将氢原子中的电子从 $n=2$ 的轨道上电离出去,试问电离能是多少?

**解**

$$\Delta E=E_\infty-E_2=-E_2=-\frac{13.6}{2^2}\ \mathrm{eV}=3.4\ \mathrm{eV}$$

**12-11**　被 200 V 电压加速后的带电粒子的物质波波长为 0.020 Å(1 Å$=10^{-10}$ m),若其带电荷量为一个电子的电荷量,求带电粒子的静质量.

**解**

$$\lambda=\frac{h}{\sqrt{2meU}}$$

则

$$m=\frac{h^2}{2eU\lambda^2}=1.72\times10^{-27}\ \mathrm{kg}$$

**12-12**　设电子和光子的波长均为 0.2 nm,它们的动量和动能各为多少?

**解**　对电子:

$$p_{\mathrm{e}}=\frac{h}{\lambda}=3.32\times10^{-24}\ \mathrm{kg\cdot m/s}$$

$$E_{\mathrm{e}}=\frac{p^2}{2m_{\mathrm{e}}}=37.8\ \mathrm{eV}$$

对光子:

$$p_\varphi=\frac{h}{\lambda}=3.32\times10^{-24}\ \mathrm{kg\cdot m/s}$$

$$E_\varphi=\frac{hc}{\lambda}=6.2\times10^3\ \mathrm{eV}$$

**12-13**　试求下列各粒子的物质波波长.

(1) 动能为 100 eV 的自由电子;

(2) 动能为 0.1 eV 的自由电子;

(3) 温度 $T=1.0$ K,具有动能$\frac{3}{2}kT$ 的氦原子.

**解**

$$E_{\mathrm{k}}=\frac{p^2}{2m_{\mathrm{e}}}$$

则
$$\lambda=\frac{h}{p}=\frac{h}{\sqrt{2m_e E_k}}$$

（1） $E_{k1}=100\ \text{eV},\quad \lambda_1=0.123\ \text{nm}$

（2） $E_{k2}=0.1\ \text{eV},\quad \lambda_2=3.88\ \text{nm}$

（3） $E_{k3}=\frac{3}{2}kT,\quad \lambda_3=107.8\ \text{nm}$

**12-14** 当电子的物质波波长等于其康普顿波长时，求：（1）电子的动量；（2）电子速率与光速的比值.

**解** （1）
$$\lambda=\lambda_C=\frac{h}{m_e c}=\frac{h}{p}$$
$$p=m_e c=0.91\times10^{-30}\times3\times10^{8}\ \text{kg}\cdot\text{m/s}=2.73\times10^{-22}\ \text{kg}\cdot\text{m/s}$$

（2）
$$p=m_e v=\frac{m_e v}{\sqrt{1-\frac{v^2}{c^2}}}=m_e c$$

求得
$$\frac{v}{c}=\frac{\sqrt{2}}{2}$$

**12-15** 某电子枪的加速电压 $U=5.00\times10^{5}$ V，求电子的物质波波长.（不考虑相对论效应）

**解** 若不考虑相对论效应，则
$$\lambda=\frac{h}{\sqrt{2m_0 eU}}=1.74\times10^{-12}\ \text{m}$$

**12-16** 室温（300 K）下的中子称为热中子，求热中子的物质波波长.

**解**
$$E_0=m_0c^2=1.67\times10^{-27}\times9\times10^{16}\ \text{J}=1.5\times10^{-10}\ \text{J}$$
$$E_k=\frac{3}{2}kT=\frac{3}{2}\times1.38\times10^{-23}\times300\ \text{J}=6.21\times10^{-21}\ \text{J}$$

$E_k\ll E_0$，可以不考虑相对论效应
$$\lambda=\frac{h}{p}=\frac{h}{\sqrt{2m_0E_k}}=1.46\times10^{-10}\ \text{m}$$

**12-17** 设粒子沿 $x$ 轴运动时，速率的不确定量 $\Delta v=1$ cm/s，试估算下列情况下粒子坐标的不确定量 $\Delta x$：（1）电子；（2）质量为 $10^{-13}$ kg 的布朗粒子；（3）质量为 $10^{-4}$ kg 的小弹丸.

**解**
$$\Delta p=m\Delta v$$

由 $\Delta p\cdot\Delta x\geqslant\frac{\hbar}{2}$ 得
$$\Delta x\geqslant\frac{\hbar}{2m\Delta v}$$

（1）$m=0.91\times10^{-30}$ kg 时　$\Delta x=5.77\times10^{-3}$ m

（2）$m=10^{-13}$ kg 时　$\Delta x=5.25\times10^{-20}$ m

（3）$m=10^{-4}$ kg 时 $\Delta x=5.25\times10^{-29}$ m

**12-18** 用干涉仪确定一个宏观物体的位置不确定量为 $10^{-12}$ m. 若我们以此精度测得一质量为 0.50 kg 的物体的位置，根据不确定关系，它的速度的不确定量为多大？

**解** 由 $\Delta x\cdot\Delta p\geqslant\frac{\hbar}{2}$，即 $\Delta x\cdot m\Delta v\geqslant\frac{\hbar}{2}$可得

$$\Delta v\geqslant\frac{\hbar}{2m\Delta x}=\frac{1.05\times10^{-34}}{2\times0.5\times10^{-12}}\ \mathrm{m/s}=1.05\times10^{-22}\ \mathrm{m/s}$$

**12-19** 铀核的线度为 $7.2\times10^{-15}$ m. 求其中一个质子的动量和速度的不确定量.

**解** $\Delta r\cdot\Delta p\geqslant\frac{\hbar}{2}$，则

$$\Delta p\geqslant\frac{\hbar}{2\Delta r}=\frac{1.05\times10^{-34}}{2\times7.2\times10^{-15}}\ \mathrm{kg\cdot m/s}=7.3\times10^{-21}\ \mathrm{kg\cdot m/s}$$

$$\Delta v=\frac{\Delta p}{m}=\frac{7.3\times10^{-21}}{1.67\times10^{-27}}\ \mathrm{m/s}=4.4\times10^{6}\ \mathrm{m/s}$$

**12-20** 一个光子的波长为 $3.0\times10^{-7}$ m. 如果测定此波长的精确度为$\frac{\Delta\lambda}{\lambda}=10^{-6}$，试求同时测定此光子位置的不确定量.

**解** 由德布罗意关系 $p=\frac{h}{\lambda}$，两边微分可得动量的不确定量与波长的不确定量的关系为 $\Delta p=h\frac{\Delta\lambda}{\lambda^{2}}$. 由不确定关系 $\Delta x\Delta p\geqslant\frac{\hbar}{2}$可得确定光子位置的不确定量为

$$\Delta x\geqslant\frac{\hbar}{2\Delta p}=\frac{1}{4\pi}\frac{\lambda^{2}}{\Delta\lambda}$$

由已知条件可知 $\lambda=3.0\times10^{-7}$ m，$\frac{\Delta\lambda}{\lambda}=10^{-6}$，代入可得

$$\Delta x\geqslant0.024\ \mathrm{m}$$

**12-21** （1）$n=5$ 时，$l$ 的可能值是多少？（2）$l=5$ 时，$m_l$ 的可能值为多少？（3）$l=4$ 时，$n$ 的最小可能值是多少？（4）$n=3$ 时，电子可能状态数为多少？

**解** （1）$l=0,1,2,3,4$，有 5 个值.

（2）$l=5$ 时，$m_l=0,\pm1,\pm2,\pm3,\pm4,\pm5$，共 11 个值.

（3）$l=4$ 时，$n$ 的最小可能值为 5.

（4）$n=3$ 时，电子可能状态数 $2n^2=18$.

**12-22** 氢原子中的电子处于 $n=4$、$l=4$ 的状态. 问：（1）该电子角动量 $\boldsymbol{L}$ 的大小为多少？（2）这角动量 $\boldsymbol{L}$ 在 $z$ 轴的分量有哪些可能的值？

**解** （1）

$$L=\sqrt{l(l+1)}\,\hbar=\sqrt{12}\,\hbar=2\sqrt{3}\,\hbar$$

（2）

$$L_z=m_l\hbar(m_l=0,\pm1,\pm2,\pm3)$$

$$L_z=0,\pm\hbar,\pm2\hbar,\pm3\hbar$$

**12-23** 设粒子的波函数为 $\psi(x)=A\mathrm{e}^{-\frac{1}{2}a^2x^2}$，$a$ 为常量. 求归一化常量 $A$.

**解**
$$\int_{-\infty}^{+\infty}|\psi(x)|^2\,\mathrm{d}x=1$$

即
$$\int_{-\infty}^{+\infty}A^2\mathrm{e}^{-a^2x^2}\mathrm{d}x=1$$

求得
$$A=\sqrt{\frac{2a}{\pi^{\frac{1}{2}}}}$$

**12-24** 粒子在一维矩形无限深势阱中运动，其波函数为

$$\psi_n(x)=\sqrt{\frac{2}{a}}\sin\frac{n\pi x}{a}\quad(0<x<a)$$

若粒子处于 $n=1$ 的状态，在 $x=0$ 到 $x=\frac{a}{4}$ 区间内发现该粒子的概率是多少？

$\left[\text{提示:}\int\sin^2 x\mathrm{d}x=\frac{1}{2}x-\left(\frac{1}{4}\right)\sin 2x+C\right]$

**解**
$$\mathrm{d}P=|\psi|^2\mathrm{d}x=\frac{2}{a}\sin^2\frac{\pi x}{a}\mathrm{d}x$$

$0\sim a/4$ 的概率为

$$P=\int_0^{\frac{a}{4}}\frac{2}{a}\sin^2\frac{\pi x}{a}\mathrm{d}x=\int_0^{\frac{a}{4}}\frac{2a}{a\pi}\sin^2\frac{\pi x}{a}\mathrm{d}\left(\frac{\pi x}{a}\right)$$

$$=\frac{2}{\pi}\left[\frac{1}{2}\frac{\pi x}{a}-\frac{1}{4}\sin\frac{2\pi x}{a}\right]\Bigg|_0^{\frac{a}{4}}=0.091$$

## 五、本章自测

### （一）选择题

**12-1** 下列各物体中为黑体的物体是（　　）.

（A）不辐射可见光的物体；　　（B）不辐射任何光线的物体；

（C）不能反射可见光的物体；　　（D）不能反射任何光线的物体

**12-2** 原子从能量为 $E_m$ 的状态跃迁到能量为 $E_n$ 的状态时，发出的光子的能量为（　　）.

（A）$\frac{E_n}{n}-\frac{E_m}{m}$；　　（B）$\frac{E_n}{n^2}-\frac{E_m}{m^2}$；　　（C）$E_m+E_n$；　　（D）$E_m-E_n$

**12-3** 用频率为 $\nu$ 的单色光照射某种金属时，逸出光电子的最大动能为 $E_\mathrm{k}$，若改用频率为 $2\nu$ 的单色光照射此金属，则逸出光电子的最大初动能为（　　）.

（A）$2E_\mathrm{k}$；　　（B）$2h\nu-E_\mathrm{k}$；　　（C）$h\nu-E_\mathrm{k}$；　　（D）$h\nu+E_\mathrm{k}$

**12-4** 已知某单色光照到一定金属表面产生了光电效应，若此金属的逸出电势为 $U_0$，则此单色光的波长 $\lambda$ 必须满足（　　）.

(A) $\lambda \leqslant \frac{hC}{eU_0}$;　　(B) $\lambda \geqslant \frac{hC}{eU_0}$;　　(C) $\lambda \leqslant \frac{eU_0}{hC}$;　　(D) $\lambda \geqslant \frac{eU_0}{hC}$

**12-5**　将处于第一激发态的氢原子电离,需要的最小能量为(　　).

(A) 13.6 eV;　　(B) 3.4 eV;　　(C) 1.5 eV;　　(D) 0

(二) 填空题

**12-6**　根据玻尔氢原子理论,若大量氢原子处于主量子数 $n=5$ 的激发态,则跃迁辐射的谱线可以有________条,其中属于巴耳末系的谱线有________条.

**12-7**　康普顿散射中,当散射光子与入射光子方向夹角 $\theta=$________时,散射光子的频率小得最多,当 $\theta=$________时,散射光子的频率与入射光子相同.

**12-8**　热核爆炸中火球的瞬间温度高达 $2\times10^7$ K,试估算其中辐射最强的波长 $\lambda_m$ 为________nm,这种光子的能量为________eV.

**12-9**　运动速率等于温度在 300 K 时方均根速率的氢原子的物质波波长是________,质量为 1 g,以速度为 1 cm/s 运动的小球的物质波波长是________.

**12-10**　原子内电子的量子态由 $n$、$l$、$m_l$ 和 $m_s$ 四个量子数表征,当 $n$、$l$、$m_l$ 一定时,不同的量子态数目为________,当 $n$、$l$ 一定时,不同的量子态数目为________,当 $n$ 一定时,不同的量子态数目为________.

(三) 计算题

**12-11**　能引起人眼视觉的最小光强约为 $10^{-12}$ W/m.如果瞳孔的面积约为 $0.5\times10^{-4}$ m$^2$,试求每秒平均有几个光子进入瞳孔到达视网膜上,设可见光的平均波长为 550 nm.

**12-12**　在一电子束中,电子的动能为 200 eV,则电子的物质波波长为多少?当该电子遇到直径为 1 mm 的孔径或障碍物时,它表现出粒子性还是波动性?

**12-13**　粒子在宽为 $a$ 的一维无限深势阱中运动,其波函数为 $\psi(x)=\sqrt{\frac{2}{a}}\sin\frac{3\pi}{a}x$ $(0<x<a)$,试求:

(1) 概率密度的表达式;

(2) 粒子出现的概率最大的各个位置.

**12-14**　电子位置的不确定量为 0.05 nm 时,其速率的不确定量是多少?

**12-15**　氢原子光谱的巴耳末系中,有一光谱线的波长 $\lambda=434.0$ nm,试问:

(1) 与这一谱线相应的光子能量是多少电子伏?

(2) 该谱线是氢原子由能级 $E_n$ 跃迁到能级 $E_k$ 产生的,$n$ 和 $k$ 各为多少?

第十二章本章自测参考答案

## 郑重声明



读者意见反馈

为收集对教材的意见建议，进一步完善教材编写并做好服务工作，读者可将对本教材的意见建议通过如下渠道反馈至我社。

咨询电话　400-810-0598

反馈邮箱　hepsci@pub.hep.cn

通信地址　北京市朝阳区惠新东街4号富盛大厦1座

　　　　　高等教育出版社理科事业部

邮政编码　100029

防伪查询说明

用户购书后刮开封底防伪涂层，使用手机微信等软件扫描二维码，会跳转至防伪查询网页，获得所购图书详细信息。

防伪客服电话　(010)58582300

网络增值服务使用说明

一、注册/登录

访问 http://abook.hep.com.cn/，点击“注册”，在注册页面输入用户名、密码及常用的邮箱进行注册。已注册的用户直接输入用户名和密码登录即可进入“我的课程”页面。

二、课程绑定

点击“我的课程”页面右上方“绑定课程”，正确输入教材封底防伪标签上的20位密码，点击“确定”完成课程绑定。

三、访问课程

在“正在学习”列表中选择已绑定的课程，点击“进入课程”即可浏览或下载与本书配套的课程资源。刚绑定的课程请在“申请学习”列表中选择相应课程并点击“进入课程”。

如有账号问题，请发邮件至：abook@hep.com.cn。